新バイオの扉
－未来を拓く生物工学の世界－

高木正道 監修／池田友久 編集代表

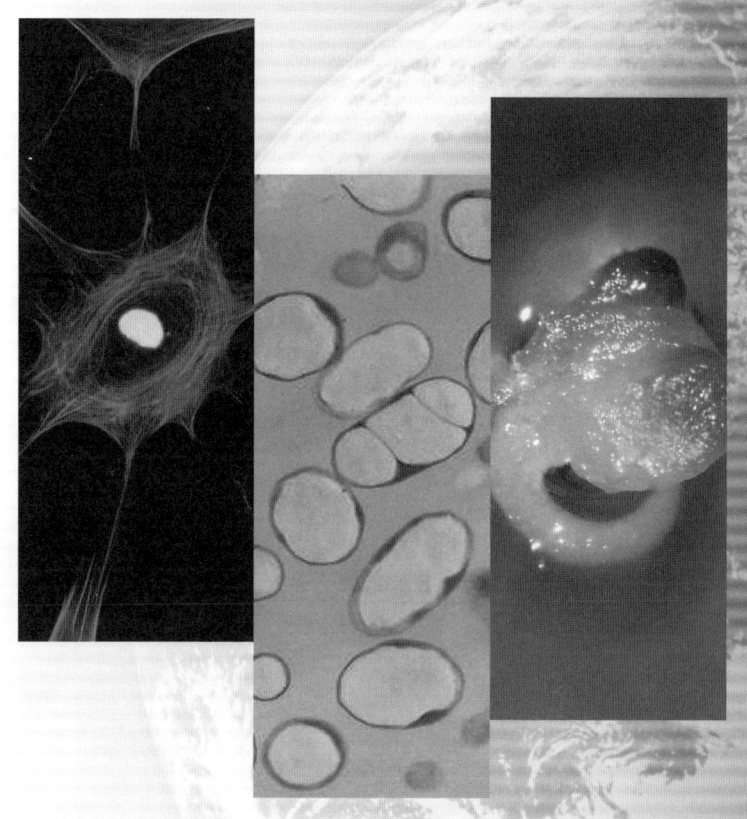

裳華房

30 Topics in Biotechnology and Bioengineering

edited by

Masamichi TAKAGI, Ph.D.

Tomohisa IKEDA, Professional Engineer

SHOKABO

TOKYO

監修者のことば

　「バイオ」という言葉がテレビや新聞で見られない日はないといっていいくらい，この言葉は日本人に馴染んだ言葉になっています．しかしその実態は意外に理解されていない部分も多いように思います．「バイオ」はもちろん英語の biology（生物学）からきた言葉ですが，その派生語として生物に関わる技術的なこと，工学的なこと，生産や利用に関すること，などをすべて含んだ「バイオテクノロジー（biotechnology）」という言葉が誕生し，これが我々の日常生活のありとあらゆる分野，すなわち食品・健康・医療・環境などと密接にかかわっているために「バイオ」が日常語になったものと思います．

　本書のタイトルである『新バイオの扉』のバイオはバイオテクノロジーの「バイオ」であり，我々の日常生活と密接に関連した話題を取り上げて，日本技術士会生物工学部会のメンバーの先生方を中心としたその道の専門家がまとめたものです．とくに今回はレッドバイオ，グリーンバイオ，ホワイトバイオ，その他（ア・ラ・カルト）と4つの編に分け，それぞれの編のなかで特に21世紀になって進歩の著しいものに焦点を当てています．読者は興味のあるページを自由に選んで読んでいただけるようになっています．

　20世紀までのバイオについては，既刊されている『バイオの扉』にすでに書かれていますので，そちらを読んでいただいた方々には，本書によって最近の進歩がよりわかりやすいかと思います．日常語である「バイオ」をよく理解するため，本書を学校，家庭，職場，趣味のグループなどさまざまなところで活用していただくことを願っております．

髙木正道

はじめに

　21世紀はバイオの時代といわれています．2000年，社団法人日本技術士会生物工学部会は，学生の教科書の副読本として，また，バイオに興味をもつ多くの読者に，いずれの章からでも，気軽に，楽しく読んでいただけることを目指した『バイオの扉 ―医薬・食品・環境などの32のトピックス』を出版しました．その後，12年が経過し，バイオテクノロジーをめぐる研究開発は，科学技術の進展とともに，長足に進歩しました．そこで，新たに『新バイオの扉 ―未来を拓く生物工学の世界』を出版企画し，バイオ分野におけるアカデミア，企業および独立技術士など，第一線の現場で活躍している生物工学部会の会員が分担執筆し，本書を出版することになりました．

　バイオテクノロジーは，理学系，工学系，農学系そして医学・薬学系にまたがる学際的な技術領域です．欧米では，そのジャンルを表すのに「色」を用いてレッドバイオテクノロジー，グリーンバイオテクノロジー，ホワイトバイオテクノロジーなどと呼ばれています（Edgar J. DaSilva：*Electron. J. Biotechnol.*, 7, No. 3, 2004）．レッドバイオは，血液の赤い色をイメージした，健康，医療に関する分野です．グリーンバイオは，植物の緑色をイメージした，植物，農業（アグリバイオ）に関する分野です．またホワイトバイオは，白い粉末をイメージしたバイオ製品の工業的な生産技術に関する分野です．このほかに，ブルーバイオ（水産，海洋バイオ），パープルバイオ（発明，特許，知的財産権），イエローバイオ（食品バイオ，栄養学），ゴールドバイオ（バイオビジネスの展開に結びつくナノバイオ，バイオインフォマティクス），ダークバイオ（バイオテロ，バイオ犯罪，細菌戦争，農作物をめぐる国際紛争），ブラウンバイオ（砂漠など乾燥地帯のバイオ）などもあります．

　本書では，レッドバイオ，グリーンバイオ，ホワイトバイオ，およびその

はじめに

ほかのバイオをバイオ・ア・ラ・カルトと大まかに分けて，オムニバス風の構成としました．また，本文中のバイオに関する専門用語については，昨今，GoogleやYahooなどインターネットの検索エンジンで手軽に検索できることから，本書には用語解説を設けず，語句説明として欄外に記載しました．

「新バイオの扉」をノックして，本書を読んでいただいた結果，バイオをさらに深く勉強したい，人生へのヒントが得られた，バイオの研究をしたい，バイオに関する仕事に従事したい，そして，未来の日本を切り拓きたいと考えていただけたら，編集者および執筆者一同，最高の幸せと存じます．

最後に，生物工学部会に対して，常に温かく見守って下さり，本書の出版企画について，ご助言と監修のことばを賜りました新潟薬科大学名誉教授・元東京大学教授 髙木正道 先生，また，出版企画に対して，多々，アドバイスをいただきました株式会社 裳華房の小島敏照 編集部長，元 裳華房の山口由夏さん，イラストを担当して下さった田口あけ美さん，出版に向けての企画・査読・校正に終始尽力をいただいた，生物工学部会の柿谷 均 副部会長，田村 巧 副部会長そして企画委員の皆さんに深謝いたします．

2013年5月

　　編者および執筆者を代表して

　　　　　公益社団法人日本技術士会生物工学部会　部会長　池田友久

目　次

第Ⅰ編　レッドバイオ

1章　からだを守る生体防御のしくみ［池田友久］ ………………………………… *1*
　　　生体防御とは何か／免疫系を構成する役者たち／自然免疫と獲得免疫／免疫応答に働く生体分子／免疫応答のしくみ／おわりに ―生体防御と免疫のしくみから何を学ぶか―

2章　クスリとバイオ［池田友久］ ………………………………………………… *9*
　　　はじめに／くすりの歴史と開発のながれ／医薬品の分類／薬が働くしくみ ―薬と受容体―／創薬研究を支える技術／おわりに ―個別化医療への道と総合医療への展開―

3章　プロバイオティクス［前野正文］ …………………………………………… *16*
　　　プロバイオティクスとは／プロバイオティクス研究の歴史／乳酸菌とビフィズス菌について／腸内フローラと健康とのかかわりの研究／プロバイオティクスの保健効果／プロバイオティクスの実用化に向けて／今後の展望

4章　バイオ医薬品［住田元伸］ …………………………………………………… *24*
　　　バイオ医薬品の歴史／抗体医薬／バイオ後続品（バイオシミラー）／今後の展望

5章　診断薬［牛澤幸司］ …………………………………………………………… *35*
　　　はじめに／診断薬の測定技術／今後の診断薬とバイオテクノロジー

6章　化粧品の安全性［吉田　剛］ ………………………………………………… *43*
　　　はじめに／化粧品と薬事法／化粧品の安全性評価／化粧品の代替法評価／最後に

7章　再生医療［藤田　聡］ ………………………………………………………… *50*
　　　はじめに／幹細胞／ES細胞／iPS細胞／細胞移植／組織工学／体外での組織構築／臓器の再生／再生医療の未来

第Ⅱ編　グリーンバイオ

8章　遺伝子組換え作物［丹生谷 博］ ……………………………… *61*
　遺伝子組換え植物作製法／遺伝子組換え作物の商業栽培品種

9章　植物のゲノム育種―ゲノム研究に基づく植物品種改良のバイオテクノロジー―
　［富田因則］ ………………………………………………………… *69*
　はじめに／順遺伝学的アプローチ／逆遺伝学的アプローチでゲノム機能
　を読み解く

10章　野菜の育種［宮坂幸弘］ ……………………………………… *78*
　野菜育種へのバイオテクノロジーの応用／品種育成に利用された技術の
　例／交配に使用される性質／今後利用が予想される方向と技術

11章　家畜の育種［平井輝生］ ……………………………………… *87*
　家畜／人工授精／胚移植／クローン牛／組換え体動物／移植細胞による
　生産／単性発生と三倍体魚類／キメラ動物／動物バイオテクノロジーと
　倫理

12章　生物農薬［平井輝生］ ………………………………………… *94*
　農業における農薬の役割／生物農薬の例／生物農薬の特徴／規制

13章　機能性食品［卯川裕一］ ……………………………………… *101*
　食品の三次機能と機能性食品／栄養機能食品と特定保健用食品／特定保
　健用食品の関与成分と生理機能／特定保健用食品以外の機能性食品成分
　と生理機能

14章　機能性糖質［永井幸枝］ ……………………………………… *110*
　機能性糖質とは／イソマルツロース（パラチノース®）／フルクトオリゴ
　糖／還元イソマルツロース（還元パラチノース®）／高甘味度甘味料／サ
　トウキビ，糖質，甘味料の関係

第Ⅲ編　ホワイトバイオ

15章　バイオマス利用［泉 可也・親泊政二三］ …………………… *119*
　はじめに／バイオマス原料／シュガー・プラットフォーム／リグニン・
　プラットフォーム

16章　バイオリファイナリー［東田英毅］ ………………………… *126*
　はじめに／バイオマスの利活用／バイオリファイナリーの進展／バイオ
　リファイナリーの新たな展開／おわりに

目 次

17章 バイオ燃料［酒井重男・田村 巧］ ·· *134*
　　　なぜバイオ燃料が必要なのか／さまざまなバイオ燃料／米を原料とした
　　　エタノール生産／セルロース系バイオマスの前処理・酵素糖化法／バイ
　　　オディーゼル／廃棄物系バイオマスのメタン発酵によるサーマルリサイ
　　　クル

18章 バイオプラスチック［佐藤俊輔］ ·· *142*
　　　プラスチックの転換期／バイオプラスチックの分類／おもな生分解性プ
　　　ラスチックの種類と特徴／おもな非分解性バイオプラスチックの種類と
　　　特徴／バイオプラスチックの用途／バイオプラスチックの普及に向けた
　　　課題

19章 バイオリアクター［中西弘一］ ·· *149*
　　　はじめに／バイオリアクターの利点と課題／液の流れによるリアクター
　　　の分類／固定化技術

20章 酵素プロセス［西八條正克］ ··· *157*
　　　はじめに／酵素反応の利点／酵素の利用形態／工業利用例① 食品添加物
　　　アスパルテーム／工業利用例② 汎用化学品 アクリルアミド／工業利用例
　　　③ 精密化学品／今後の展望

21章 バイオ医薬品の生産［村上 聖・柿谷 均］ ································· *165*
　　　バイオ医薬品製造の現状／バイオ医薬品生産プロセスの概要／回収・精
　　　製工程／プロテインAアフィニティークロマトグラフィー／製剤工程／
　　　まとめと展望

第IV編　バイオ・ア・ラ・カルト

22章 オミックス解析［内海 潤］ ·· *174*
　　　オミックスとは／オミックス解析の代表的手法／オミックス解析データ
　　　の処理と「見える化」

23章 次世代シーケンサー［石井一夫］ ·· *182*
　　　次世代シーケンサーとは／次世代シーケンサーの種類／次世代シーケン
　　　サーの応用／データ解析／まとめ

24章 バイオインフォマティクス［石井一夫］ ····································· *190*
　　　はじめに／データベース／配列解析とフリーソフトウェア／バイオイン
　　　フォマティクスによる次世代シーケンサーのデータ解析／バイオイン
　　　フォマティクスの人材育成

目　次

25章　ナノバイオテクノロジー［中西弘一］ ················· *198*
　　　ナノバイオテクノロジーの概要／ナノバイオマテリアル／ナノバイオデ
　　　バイス／ナノバイオ操作，ナノバイオ加工

26章　ATP，生命のエネルギー通貨［三留規誉］ ················· *207*
　　　生命のエネルギー通貨 ATP／ATP 合成酵素：回転する分子モーター／
　　　ATP 合成酵素は回転するナノマシン／1分子観察技術と ATP 合成酵素
　　　の回転の実証／F_1 モーターの回転制御／ATP の高感度定量法：生物発
　　　光タンパク質（ルシフェラーゼ）／細胞内の ATP の定量／ATP 再生系
　　　による物質生産

27章　進化分子工学［工藤基徳］ ················· *215*
　　　進化とは／進化工学／進化分子工学の技術的な背景／遺伝情報と機能の
　　　対応付け技術／核酸とタンパク質の対応づけ／進化分子工学の応用

28章　環境浄化技術［藤原和弘］ ················· *224*
　　　はじめに／生物を利用した環境浄化技術の特徴／分解可能な汚染物質／
　　　将来展望

29章　地殻微生物の世界［藤原和弘］ ················· *233*
　　　はじめに／地殻微生物と産業との関わり／化石燃料回収への期待／地殻
　　　微生物の将来展望

30章　バイオを巡る知財［内海　潤］ ················· *242*
　　　知財の産業的意義／バイオ特許の争奪戦／バイオ特許を活かす産学連
　　　携／バイオ知財の先にあるもの

索　引 ················· *248*

本文イラスト：田口あけ美

1. からだを守る生体防御のしくみ

第Ⅰ編

1・1 生体防御とは何か

　ヒトの体は約60兆個の細胞から成り立っていて，その一つ一つの細胞には2万3000個の遺伝子があり，毎日3000億個の細胞が生まれ，3000億個の細胞が死んでいるといわれています．この生命を維持していくために，体を取り巻く環境中のウイルス，細菌および真菌などの微生物，寄生虫などの異物を排除あるいは共存しながら，体を守るシステムが生体防御です．これらの異物を外敵として生体を守る最初の防御系は，からだの表面を覆っているバリアとしての皮膚や粘膜です．次いで食物を摂取する口腔，胃，腸などの臓器や血液で，そこに存在する生体防御に働く細胞群がお互いに密接に連携して外敵を排除します．また，内なる敵である「がん」を攻撃し体を守っています．このような生体防御の主体が免疫です．

1・2 免疫系を構成する役者たち

「この世界はすべて一つの舞台だ．人は男女を問わず役者にすぎぬ．自分の出番がくると，大声でわめき，登場したり，退場したり，その間一人一人がさまざまな役を演じ，そして舞台から消えていく．」シェイクスピア，『お気に召すまま』第2幕，第7場

　細菌やウイルスなどの病原体である異物を，自分の体の成分と区別して，非自己である抗原を認識して，体を守るために，以下の，さまざまな働きをする細胞がドラマの役者のように登場します．

・マクロファージ：第一次防衛部隊として，最初に抗原を発見して働くのが，マクロファージです．マクロファージは骨髄でつくられた単球が血管外に出て変身した細胞で，抗原を捕らえて貪食します．このマクロファージは全身に分布していて，存在部位やその機能によって，名前が異なります．樹

第 I 編　レッドバイオ

枝のような突起をもつ**樹状細胞（DC）**は，全身に分布していて抗原を提示し抗原特異的な反応を開始させる細胞であることから，マクロファージやB細胞とともに**抗原提示細胞（APC）**とも呼ばれます．このほかに，肺に存在する肺胞マクロファージ，肝臓に存在するクッパー細胞，皮膚に存在して，アレルギーに関与するランゲルハンス細胞などがあります．

・T 細胞：APC は二次防衛部隊の司令塔である**ヘルパー T 細胞**の Th1 細胞および Th2 細胞にその抗原情報を伝えます．情報を受け取った Th1 細胞は**細胞傷害性 T 細胞（TCL）**を増強し，ウイルスが感染した細胞やがん細胞を排除し，マクロファージの働きを増強します．

・B 細胞：ヘルパー T 細胞（Th 細胞）は B 細胞に抗体を産生するように指令を出します．抗体は敵を攻撃する弾丸やミサイルなどにたとえられます．また，B 細胞はその弾丸，ミサイルを製造する武器工場にたとえられます．

・ナチュラルキラー細胞（NK 細胞）：NK 細胞は，警察官のように体内をパトロールしているリンパ球です．そして，がん細胞やウイルスが感染した細胞を発見すると，相手を特定することなく，単独で素早くパーフォリンとい

うタンパク質をピストルで打ち込むようにして，相手の細胞に穴を開けて殺傷します．
・**NKT 細胞**：T 細胞と NK 細胞の機能をもち，自然免疫と獲得免疫の橋渡し役をします．
・**顆粒球**：顆粒球には**好中球**，**好酸球**および**好塩基球**があります．**好中球**は細菌を貪食し，好酸球および好塩基球は寄生虫感染防御や免疫の過剰反応であるアレルギーに関与します．
・**マスト細胞（肥満細胞）**：寄生虫感染防御やアレルギー炎症反応において，中心的な役割を演じ，ヒスタミンなどの化学伝達物質や腫瘍壊死因子（TNF）などのサイトカインなどを放出します．

1・3　自然免疫と獲得免疫

・**自然免疫**：脊椎動物であるヒトの免疫系は，自然免疫系と獲得免疫系に大別されています（表 1-1）．この 2 つの免疫系が効率よく機能するために，免疫細胞の複数のシグナル伝達系がクロストークし，橋渡しをするシステムが構築されています．自然免疫は先天性免疫とも呼ばれる非特異的な免疫応答であり，軟体動物や昆虫などの無脊椎動物にもみられる防御機構です．外敵をすばやく排除する防衛ラインとしての役割をします．この生体防御物質として，体液中にはリゾチーム，プロパジン，β リジン，ロイキン，タフトシン，オプソンなどの殺菌因子，**補体**および動物性レクチンなどの凝集素が存在します．自然免疫では，補体と呼ばれる抗体を必要としない第二経路およびレクチン経路が，連鎖的に活性化，増幅され，侵入した病原体を処理・破壊します．

一方，獲得免疫では抗体の存在下，抗原・抗体複合体が形成され，古典経路を経て，補体が活性化されて病原体を破壊します．樹状細胞（DC）は，その細胞表面に存在する分子である**トル様受容体（TLRs）**が，外敵由来のペプチドグリカン，DNA，二本鎖 RNA，リポ多糖，鞭毛を構成するフラジェリンなどを感知し，その情報を獲得系免疫細胞に伝えます．自然免疫および

表 1-1　自然免疫と獲得免疫

機能，特徴および構成成分	自然免疫	獲得免疫
誘導時期	12時間以内に早期誘導される急性期の反応	半日から5日程度の誘導で，時間がかかるが抗原の詳細を認識
多様性（レパトア[*1]）	10のオーダーで，限定されている	$10^{11} \sim 10^{15}$ 程度で，非常に大きい
特異性	病原体に対して，ある程度特異的に反応	あり
免疫の記憶	なし	あり
血液中の防御物質および防御システム	・リゾチーム，プロパジン等 ・補体系：第二経路，レクチン経路	・抗体：IgA, IgM, IgG, IgE, IgD ・補体系：古典経路（C1～C9）
物理的・化学的バリアー	皮膚，粘膜上皮	上皮内のリンパ球
非自己と自己を認識	あり	あり
サイトカイン	IL-1, IL-6, IL-12, TNF, INF 等	IL-1, IL-2, IL-3, IL-4, IL-5 等
抗原認識	パターン認識受容体 TRL-1, 2, 3, 4, 5, 6, 9	B細胞受容体（BCR），T細胞受容体（TCR）
細胞	貪食細胞（マクロファージ，樹状細胞，好中球），顆粒球（好中球，好酸球，好塩基球），肥満細胞（マスト細胞），ナチュラルキラー細胞	リンパ球 B細胞，CD8T細胞，CD4Th1細胞，CD4Th2細胞，CD4Th17細胞，CD4Treg細胞

[*1] 対応可能な異なる抗原特異性をもつリンパ球集団で，英語ではレパートリーという．

　獲得免疫はそれぞれ独立に存在するのではなく，自然免疫は獲得免疫を誘導し，相互作用による共同作業で病原体を排除します．この際，自然免疫と獲得免疫の橋渡し役の主役は，樹状細胞（DC）です．

・**獲得免疫**：抗原がヒトの体に侵入し，この自然免疫の防衛ラインを突破すると，次に獲得免疫が働きます．獲得免疫は後天性免疫とも呼ばれ，脊椎動物だけがもっている外敵に対する特異的な免疫です．獲得免疫における生体防御因子は抗体とサイトカインで，体液性免疫と細胞性免疫があります．

　体液性免疫はB細胞が主役です．B細胞は骨髄幹細胞において転写因子

Pax5の発現によって決定づけられます．B細胞内で抗体遺伝子の再構成が始まり，遺伝子再構成によりつくられた抗体遺伝子産物が細胞表面に現れ受容体として働きます．そして，受容体分子は抗体として細胞外に分泌されます（4章参照）．

　B細胞から産生される抗体は，体外から侵入した病原体や異種タンパク質などに特異的に結合して，異物を排除します．IgM抗体やIgG抗体のサブクラスであるIgG1，IgG3抗体は補体成分がさらに結合して，生体防御活性を示します．また，抗体産生には時間がかかることから，既に存在する抗体を別の個体に注入する治療法もあります（受動免疫の獲得）．

　細胞性免疫は，体液性免疫と対比される概念で，T細胞が主役です．骨髄幹細胞は，胸腺に移動し，T細胞抗原受容体の遺伝子が再構成されてT細胞がつくられます．このプロセスを「教育される」といい，さまざまな機能をもつサイトカインを産生するようになります．

　T細胞はCD4T細胞とCD8T細胞に分類されます．CD8T細胞は，細胞内に感染した細胞，不要になった細胞や内なる敵のがん細胞を破壊します．CD4T細胞はB細胞や，T細胞の仲間の司令塔の役割をします（表1-2）．この役割を担うのがTリンパ球から産生される**インターロイキン**（IL）やサイトカインです．

1・4　免疫応答に働く生体分子

(1) 抗体（免疫グロブリン）：外敵をピンポイントで攻撃するミサイルに相当する抗体は，IgG，IgA，IgM，IgD，IgEの5種類あり，これらはB細胞が産生します（表1-2）．IgGには4つのサブクラスIgG1，IgG2，IgG3，IgG4が，IgAには2つのサブクラスIgA1，IgA2があります．IgMは5量体構造で，敵が侵入した場合，その抗原をすばやくキャッチし，**補体系**を活性化し，抗原を排除します．IgGおよびIgA抗体は細菌やウイルスを中和して感染を抑制します．そして，同じ抗原が再侵入した際，速やかに，かつ強く応答しIgG抗体が産生するように免疫記憶されます．IgEは

表 1-2 獲得免疫系における免疫応答のしくみとおもな機能

リンパ球 (誘導因子)	細胞系列を決定 する転写因子[*1]	機能分子	機能
B 細胞	・Rax5	・IgA, IgG, IgM ・IgE, IgD[*2]	・抗原認識 ・感染防御 ・アレルギー
CD8T 細胞/キラー T 細胞/CTL	・RunX family 遺伝子と推定	・Th1 サイトカイ ン (INFγ) ・パーフォリン, グランザイム	・ウイルス感染細胞, 細胞内寄生菌, がん 細胞に対する細胞傷害 ・アポトーシスの誘導
CD4T/Th0 細胞 ・CD4T/Th1 (IL-12)	・T-bet	・Th1 サイトカイ ン (INFγ)	・ウイルスに対する感 染防御
・CD4T/Th2 (IL-4)	・GATA-3	・Th2 サイトカイ ン (IL-4, IL-5, IL-10, IL-13)	・アレルギー 　喘息, 花粉症 ・寄生虫感染防御
・CD4T/Th17 (IL-6/TGF-β)	・RORγt	・Th17 サイトカイ ン (IL-17)	・自己免疫の発症 SLE[*3], I 型糖尿病, リウマチなど
・CD4T/Treg[*4] (TGF-β)	・Foxp3	・IL-10	・がん ・免疫調節, 免疫寛容

[*1] 転写因子：遺伝子発現を制御するタンパク質, [*2] 受容体として働いているが, それ以外は不明な点が多い. [*3] 全身エリテマトーデス, [*4] 抑制性 T 細胞

アレルギー反応に関与します (3 章参照).

(2) **サイトカイン**：サイトカインには, **インターロイキン** (IL) や**ケモカイン**があり, 細胞と細胞のコミュニケーションを司る, 分子量が 1 万〜数万程度のタンパク質で, おもな機能は次の通りです. 幹細胞因子 (SCF), **IL-3 (インターロイキン 3)**, IL-6 および IL-7 はリンパ球の成熟分化に作用します. また, IL-2, IL-4, IL-12 および**インターフェロン** (INF) γ は Th 細胞の分化に作用します. IL-3, IL-4, IL-5, IL-13 および INFγ は, アレルギーに関与します. **ケモカインファミリー**である CCL3, CXCL8 および CCL5 は細胞の遊走作用 (走化作用) を示します. 抗体産生の誘導には, IL-1, IL-4 および IL-6 が働きます. TNFα, IL-1, IL-6 および IL-8 には炎症促進作用があり, SCF, IL-3, エリスロポエチン (EPO) および GM-

CSF（顆粒球-マクロファージ・コロニー刺激因子）は造血作用を示します．

1・5 免疫応答のしくみ

　CD8T 細胞は，細胞内に感染した細胞，不要になった細胞や内なる敵のがん細胞を破壊します．CD4T 細胞は 4 種類の Th1, Th2, Th17, Treg に分類されます．未分化の CD4Th0 細胞は DC により活性化されて機能分子としてのサイトカインを産生します．CD4Th1 に分化した細胞は，Th1 サイトカインを産生して B 細胞に抗体産生を促し，病原体の感染防御に関与します．CD4Th2 細胞は Th2 サイトカインを産生し，とくに，IL4 は IgE 抗体産生を促し，アレルギー疾患の発症に関与します．CD4Th17 細胞は自己免疫疾患に主要な役割をしている炎症性サイトカイン，IL-1, IL-17 を産生します．抑制性 T 細胞（Treg）の働きは Fox3 により制御され，Th1, Th2, Th17, CD8T 細胞の働きを抑制して，自己免疫疾患の発症，アレルギー反応および臓器移植後に起こる拒絶反応などを抑制します．

1・6 おわりに ―生体防御と免疫のしくみから何を学ぶか―

　これまで述べてきたように，病原微生物などによる感染症から自らを守るために，私たちの体には一つのしくみだけではなく，自然免疫，獲得免疫としての液性免疫および細胞性免疫など，機能の異なる生体防御のシステムが重層的に，ネットワークとして構築されています．したがって，T 細胞や B 細胞のような免疫機能が遺伝的に欠損した実験動物である免疫不全マウス（SCID マウス）や，さらに NK 細胞が欠損した NOD/SCID マウスも，クリーンな環境においてであれば，飼育することができます．

　米国のある雑誌の表紙に，透明なビニールで覆われた無菌環境の中で体液性免疫および細胞性免疫が欠損した「**重症複合性免疫不全症**」の乳幼児の写真とともに，「Love me. But, don't touch me.」と記載されていました．もし免疫というものがなければ，私たちの体は細菌やウイルスによる感染によって重篤なダメージを受けてしまうでしょう．しかし免疫系が正常に働いてい

る場合には，こうした有害な異物を排除し，しかも必ずしも有害でない異物と共存しています．たとえば，ヒトの皮膚，腸内などに生存している約100兆個の細菌類のなかの有用な微生物の仲間たちは，異物ではありますが，ヒトと**相利共生（シンバイオシス）**をしています．そして，有害な微生物から私たちの体を，ともに守っています（3章参照）．一方，免疫応答は，ある刺激によって免疫細胞が嵐のように過剰のサイトカインを放出するサイトカインストームによる炎症反応や，自己免疫病およびアレルギーを引き起こす諸刃の剣でもあります．したがって，免疫のしくみの更なる研究が求められ，その成果から，健康づくりをめざし，感染予防ワクチンやアレルギー・**免疫病**の治療への展開が期待されます．また，生体防御のしくみは，外敵のみならず，大震災の際に，陸，海，空から国土を守るために，一致協力して復旧・復興支援をする自衛隊などにたとえることができます．さらに，社会の安全を確保するためには，災害時のレスキュー隊，警察，自治体，組織共同体，また，人々の相互連携プレーのしくみ作りの必要があります．天災や事故対策について，生物と同様に多重構造的な安全システム，ネット社会におけるコンピューターウイルス侵入やサイバーテロなどへのセキュリティ対策においても，生体防御システムがヒントとなり，社会が持続，発展し続けるために必須なリスク分散，リスクマネジメントおよびリスクアセスメントの構築に役立ちます．最後に，自己のみならず非自己を排除することなく許容する**免疫寛容**という生命のしたたかさは，未来の希望である人類の平和な共生社会の実現に向けて多くの示唆を与えてくれます．

〔池田友久〕

より進んだ学習のための参考書

Abul K. Abbas・Andrew H. Lichtman 著，松島綱治・山田幸宏 監訳 (2008)『分子細胞免疫学』原著第5版，エルゼビア・ジャパン

David Male 他著，高津聖志・清野 宏・三宅健介 監訳 (2009)『免疫学イラストレイテッド』原書第7版，南江堂

Kenneth Murphy・Paul Travers・Mark Walport 著，笹月健彦 監訳 (2010)『Janeway's 免疫生物学』原書第7版，南江堂

第Ⅰ編

2. クスリとバイオ

「人間は誰でも体の中に百人の名医をもっている.」
古代ギリシャの医師, ヒポクラテス (紀元前460頃〜紀元前370頃)
「すべての物質は毒である. 毒か薬かは用量によって決まる.」
ルネサンス初期のスイスの医師・思想家, パラケルスス (1493〜1541)

2·1 はじめに

　2012年, 国連の世界の人口統計および平均寿命の統計によると, 我が国の男女平均寿命は83歳で, 世界のなかで長寿国であり続けています. その理由は, 第二次世界大戦後, すぐれた和食文化の伝統と豊かな食生活に恵まれた環境, そしてすぐれた健康保険制度と医療に守られた社会に生活していたためと考えられます. その健康を守るための医療において, 薬が大きな役割を果たしています. 薬は病気の予防と治療に役立つ働きをする化学物質です.
　薬はヒトに投与される注射剤や錠剤などになると医薬品と呼び, この薬の発見から医薬品になるプロセス, すなわち創薬を支える重要な技術が, バイオテクノロジーです.

2·2 くすりの歴史と開発のながれ

　古代中国の神農帝による薬物書,『神農本草経(じんのうほんぞうきょう)』には, 多くの薬が記載されています. 古代ギリシャでは, ヒポクラテスが, 柳の木からの煎じ薬を痛み止めとして用いています. 江戸時代, **華岡青州**は, 乳がん患者に漢方薬を用い世界で初めて全身麻酔を行い, 蘭学の外科手術に成功. 19世紀には, 古代ギリシャの痛み止め成分はサリシンであることが判明. その分解物のサリチル酸から, **アスピリン**が合成され, **鎮痛剤**として販売. 20世紀には, 青カビから**ペニシリン**がつくられました.

第Ⅰ編　レッドバイオ

　20世紀後半，本格的に医薬品の研究開発が始まりました．表2-1に，医薬品の研究開発の大きな流れと代表的な医薬品を示しました．① 第一世代の医薬品として，ペニシリンの誘導体およびその関連化合物である抗生物質が数多く誕生．細菌感染の治療やウイルスの二次感染の予防に貢献しました．② 第二世代の医薬品として，高齢化社会の到来に伴い疾患構造が変化，生活習慣病（成人病）克服が課題となり，心臓脳血管疾患である循環器病およびがんに対する医薬品を中心に開発が行われてきました．③ 20世紀の後半，細胞工学，タンパク質工学および遺伝子工学などの進歩により，最先端技術の医薬品への応用が活発化し，第三世代医薬品として，**バイオ医薬品**が誕生しました．それらは，**成長ホルモン，インシュリン，エリスロポエチン**などのタンパク質でした．その後，**モノクローナル抗体**の生産技術など，**免**

表 2-1 医薬品開発の流れと代表的な医薬品

医薬品研究開発の流れ	代表的な薬および対象疾患
第一世代（～1990年代） 感染症に対する低分子医薬品	βラクタム系抗生物質，セフェム系抗生物質，マクロライド系抗生物質等（細菌感染症）
第二世代（1990年代） 生活習慣病に対する低分子医薬品	HMG-CoA還元酵素阻害薬（高脂血症），プロトンポンプ阻害剤（PPI）（胃潰瘍），アセチルコリンエステラーゼ阻害薬およびNMDAグルタミン酸受容体拮抗薬（認知症）
第三世代（2000年代） 分子標的薬，抗体医薬および新興・再感染症の予防・治療薬へ	TNF-α阻害薬，IL-6受容体阻害薬（関節リウマチ），CD20阻害薬（非ホジキンリンパ腫），血管内皮増殖因子/腫瘍血管増殖因子阻害薬（がん転移），ハーセプチン（乳がん）
次世代（2010年代～） 分子標的薬としての核酸医薬から遺伝子治療，再生医療，個別化医療へ	アプタマー医薬/RNA干渉医薬（たとえば，多発性硬化症などの自己免疫疾患などの難病）

疫工学の発展により，疾患の原因となる**受容体**や特定のタンパク質をピンポイントで狙い撃ちする分子標的薬としての抗体医薬が注目されました．そして，**がん，関節リウマチ**などの治療薬が実用化され，本格的なバイオ医薬品時代が到来しました．④ 医薬品の研究開発はさらに進化を続け，**ポスト抗体医薬品（次世代医薬品）**として，遺伝子情報伝達などに関与している**低分子核酸（siRNA）**による**核酸医薬**が登場しました．低分子核酸は化学合成が可能で，疾患の原因となっている遺伝子やタンパク質に特異的に結合する**アプタマー医薬品**として，遺伝子に直接働くので難病の薬として開発中です．核酸医薬の例として，28塩基の一本鎖RNAが血管内皮増殖因子（VEGF）阻害活性をもち，眼科領域で加齢黄斑変性症治療薬として販売されています．また，細胞医療は，事故や病気によって失われた体の機能を回復する方法として，火傷の治療などに応用されていますが，**ヒトiPS細胞**は，皮膚の細胞からさまざまな臓器の細胞が作製可能なことから，直接ヒト細胞で薬を評価できる有用性と**再生医療**への展開が期待されています（7章参照）．

2・3 医薬品の分類

医薬品にはいくつかの分類の方法があります．医薬品は一般の商品や食品と違ってヒトの命に直接かかわることから，薬事法で定義され，法的な規制があります．この薬事法により，医師の処方に基づき使用される医療用医薬品および，医師による処方箋がなくても薬局・薬店で購入できる一般用医薬品に分類されます．

また，医薬品を科学的に分類すると，次の5つに分類できます．① **低分子医薬品**：有効成分を化学合成して製造された医薬品で，おもに経口剤，経皮剤として使用されています．② **分子標的薬**：病気のメカニズムが分子レベルで解明されつつあることから，特定分子を標的にする医薬品が開発されつつあります．しかし，有効性は高いものの，副作用に留意する必要もあります．③ **漢方薬**：中国伝承医学で，薬草などを乾燥させた生薬を複数組み合わせたものです．その後，日本で独自に発展し，日本の科学的実証データは欧米でも注目されていて，現在，風邪薬など148種類の漢方薬が健康保険の対象となり使用されています．④ **バイオ医薬品**：2・2節で述べたように，**遺伝子組換え技術**や**細胞融合**などのバイオテクノロジーを利用して製造されたタンパク質や抗体が成分の医薬品です（4章参照）．有効性が高いのですが，副作用に留意する必要があります．また，高価であることも課題です．⑤ **ワクチン**：弱毒化，無毒化した細菌，ウイルスなどの病原体を投与し，ヒトの免疫力を利用して感染症などを予防する製剤です．過去に副作用が問題となったため，日本のワクチン行政は欧米より大きく遅れており，今後の展開が待たれています．

2・4 薬が働くしくみ ―薬と受容体―

細胞の表面は脂質二重膜に覆われていて，外からの情報（リガンド）をキャッチして細胞内に情報を伝達する受容体タンパク質が存在します．その受容体（レセプター）の1種に**Gタンパク質共役受容体（GPCR）**があります．GPCRは，細胞膜を7回貫通する特徴的な構造から7回膜貫通型受容体

と呼ばれます．薬や生体内に存在する神経伝達物質，ホルモン，ペプチド，増殖因子などの内因性リガンドがGPCRに結合すると，その細胞外からの刺激を細胞内に伝達する一連の化学反応（シグナル伝達経路）が始まり，さまざまな生理機能が発現します．たとえば，神経が活性化すると，シナプス末端から神経伝達物質であるアセチルコリン分子が放出されます．アセチルコリン分子がレセプターに結合して，細胞内にシグナル伝達が引き起こされた結果，筋肉が収縮します．

作動薬（アゴニスト） は，受容体に可逆的に結合して，スイッチを何度も押すようにして，生体の作用を強める薬です．**拮抗薬（アンタゴニスト）** は，受容体に蓋をして，結合すると離れずメッセンジャーの働きを抑え，生体の作用を弱める薬で，阻害剤（ブロッカー）ともいいます．たとえば，ヒスタミン産生細胞（マスト細胞や塩基球）から産生されたヒスタミン（アゴニスト）が，ヒスタミン受容体をもつ粘液分泌細胞（杯細胞）に結合すると，細胞から粘液が分泌されます．したがって，ヒスタミン受容体を遮断する作用を持つ化合物がヒスタミン受容体に結合すると鼻汁分泌が抑制されます．そのため，ヒスタミンに類似した化学構造をもつ抗ヒスタミン剤が開発されました．世界で使用されている約50％の医薬品がGPCRを標的として薬理効果が発揮されているといわれ，その医薬品売り上げ上位100種のうち約4分の1を占め，世界の売上高は約2兆円と報告されています．表2-2は，GPCRと現在使用されている代表的な薬です．

2・5 創薬研究を支える技術

創薬を支援する技術は，**ハイスループットスクリーニング**（HTS；保有している大量の化合物をロボット技術により自動的に高速度スクリーニングする技術）や，コンピューターを用いた ***in silico*** **技術**として**コンビナトリアル・ケミストリー**（創薬候補の化合物のパーツを組み合わせて多数の誘導体を合成する技術），SBDD（structure-based drug design；タンパク質の構造をもとに薬剤をデザインするピンポイント攻撃の手法）があります．ま

表 2-2　GPCR の種類および代表的な拮抗薬・作動薬の薬理作用

GPCR の種類（サブタイプ）	拮抗薬・作動薬	代表的な薬	薬理作用
アンジオテンシン受容体 （ATⅠ, ATⅡ）	ATⅡ拮抗薬	テルミサルタン	高血圧症治療薬
セロトニン受容体 （5HT-1, 2, 4, 5, 6, 7）	5HT 作動薬	スマトリプタン	頭痛治療薬
ドーパミン受容体 （D1, D2, D3, D4）	D2 拮抗薬	クロロプロマジン ドンペリドン	抗神経疾患 制吐薬
ヒスタミン受容体 （H1, H2, H3, H4）	H1 拮抗薬 H2 拮抗薬	ジフェンヒドラミン シメチジン	抗アレルギー薬 消化性潰瘍治療薬
オピオイド受容体 （μ, δ, κ）	μ 作動薬 μ 拮抗薬	モルヒネ ブトルファノール	鎮痛作用
アドレナリン受容体 （α, β）	α1A 拮抗薬 β 作動薬	アロブテロール イソプロテレノール	排尿障害治療薬 喘息治療薬

た，FBDD（fragment-based drug design；フラグメント分子をもとに薬剤をデザインする手法）およびタンパク質などの立体構造を解析するための手法として，**X 線結晶構造解析**や**核磁気共鳴（NMR）**スペクトルを組み合わせた方法などがあります．

　米国デューク大学のロバート・レフコビッツは，遺伝子工学的技術により，GPCR の 1 種，β_2 アドレナリン受容体遺伝子のクローニング（単離）に成功．また，米国スタンフォード大学のブライアン・コビルカは，複雑な β_2 アドレナリン受容体の結晶化に成功し，その結晶を X 線結晶構造解析しました．これらの成果により，2 人は，2012 年ノーベル化学賞を受賞しました．

2・6　おわりに ―個別化医療への道と総合医療への展開―

　遺伝子レベルで，かつ網羅的，総合的に解析するゲノム創薬（ゲノム医療）として，薬の効果や副作用に対する一人一人の違いを研究するファルマコゲノミクス（薬理ゲノム学），トキシコゲノミクス（毒性ゲノム学），メタボロミクス（代謝ゲノム学）などのオミックス研究が展開していています．また，SNPs（一塩基多型）解析などの遺伝子検査・診断技術（5 章参照）に

より，疾患感受性や肝臓の薬物代謝酵素（シトクロム P450）活性の遺伝子多型により薬に対する高感受性の患者と低感受性の患者の存在が明らかになり，それぞれの患者で薬物動態，とくに血中濃度の値が大きく異なることがわかりました．このことから，最適な薬剤を選択し，最適な投薬量と最適なタイミングで，有効性が最大，かつ副作用の発現リスクが回避できる**個別化医療**の扉が開かれつつあります（22 章参照）．

　21 世紀，健康長寿社会の実現に向けて，食事，運動などのライフスタイルの見直しや介護などのすべてを包括した**統合医療**において，さらにすぐれた薬が必要とされています．

〔池田友久〕

より進んだ学習のための参考書

Bertram G. Katzung 著，柳澤輝行・飯野正光・丸山 敬・三澤美和 監訳（2009）『カッツング 薬理学』原書 10 版，丸善

グッドマン・ギルマン 編，高折修二・福田英臣・赤池昭紀 監訳（2009）『薬理書 ―薬物治療の基礎と臨床』第 11 版，廣川書店

第Ⅰ編

3. プロバイオティクス

3・1 プロバイオティクスとは

　発酵食品や腸管に由来する微生物のなかには，ヒトや動物の健康に役立つ"プロバイオティクス"と呼ばれるものがあります．この言葉は，ギリシャ語で「生命の益になるもの」に由来し，抗生物質が有害菌を直接殺すのに対して，有用微生物がマイルドな作用で有害菌の増殖を抑えることをイメージして名づけられています．プロバイオティクスの定義は，1989年にイギリスの微生物学者フラー（Fuller）により「生きて腸まで届き，腸内細菌叢[*1]（腸内フローラ（flora））の改善を通して宿主に保健効果を与える微生物」として提唱されたものです．そもそも体の健康のために有用微生物を摂取するという考え方の原点は，いまから約100年前，フランスのパスツール研究所の免疫学者メチニコフ（Metchnikoff）が自身の著書"The Prolongation of Life『長寿の科学的研究』"（1907）で提唱した"乳酸菌による不老長寿説"であるといわれています．それは，彼がブルガリア地方を旅行していたときに，その地方の高齢者の多くがヨーグルトをよく食べていたことに注目し，ヨーグルトを食べるとそのなかに含まれる乳酸菌が腸管内で繁殖し，毒素をつくる腐敗菌の増殖を抑えるので早期の老化を防ぐことができるのではないかと考えた説です．このことをきっかけにして，微生物と健康への関わりの研究が広がっていきました．本章では，乳酸菌やビフィズス菌に対するプロバイオティクスの研究の歴史から，応用例や展望について述べます．

3・2 プロバイオティクス研究の歴史

　プロバイオティクス研究の歴史は，微生物の分離・同定技術の進歩および，腸内の微生物が生体に与える効果の解明の方向の研究の連携した歩みで

[*1] 腸内に生息する微生物の集団．

す．まず，ヒトの腸内に微生物が存在することを世界で初めて発見したのは，顕微鏡の発明者でもある17世紀のオランダの博物学者レーウェンフック（Leeuwenhoek）です．彼は自身で発明した顕微鏡を用いてヒトの糞便を観察し，そのなかに多数の微生物がいることを見つけました．しかし，科学的な研究が本格的に開始されたのは，それから約200年後の19世紀になってからです．それは，"微生物学の祖"といわれるフランスの微生物学者パスツール（Pasteur）が，発酵には微生物が必要なことを発見し，同じ頃，ドイツの微生物学者コッホ（Koch）が，複数の微生物がいる環境から1種類だけを分離して培養する技術（純粋培養法）を創案したことによります．その後，1899年にパスツール研究所のティシエ（Tissier）が母乳栄養児の糞便からビフィズス菌を初めて分離し，その翌年1900年にオーストリアのモロー（Moro）が，人工栄養児の糞便から乳酸桿菌の一種アシドフィルス菌を分離するなど，研究が進みました．一方，生体に与える効果の研究は，メチニコフの不老長寿説（1907）の提唱により活発化し，以降，乳酸菌やビフィズス菌を健康のために摂取する，という考え方が世界中に広まりました．表3-1に代表的なプロバイオティクスの菌種をまとめました．その種類としては，乳酸菌やビフィズス菌が有名ですが，酵母や納豆菌なども含まれます．

また，腸内フローラの研究が進むことで，オリゴ糖のように腸内のビフィズス菌の増殖を助ける物質が食品中から発見され，1995年にイギリスの微生物学者ギブソン（Gibson）は，それをプレバイオティクスと呼ぶことを提唱しました．さらに日本の微生物学者の光岡は，微生物が生成する物質も，

表3-1　プロバイオティクスとして用いられているおもな乳酸菌とビフィズス菌

「乳酸菌」 ラクトバチルス（*Lactobacillus*）属	「ビフィズス菌」 ビフィドバクテリウム（*Bifidobacterium*）属
L. アシドフィルス（*L. acidophilus*） L. カゼイ（*L. casei*） L. パラカゼイ（*L. paracasei*） L. ラムノーサス（*L. rhamnosus*） L. ガッセリ（*L. gasseri*）	B. ビフィダム（*B. bifidum*） B. アドレセンティス（*B. adolescentis*） B. インファンティス（*B. infantis*） B. ロンガム（*B. longum*）

直接あるいは腸内フローラを介して体によい作用をもたらすことに注目し，バイオジェニックスという概念を提唱（1998）しました．

3・3　乳酸菌とビフィズス菌について
(1) 乳酸菌の定義について

　乳酸菌は，糖を発酵して多量の乳酸を生成する微生物を総称した慣用的な呼び名であり，分類学上の言葉ではありません．乳酸菌の定義としては，グラム染色[*2]で陽性であり，形は桿状または球形，カタラーゼ[*3]試験で陰性，消費したブドウ糖の 50 % 以上を乳酸として生成するなどの特性があげられます．この乳酸菌は，動物の腸内や植物の表面など自然界に広く生息しており，生育には酸素が少ない所を好み，pH 2 ～ 3 程度の酸性環境下でも生存が可能です．少なくとも 20 世紀始めまでは，分類上[*4]は，ラクトバチルス（*Lactobacillus*）属，ストレプトコッカス（*Streptococcus*）属，ロイコノストック（*Leuconostoc*）属，ペディオコッカス（*Pediococcus*）属の 4 属が知られていました．それが 1980 年代以降は，遺伝子レベルの解析技術の進歩により，新たな属の分離・報告などで増加し，現在までに 33 属 300 菌種を越える乳酸菌が報告されています．

(2) ビフィズス菌の定義について

　ビフィズス菌は，乳酸菌の仲間として扱われることが多いですが，乳酸の生成量が 50 % に満たないことや，主要生産物が乳酸と酢酸であることなどから，厳密には定義に当てはまる「乳酸菌」ではないとされます．遺伝子レベルで解析すると，土壌から広く検出される放線菌の仲間に近いことがわかっています．このビフィズス菌は，ビフィドバクテリウム（*Bifidobacterium*）属に分類され，36 菌種が報告されています．Bifido- とは，ラテン語で

[*2] 濃い紫色に染まるグラム陽性菌と，紫色にならず赤く見えるグラム陰性菌がある．染色性の違いは細胞壁の構造の違いによる．
[*3] カタラーゼは過酸化水素を分解して水と酸素に分解する酵素で，酸素代謝で生じる有害物質から細胞を守る働きがある．
[*4] 国際的なルールに沿って，属・種・株の順で分類，命名される．例：*Lactobacillus*（属）*acidophilus*（種）L-92（株）

二股に分かれるという意味で，これは，形がY字状になっているものが多いことに由来します．この菌は動物の腸内に生息し，生育には酸素が少ないところを好み，ヒトの腸内からは，約10種類が見つかっています．

3・4　腸内フローラと健康とのかかわりの研究

人間の腸内には，重さにして1〜1.5 kg，100〜300種類もの微生物が存在し，いわゆる腸内フローラを形成しています．菌数にすると約100兆個にもなり，ヒトの体を構成する細胞数である約60兆個よりも多いです．しかし，腸内の微生物の多くは，酸素が存在する環境では増殖しにくいので，昔は正確に分析することができませんでした．ところが1950年代に光岡らが，その培養法を開発してヒトの糞便を解析した結果，腸内フローラを構成する最優勢菌が，乳酸桿菌またはビフィズス菌などの微生物であり，その種類は，年を経るごとに変動していくことが明らかになりました（図3-1）．すなわち，ヒトは胎内では無菌の状態ですが，出生後早い段階でビフィズス菌が優勢になり，7日目ごろには，腸内フローラのバランスはほぼ安定します．老年期になってくるとビフィズス菌が減少し，悪玉菌と呼ばれるウエルシュ菌が増加します．なお，生体内では，乳酸桿菌は小腸下部に，ビフィズス菌は大腸に生息していることがわかっています．

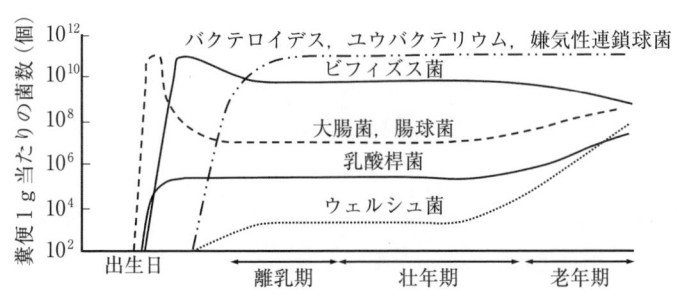

図3-1　年齢とともに移り変わる腸内フローラ
（光岡知足：腸内細菌学雑誌，**25**，113-124（2011）より一部改変）

3·5 プロバイオティクスの保健効果
(1) 腸内環境改善作用・便性改善作用
　プロバイオティクスを摂取すると，腸内フローラを構成するビフィズス菌や乳酸桿菌などの有用菌が増加し，悪玉菌であるウェルシュ菌などが減少して腸内フローラの状態が改善して，便秘などのお腹の調子もよくなることが知られています．このメカニズムには，未解明の部分が多いですが，摂取したプロバイオティクスや，腸内有用菌が生成した有機酸による腸内 pH の低下も関与しているといわれています．さらに，腸内の有害菌が減少することで，その菌が生成するアンモニアなどの腐敗産物の量も低下することから，大腸がんや，乳がんのリスク低減につながるとも考えられています．

　なお，腸内で有用菌が優勢のときは便がバナナ状で少し黄色がかり，悪玉菌が優勢のときは，便が黒っぽくて臭いがきつくなります．

(2) 免疫調節作用
　プロバイオティクスは，腸管を介して免疫応答にも関与しています．腸管は，栄養を吸収するだけではなく，体にある免疫細胞の約半分が存在する腸管免疫系を保有しています．プロバイオティクスは，この腸管免疫系を介して，抗アレルギー作用や，免疫賦活作用をもたらすことがわかっています．

　抗アレルギー作用については，石田らの研究 (1995) で，ラクトバチルス・アシドフィルス L-92 株 (*L.acidophilus* L-92) をヒトに投与することで，花粉症をはじめとするアレルギー性鼻炎の症状を抑制する作用が確認されています．この作用は，ビフィズス菌でも報告されていますが，メカニズム的には，プロバイオティクスが免疫系を調節する T 細胞という免疫細胞へ働きかける作用によるものと推察されています（図 3-2）．

　免疫賦活作用については，プロバイオティクスの摂取により，体の NK 細胞の活性を高めることが知られています．NK 細胞とは，ウイルスに感染した細胞や，がん化してしまった細胞を除去する役割をもつ免疫細胞です．この作用については，2009 年の新型インフルエンザの世界的な流行がきっかけで，期待度が高まっています．ただし，実際の有効性については，作用

3. プロバイオティクス

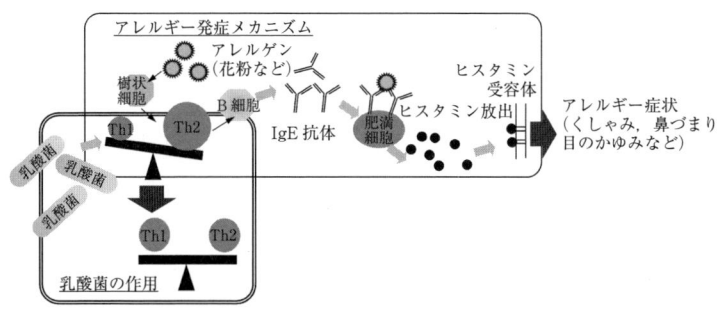

図 3-2 アレルギーの発症メカニズムと乳酸菌の推定作用

アレルギーの発症には Th1 細胞と Th2 細胞と呼ばれる免疫細胞が関与している．通常は，両者はバランスを保って免疫反応を調節しているが，食生活や生活環境の変化などによりバランスが崩れて Th2 側に偏ると，花粉などのアレルゲンと反応する IgE 抗体が過剰につくられてアレルギー症状が発症する．乳酸菌には，この Th1 と Th2 の免疫バランスを改善する作用があると推定されている．

メカニズムの解明も含めて，さらなる研究が必要と思われます．

(3) プロバイオティクスの動物への応用

ほかの哺乳類も，菌の構成はヒトとは若干異なりますが，基本的にはビフィズス菌や乳酸桿菌が優勢菌として検出されます（光岡ら，1978）．それらの研究成果をもとに，家畜やペットなどの動物用プロバイオティクスが開発されています．効能としては，ヒトと同じく，整腸作用を目的としたものが多いですが，アレルギー症状の改善などへの応用も検討されています．

(4) 腸以外の部位におけるプロバイオティクスの活用

私たちの体には，腸管以外にもさまざまな部位に微生物が存在し，健康と密接にかかわっています．たとえば，虫歯治療歴のない健常人の唾液中から，虫歯菌と歯周病菌の働きを抑える乳酸菌が見つかり，この乳酸菌でつくったヨーグルトを摂取すると，それらの菌数が減少したという報告があります（二川ら，2004）．また，胃潰瘍の原因菌としてピロリ菌（*Helicobacter pylori*）が有名ですが，その増殖抑制作用をもつ乳酸菌のヨーグルトも開発されています．

3·6 プロバイオティクスの実用化に向けて

(1) 関連する法規制について

プロバイオティクスを用いて，発酵乳を開発することが多いと思いますが，日本では，法律で定められた成分規格（表 3-2）に従う必要があります．また，商品に効果効能を表示する場合は，消費者庁から，特定保健用食品の許可を得る必要があります．

(2) プロバイオティクスの定義に関する最近の見解

近年，研究が進展した結果，生きた菌だけではなく，殺菌体でも下痢改善効果が見られることや，とくに，免疫系への作用は，殺菌体でも一定の効果が認められたという報告が多いことから，研究者によっては，プロバイオティクスの効果は，殺菌体にまで広げて考える必要性があると提唱しています（Salminen ら，1998）．殺菌体での効果は，生きた菌の場合と同様に，菌種や菌株の違いが影響すると考えられますが，開発した製品を冷蔵保存する必要がなくなることから，さまざまな製品への応用が広がるため，作用メカニズムなど，今後の解明が期待されます．

(3) プロバイオティクスを活用した製品を製造するために

ここでは，生菌の発酵乳タイプの商品を想定して述べます．実は，プロバイオティクス用の乳酸菌やビフィズス菌の多くは，一般的なヨーグルトで使用されているような酪農用の乳酸菌と異なり，乳中で十分に生育できるもの

表 3-2 発酵乳，乳製品乳酸菌飲料，乳酸菌飲料の成分規格*

種類		規格		
		無脂乳固形分**	乳酸菌数または酵母数（1 mL 当たり）	大腸菌群
発酵乳		8.0 %以上	1000 万以上	陰性
乳製品乳酸菌飲料	生菌	3.0 %以上	1000 万以上	陰性
	殺菌	3.0 %以上	—	陰性
乳酸菌飲料		3.0 %未満	100 万以上	陰性

* 厚生労働省の「乳及び乳製品の成分規格等に関する省令（乳等省令）」より．
** 牛乳から水分と乳脂肪分を除いた成分のことで，おもにタンパク質，乳糖，ミネラル，ビタミンを含む．

が少なく，かつ冷蔵保存中にも死滅しやすいものが多いのです．そこで，乳中で培養しやすく，保存中の生残性がよい特別な菌株を選抜したり，ビタミン類などを添加して，菌をより増殖しやすくさせる特別な工夫が必要です．

3・7 今後の展望

プロバイオティクスの作用メカニズムの解明に向けて，研究は新たなステージに入りつつあります．一つ目は，腸管の免疫細胞には，腸内の微生物を識別したり，免疫系を発動させて腸内の微生物の種類を制御する仕組みがあることがわかってきました．二つ目は，腸内フローラの構成菌の研究からわかったことです．それは，日本人には海藻の食物繊維を分解できる微生物を腸内にもつ人の割合が高いということです（Hehemann ら，2010）．この微生物は，欧米人の腸内フローラからは検出されなかったので，研究者らは，日本人が，長年海藻を食べ続けてきた過程で，海藻に付着していた食物繊維を分解できる海洋微生物が腸内に入り，腸内に元々生息していた微生物がその遺伝子を取り入れて海藻を分解できるようになったのかもしれないと考えています．このように，腸内フローラは，腸管と密接にかかわり合い，かつそれ自体，進化している可能性があります．将来的には，これらの研究を通して新規な健康マーカーの発見や，それを指標として，人々の健康を守る新しいプロバイオティクスの開発につながることが期待されます．

〔前野正文〕

より進んだ学習のための参考書

日本乳酸菌学会 編（2010）『乳酸菌とビフィズス菌のサイエンス』京都大学学術出版会
（財）日本ビフィズス菌センター 編（2011）『腸内共生系のバイオサイエンス』丸善出版

第Ⅰ編

4. バイオ医薬品

4・1 バイオ医薬品の歴史
(1) バイオ医薬品とは

　現在，医療機関で用いられる医薬品には，バイオテクノロジーを応用した製造技術によって生産されたバイオテクノロジー応用医薬品（バイオ医薬品）が数多くあります．たとえば，サイトカイン，組換え血漿因子，増殖因子，融合タンパク質，酵素，受容体（レセプター），ホルモン，モノクローナル抗体などです．これまでの化学合成技術では生産が不可能であった有効物質や，大量生産が難しかった生体内にある微量な有効物質が含まれています．バイオ医薬品は，細菌，酵母，昆虫，植物および哺乳動物細胞を含む種々の発現系をもとに，物理的化学的性質，生物活性，免疫化学的性質，純度および不純物に関する解析などが行われた細胞に由来します．

　病気と遺伝子との関係が解明されるにつれて，疾患の原因である遺伝子に直接作用する遺伝子治療，もしくは疾患細胞を正常細胞に置き換える細胞治療，多能性細胞を用いて正常組織に再生する再生医療も広義のバイオ医薬品に含まれます．有効成分は，汎用されるおもなバイオ医薬品ではタンパク質ですが，遺伝子治療では遺伝子，細胞治療や再生医療では細胞となります．

(2) バイオ医薬品の歴史

　世界初のバイオ医薬品は，1982年に米国の製薬会社が販売したインスリンです．日本で最初に承認されたバイオ医薬品もインスリンでした．インスリンには，グルコースの取り込み，解糖，グリコーゲン合成，脂肪合成などを促進し，血糖値を低下させる働きがあります．1926年にブタのすい臓からインスリンが抽出されて以来，ブタやウシのインスリンがヒトの糖尿病治療に使用されてきましたが，アレルギーを起こすなどの副作用がありました．そこで，1980年代にヒトのインスリン遺伝子を組み込んだ大腸菌を培

養することにより，ヒトインスリンを大量に取得することが可能となりました．1990年代に入り，インスリンとほぼ同様の手法により，赤血球を増やす作用をもつエリスロポエチン，白血球の減少を抑制する顆粒球コロニー刺激因子（granulocyte colony-stimulating factor；G-CSF）などが開発され，いわゆる第一世代のバイオ医薬品が次々に市場に出されました．

　続いて，タンパク質の構造を一部改変することで生体内での機能を高める技術が模索されるようになりました．2000年代を迎える頃には，第二世代のバイオ医薬品として，特定の受容体などを標的として高機能を果たす「抗体医薬」が登場しました．さらに，抗体医薬よりさらに疾病の特異的な識別部位が限定されたものとして有望視されているRNAi（9章参照）医薬などの「核酸医薬」をはじめ，第三世代のバイオ医薬品の開発が進んでいます．

　バイオ医薬品は，糖尿病，成長ホルモン分泌不全症，腎性貧血，肝炎，関節リウマチ，悪性リンパ腫などの治療に広く応用されています．

(3) バイオ医薬品を構成する技術分野

　バイオ医薬品の開発には，従来の低分子化合物に比べ，より広範で高度な技術が必要です．バイオ医薬品を構成する技術分野には，(a) ペプチド／タンパク質を発見し，その構造と機能を特定する技術，(b) 遺伝子工学によってペプチド／タンパク質を生産あるいは構造を改変する技術，(c) ペプチド／タンパク質を医薬品にする製剤技術，(d) 遺伝子を医薬品にする遺伝子治療製剤技術があります（図4-1）．低分子化合物の医薬品およびバイオ医薬品に共通して必要な技術は，医薬分子構造設計，製剤技術，薬効・薬理研究，安全性研究であり，一方，バイオ医薬品に特化して必要な技術は，抗体ライブラリー，抗体工学，大量培養技術，発酵工学などです．

(4) バイオ医薬品を対象とする規制

　バイオ医薬品は複雑な生体成分・仕組みを利用することから，その有効性，安全性を確保するためにはより一層の品質向上が求められ，法規制としても定められています．

　医薬品の製造管理にかかわる規制事項とは別に，バイオ医薬品での製造管

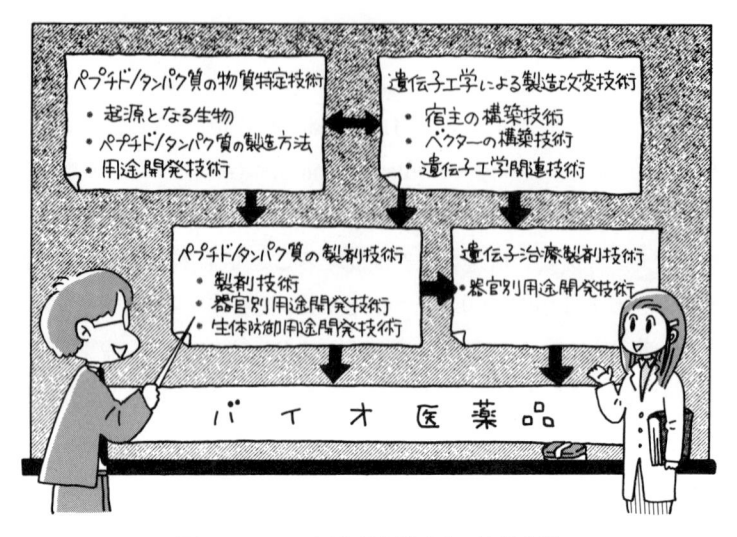

図 4-1 バイオ医薬品を構成する技術分野

理については出発原料であるセルバンクの管理，重要工程である培養および精製工程の恒常性の確保，ならびに原材料・製品管理に関する事項が上のせとして求められています（20章参照）．また，試験管理についてはセルバンク管理の同一性確保，中間製品・最終製品の試験でタンパク質としての高次構造の変性の有無や，不純物・ウイルスなどの混入否定確認が重要です．

4・2 抗体医薬
(1) 抗体

抗体医薬は，抗体の特徴を利用したバイオ医薬品です．米国では900品目以上のバイオ医薬品が開発され，そのうち40％強が抗体医薬であると報じられました（2011年9月）．抗体医薬は，まさにバイオ医薬品の花形といえます．

生体内に細菌や毒素など異物が侵入すると，その異物を攻撃し排除しようとして生体防御の仕組み（免疫系）が働き始めます．異物（抗原）の刺激に反応してB細胞が分化，増殖し，抗体産生細胞となって抗体を産生します．

抗体は，その抗原だけに結合する性質（特異性）や抗原に容易に結合する性質（親和性）をもち，結合することによって免疫担当細胞の認識の目印になったり，抗原である細菌を溶解したり，毒素を中和したりして生体を防御します（1章参照）．

抗体の本体は，免疫グロブリン（immunoglobulin；Ig）と呼ばれるタンパク質です．その基本構造は，長いH鎖と短いL鎖がそれぞれ2本ずつ，計4本のポリペプチド鎖が束ねられた，アルファベットのY字形をしています（図4-2）．4本のポリペプチド鎖にはアミノ酸配列が非常に高い類似性を示す定常領域と，アミノ酸配列の類似性が低い可変領域が存在します．Fab断片の先端部分が可変領域にあたり，抗原の立体構造と噛み合うような構造をしており，カギとカギ穴の関係にたとえられるほど厳密なものです．

(2) 抗体医薬の歴史

1890年，ベーリング（E.A.von Behring）と北里柴三郎は，破傷風菌に感染したウサギから取り出した血清が，破傷風菌の感染を抑える働きをもち，その働きが血清に含まれる抗毒素（現在でいう，抗体）によることを発見しました．そして，感染症の治療として，抗毒素を含む血清を用いる「血清療

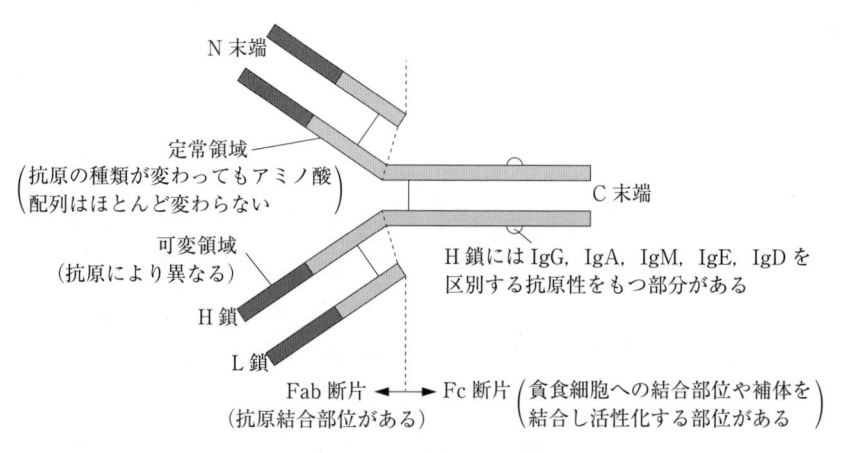

図4-2 抗体構造の模式図
（日本技能教育開発センター：『身近なバイオ「A to Z」 バイオサイエンス編』より改変）

法」を提唱しました．これが抗体医薬の始まりといえます．この血清療法は当時としては非常に画期的で，多くの人の命を救いました．しかし，現在の抗体医薬に比べるとその効果は低く，副作用も大きかったといわれています．じつは血清療法には問題点も多く，それらの問題点を一つずつ解決した過程が抗体医薬の歴史といえます．

　血清療法の大きな問題点は，血清の中に抗体以外のさまざまなものが含まれており，これらが抗体の働きを弱めたり，副作用を引き起こしていることでした．そこで，血清の中から抗体だけを分離し，免疫グロブリン製剤としました（第一世代の抗体医薬）．非常に有用な薬として使われていますが，これら免疫グロブリン製剤には，攻撃したい病原体に結合する抗体以外の抗体などが含まれています．

　抗体はB細胞が分化した抗体産生細胞により産生されます．B細胞は多数の細胞集団から成り立っており，これらの一つ一つが固有の抗原を認識する抗体産生能力を有しています．通常，抗原に対して複数のB細胞がそれぞれ異なる抗体を産生し，血清中には複数の異なる抗体が分泌されます（ポリクローナル抗体）．1個のB細胞は1種類の抗体だけを産生し，その抗体はエピトープと呼ばれる抗原上の部位を1種類だけ認識します．この一つのB細胞由来の単一の細胞集団より産生される均一な抗体を「モノクローナル抗体」と呼びます．

　刺激を受けたB細胞は，生体内では増殖し抗体を産生しますが，これを生体外で継代・培養することはできませんでした．1975年に開発されたハイブリドーマ法により，単一の特異性をもつモノクローナル抗体を大量に得ることが可能となりました．ハイブリドーマとは，さかんな増殖能をもった骨髄腫細胞（ミエローマ細胞）と，抗体を産生しているB細胞とを融合させることによりつくり出された雑種細胞で（図4-3），増殖能と抗体産生能を兼ね備えています．

　このモノクローナル抗体はマウス抗体であるため，ヒトに投与した場合，異物（非自己）として認識され，"マウス抗体に対する抗体"（抗マウス抗体）

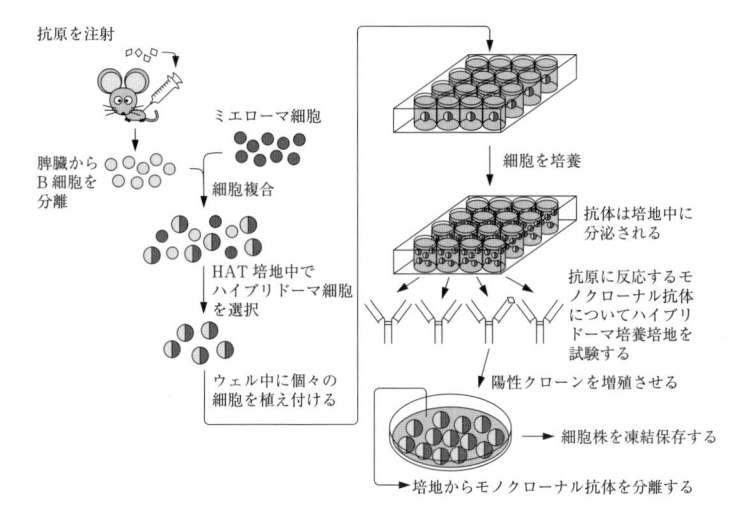

図 4-3 ハイブリドーマの形成とモノクローナル抗体の産生
(日本技能教育開発センター:『身近なバイオ「A to Z」 バイオテクノロジー編』より)

が誘導されて,その結果体内から排除されてしまいます.この問題は,その後,抗体工学技術の進展により解決されることとなります.まず,異物と認識されたマウス抗体の定常領域をヒト由来の構造に置き換えたキメラ抗体が作製されました(図4-4).このキメラ抗体は可変領域のみマウス由来であり,その比率は33%程度です.さらに,抗原結合部位である相補性決定領域(complementarity-determining region;CDR)のみマウス由来の構造を残し,ほかをヒト由来の構造に置き換えたヒト化抗体が作製され,マウス由来の比率は10%程度にまで減少しました.そして1990年代には,すべてがヒト由来である完全ヒト抗体の作製が可能となりました.このようにして,ヒトに対する抗原性が低下し,安全性が高まることとなりました.

(3) 抗体医薬の薬効メカニズム

主要な抗体医薬を表4-1にまとめました.抗体は,抗原に対する高い特異性と親和性,抗体依存性細胞傷害作用(antibody dependent cellular cytotoxicity;ADCC)などの特徴をもちます.ADCCとは,抗体が結合した細胞や異物に対して,抗体のFc断片を認識するナチュラルキラー(natural

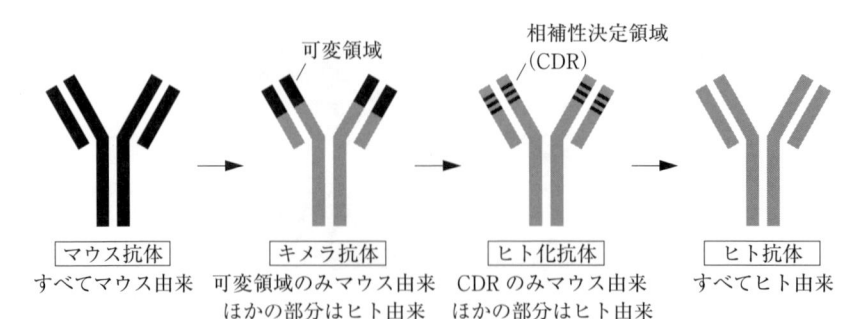

図 4-4 抗体分子の構造変換

マウス抗体：すべてマウス由来
キメラ抗体：可変領域のみマウス由来　ほかの部分はヒト由来
ヒト化抗体：CDRのみマウス由来　ほかの部分はヒト由来
ヒト抗体：すべてヒト由来

表 4-1 主要な抗体医薬

一般名	製品名	標的の分子	疾患
トシリズマブ	アクテムラ	インターロイキン6（IL-6）受容体	関節リウマチ
インフリキシマブ	レミケード	腫瘍壊死因子（TNF）	関節リウマチ
トラスツズマブ	ハーセプチン	ヒト上皮成長因子受容体2（HER2）	乳がん
リツキシマブ	リツキサン	CD20（B細胞の細胞表面分子）	悪性リンパ腫
ベバシズマブ	アバスチン	血管内皮成長因子	大腸がん

killer；NK）細胞やマクロファージが攻撃，排除する作用です．

　抗原認識という特徴を利用した，たとえば，受容体とその受容体に結合して作用する物質（リガンド）との結合を阻害することで薬効を示すタイプの抗体医薬があります（図4-5）．代表的なものとして，血管内皮成長因子（vascular endothelial growth factor；VEGF）に対する抗体「一般名ベバシズマブ（bevacizumab）」（商品名アバスチン）があります．本剤を投与すると，毛細血管を増殖させる働きをもつ血液中のVEGFは本剤と結合し，VEGF受容体との結合が阻害され，がん細胞の増殖が抑制されます．また，関節リウマチ治療薬である「一般名トシリズマブ（tocilizumab）」（商品名アクテムラ）は，炎症に関与するサイトカインであるインターロイキン6（interleukin-6；IL-6）の受容体に本剤が結合することによりIL-6とIL-6受容体の結合を阻害し，IL-6の活性が抑制され薬効を発揮します．

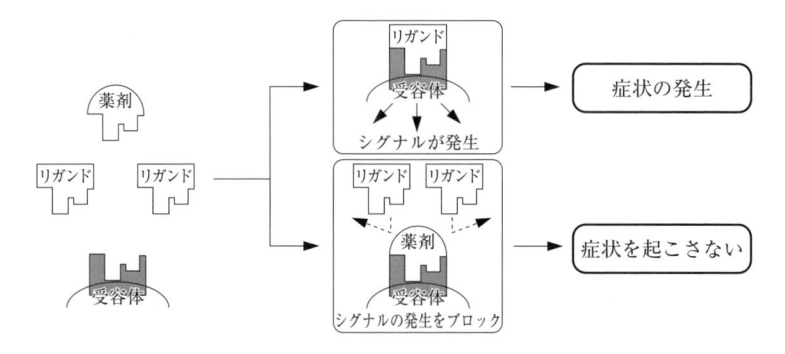

図 4-5 受容体への作用を狙った創薬
(日本技能教育開発センター:『身近なバイオ「A to Z」 バイオテクノロジー編』より)

　また，特異性の高さを利用して，がんを集中的に攻撃する治療薬も開発されています．がん細胞の表面に存在する特定のタンパク質を抗原としたモノクローナル抗体を作製して，そのがん細胞にのみ結合するようにします．抗体だけではがん細胞に対する細胞毒作用はほとんどありませんが，この抗体に制がん剤を結合させておけば，副作用の強い制がん剤もがん細胞だけを狙って作用させることが可能となります．このような方法を，がんのミサイル療法といいます．たとえば，急性骨髄性白血病治療薬である抗 CD33 抗体-カリケアマイシン「一般名ゲムツズマブオゾガマイシン（gemtuzumab ozogamicin）」（商品名マイロターグ）は，白血病細胞表面にある CD33 分子を特異的に認識し，白血病細胞に抗がん剤を特異的に集積させて破壊します．

　抗体の特異性・親和性に加えて，抗体のもつ細胞傷害作用を利用する抗体医薬もあります．抗体は，Fc 断片を介して，ADCC 以外にも補体が関与する補体依存性細胞傷害作用（complement-dependent cytotoxicity；CDC）を発揮します（図 4-6）．CDC とは，補体分子による ADCC と同様な細胞傷害作用です．補体は，抗原・抗体複合体や病原微生物に結合すると活性化し，抗体の働きを補助したり，貪食細胞による捕食を促進する作用や溶菌作用を示します．乳がん治療薬である抗 HER2 抗体「一般名トラスツズマブ（trastuzumab）」（商品名ハーセプチン）は，増殖の要因となる乳がん細胞表

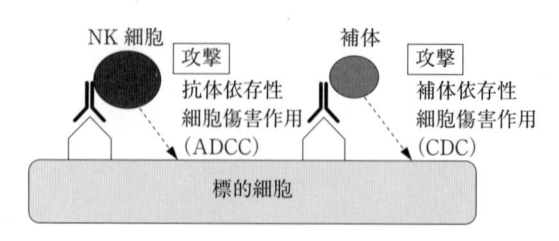

図 4-6　抗体依存性細胞傷害作用と補体依存性細胞傷害作用

面の HER2（human epidermal growth factor receptor 2）に結合し，その増殖を阻害するだけでなく，ADCC および CDC により乳がん細胞を攻撃します．また，悪性リンパ腫治療薬である抗 CD20 抗体「一般名リツキシマブ（rituximab）」（商品名リツキサン）なども ADCC および CDC 活性を利用した抗体医薬です．

(4) 抗体医薬の長所と問題点

抗体医薬には，低分子医薬品に比べて 2 つのおもな長所があります．まず，標的に対する特異性が高いことです．これは効果の有無を判定しやすく，また，効率よく作用し，副作用を減らすことが期待できます．治療の前にバイオマーカーという治療効果を予測する指標を調べることで，より効率的な治療を行うことが可能になります．2 つ目は，生体内での安定性が高いこと，つまり，体内で医薬品の効果を発揮する時間が長いことです．したがって，医薬品の服用する回数が少なくて済みます．現状は，通常の血中半減期は数日程度であり，週 1 回から数週に 1 回程度服用する処方が多いようです．

一方，問題点として，抗体を作製するには多大なお金と時間がかかってしまい，最終的に患者さんの経済的負担が増す可能性があります．また，現在の技術では，服用方法が経口剤（飲み薬）ではなく注射剤などに限定されています．これらの問題点を解消するために，Fab 抗体や一本鎖抗体などの分子量が小さい抗体の実用化に向けて研究開発が進められ，さらに，低コストで生産できる技術の改良が求められています．

4・3 バイオ後続品（バイオシミラー）

化学合成医薬品の場合，独占的販売期間，すなわち特許期間や再審査期間を過ぎると，先発医薬品企業以外の製薬企業が「後発医薬品」として製品開発を行い，安い価格で販売する制度があります．バイオ医薬品の場合も同様ですが，規制当局の評価が後発医薬品と異なるため，欧州では「バイオシミラー（biosimilar products）」，米国では「後続品（follow-on products）」，カナダでは「後続参入品（subsequent-entry-products）」，日本では「バイオ後続品」として，別のカテゴリーが設けられています．世界初のバイオシミラーの成分としてヒト成長ホルモンが，2006年に欧米で市場に出され，日本では2009年に初のバイオ後続品として発売されました．

バイオ後続品はバイオ医薬品と「同一」物質ではありません．バイオ医薬品には，一次構造（アミノ酸配列）が同じであっても，糖鎖などの修飾やPEG[*1]の改変などにより，多数の分子種が存在します．長期的には抗体医薬の後続品の出現など，バイオ後続品は確実に普及し，バイオ医薬品のなかで重要な位置を占めると推測されます．

4・4 今後の展望

世界上位50製品で低分子医薬品とバイオ医薬品の2011年の合計売上高について，低分子医薬品は1520億ドルで前期比0.9％減と初めてのマイナスであったのに対し，バイオ医薬品は783億ドルで10.5％増と2桁の伸びを示したという調査結果があります．バイオ医薬品の占める割合も年々拡大し，その重要性が高まっていることは明らかです．

バイオ医薬品は，医薬品規制の視点からは日本・米国・欧州ほぼ共通に，「生物学的製剤」と「生物薬品（バイオテクノロジー応用医薬品および生物起源由来医薬品）」という範疇に相当するものです．しかし近年，その開発の

[*1] PEG（ポリエチレングリコール：polyethylene glycol） 無毒性かつ非免疫原性の高分子．タンパク質でできた治療薬の薬物動態特性または免疫特性を改善する方法として，目的タンパク質へのPEG修飾（PEG化）がある．

進展は著しく,標的も急速に広がっている動向の中で,抗原性,有効性や安全性の評価など,一筋縄では解決できない課題も生まれます.バイオ医薬品の発展が続くためには,これらの課題に対する十分な検討の積み重ねが必要といえます.

〔住田元伸〕

より進んだ学習のための参考書

岸本忠三・中嶋 彰(2009)『「抗体医薬」と「自然免疫」の驚異 ―新・現代免疫物語』ブルーバックス,講談社

日本PDA製薬学会バイオウイルス委員会 編(2012)『バイオ医薬品ハンドブック ―Biologicsの製造から品質管理まで』じほう

5. 診断薬

5·1 はじめに

　診断薬は，臨床検体を使って検査を実施する試薬の総称で，臨床検査薬[*1]ともいいます．実際には血液，尿，糞便，髄液などの体液を使って健常者や患者の体の状況を検査するツールで，医師が病気の診断・治療の選択・予後の判断に必要な体内情報を知るためのものです．こうした検査には，血液学的検査，生化学的検査，免疫学的検査，病理学的検査，微生物学的検査に加え，近年増えている遺伝子検査があります．表5-1に，臓器の機能や症状によって分類した検査項目とその診断意義を示します．

5·2 診断薬の測定技術

　診断薬は医師が診断を下し治療判断を適切に行うためのツールですから，測定結果が信頼されるためには，正確に測定できることが重要です．以前より生体成分の分析は，高速液体クロマトグラフィー（HPLC）やアフィニティークロマトグラフィーなどにより目的物質を分離したり，遠心分離などの前処理を施して目的物質を単離して検出する分離分析法が多く実施されてきました．しかし，臨床現場では正確性のほかに，多数検体を迅速に測定できることが要求されます．本章では，分離せずに診断項目を特異的（specific）に正確に迅速に測定する技術を解説します．

(1) 酵素学的分析法

　酵素を用いた診断薬としては，ウレアーゼによる尿素（urea）測定が初めてとされており，その後さまざまな測定対象物について，それらに反応する酵素を用いた検査項目が開発されています．図5-1では酵素（enzyme）と

[*1] 薬事的に体外診断用医薬品あるいは IVD (*in vitro* diagnostics) という．一方，内視鏡による検査や CT スキャンなどの医療検査機器を用い，標識した物質を投与して体内の状況を確認する検査は体内診断用医薬品という．

表 5-1 臓器の機能や症状によって分類した検査項目とその診断意義

臓器・症状	検査項目	基準値*	意義など
肝臓機能	アルブミン	4.0 ～ 5.0 g/dL（BCG）	肝の栄養状態
	AST (GOT)	10 ～ 40 IU/L	肝炎
	ALT (GPT)	5 ～ 40 IU/L	肝炎
	総胆汁酸	10 μmol/L 以下	劇症肝炎など
	LDH	115 ～ 245 IU/L	急性肝炎, その他
	γ-GTP	男性：70 IU/L 以下, 女性：30 IU/L	アルコール肝炎など
腎臓機能	尿素窒素（BUN）	6 ～ 20 mg/dL	腎炎など
	クレアチニン	男性：0.61 ～ 1.04 mg/dL, 女性：0.47 ～ 0.79 mg/dL	腎不全
	尿酸	男性：3.7 ～ 7.0 mg/dL, 女性：2.5 ～ 7.0 mg/dL	通風
脂質代謝	総コレステロール	150 ～ 219 mg/dL	高脂血症, 動脈硬化
	HDL-コレステロール	男性：40 ～ 86 mg/dL, 女性：40 ～ 96 mg/dL	善玉で有名, 動脈硬化の危険度指標
	LDL-コレステロール	70 ～ 139 mg/dL	悪玉で有名, 高コレステロール血症
	中性脂肪（TG）	50 ～ 149 mg/dL	肥満, 糖尿病, 脂肪肝
膵臓機能 糖代謝	グルコース（血糖）	70 ～ 109 mg/dL	糖尿病, 膵炎
	アミラーゼ	37 ～ 125 IU/L	急性膵炎, 膵臓がん
	インスリン	1.84 ～ 12.2 IU/mL（CLEIA）	1 型糖尿病, インスリノーマ
	ヘモグロビン A1c	4.7 ～ 6.2 %（NGSP）	糖尿病
腫瘍	PSA	4 ng/mL 以下	前立腺がん
	AFP	10 ng/mL 以下	肝がん

* 基準値：小橋隆一郎 著：『最新版 病院の検査数値早分かりハンドブック』主婦の友社（2008），医療機関，検査センターなどの資料より平均したもの．

基質（substrate），測定環境，そして酵素によって変換された生成物（product）および活性物質との関係を模式的に示します．現在，多様な酵素（酸化還元酵素，転移酵素，脱水素酵素など膨大な酵素群）とその特性との組み合わせで，対象となる項目を検出するための測定法が工夫されています．たとえば表 5-1 の血液中のグルコース（血糖）やヘモグロビン A1c（HbA1c）は糖尿病の判定に，総コレステロールや中性脂肪（トリグリセライド；TG）はメタボリックシンドロームの判定に利用されています．また，比重の異なる

5. 診断薬

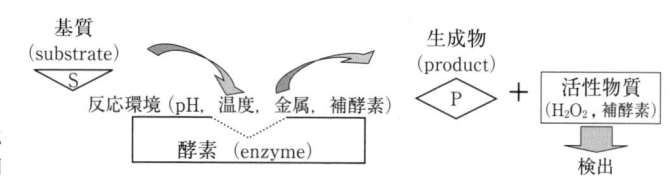

図5-1 酵素反応の模式図

リポタンパク（HDL，LDL）中のコレステロールを分別測定することで，コレステロールが血液中でどのような状態になっているかがわかるため，メタボリックの程度を判断することができます．コレステロールを同一溶液中で分別測定する技術をホモジニアス（homogeneous）測定法と呼んでいます．表5-2に診断項目の測定に使われる代表的な酵素とその検出系を示します．

近年，分析物の微量化や新規バイオマーカーの出現により，酵素は，抗体との組み合わせによる高感度検出法や耐熱性ポリメラーゼ利用による遺伝子増幅などへの新たな利用展開が始まっています．

(2) 免疫学的測定法

抗原抗体反応を利用した測定法で，古くは感染症を診断する血清学的検査が知られています．たとえば，梅毒検査では体内に入った梅毒菌に対する抗体の有無を抗原との凝集によって目視判定する凝集カードテストなどの定性法があります．また，抗原抗体反応による凝集物を濁りの度合いとして測定

表5-2 診断項目と応用酵素および検出系

検査項目	応用酵素	検出系
グルコース（血糖）	グルコースオキシダーゼ	酸化還元系（酸化反応），発生 H_2O_2 の利用
コレステロール	コレステロールオキシダーゼ	酸化還元系（酸化反応），発生 H_2O_2 の利用
中性脂肪（TG）	リポプロテインリパーゼ，グリセロールキナーゼ 他	水解系，リン酸転移系
総胆汁酸	3αヒロキシデヒロドゲナーゼ，$\Delta 4$デヒロドゲナーゼ 他	酸化還元系（脱水素反応），生成 NADH の利用
ヘモグロビン A1c (HbA1c)	プロテアーゼ，フルクトシルペプチドオキシダーゼ	水解系，酸化還元系（酸化反応），発生 H_2O_2 の利用

する免疫比濁法（turbidimetric immunoassay；TIA）を用いて，感染や炎症の指標となる免疫グロブリン（とくに IgG）や C 反応性タンパク（CRP）などが測定されています．近年では血液中の微量な物質を定量的に測定するために，抗原あるいは抗体を結合させたラテックス粒子（図5-2 内に説明）を使ったラテックス免疫比濁法（latex turbidimetric immunoassay；LTIA）が実用化され，血液凝固・リウマチ・糖尿病・がんなどの疾患領域を診断する測定法として普及しています．図5-2 に LTIA の測定原理を示します．

　免疫学的測定法は，LTIA 以外に，蛍光物質を標識した抗体あるいは抗原を用いた蛍光イムノアッセイ（fluoroscence immunoassay；FIA），発光物質を標識した抗体あるいは抗原を用いた化学発光イムノアッセイ（chemiluminescence immunoassay；CLIA），酵素の基質に発光物質を用いた化学発光エンザイムイムノアッセイ（chemiluminescence enzyme immunoassay；CLEIA）などがあります．これらの測定法は LTIA やエンザイムイムノアッセイ（enzyme immunoassay；EIA）と比較して 10〜100 倍の高感度となるため，ホルモン，ペプチドのような微量な物質が測定できます．しかし，検体中の他物質の干渉を避けるため，B/F 分離（抗原抗体反応後に，反応に関与しない遊離の物質を洗浄操作により分離すること）操作をしたり，特異反応を増強するために抗体の抗原結合部位を Fab などに加工処理をしたり，専用装置による測定条件の工夫をしています．図5-3 に，各種免疫学的測定法の検出限界と診断項目の測定濃度との関連を示します．

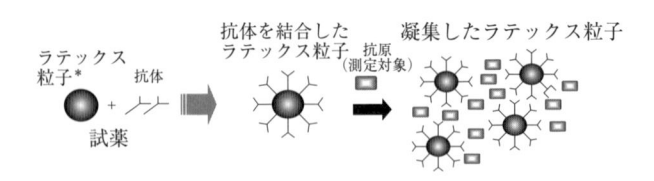

* ラテックス粒子：ポリスチレンを基本とし，その置換体や共重合体からなる粒子で，直径は 10〜400 nm の粒子が診断用試薬によく利用される．

図5-2　ラテックス免疫比濁法の反応模式図

5. 診 断 薬

```
測定範囲
         メンブラインイムノアッセイ(イムノクロマト法,フロースルー法)
                              免疫比濁法(TIA),比色分析
           ラテックス免疫比濁法(LTIA)
           酵素免疫測定法(EIA)
        ラジオイムノアッセイ(RIA)
           蛍光免疫測定法(FIA)
1 pg/mL   10    100   1 ng/mL   100   1 μg/mL   10    100   1 mg/mL   10

 ホルモン        がん                CRP         免疫グロブリン
 ペプチド        リウマチ                         アルブミン
               血液分子マーカー                    総コレステロール
                                              中性脂肪
```

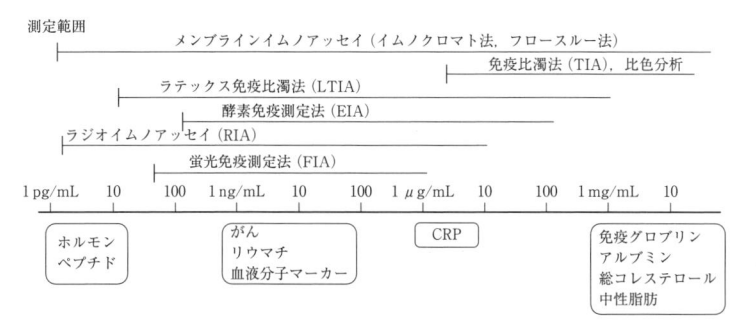

図5-3　診断に使われる主要項目の濃度レベルと測定法

(3) POCT（Point of Care Testing）

　POCTは，患者の身近で迅速・簡便に実施される臨床検査の総称として使われています．代表的な診断薬は2009年に流行した新型インフルエンザ検出試薬が一般に知られています．医者が簡便に迅速に（数分から10分ほど）治療判断できる補助試薬です．このPOCTの多くは，リトマス試験紙をイメージするイムノクロマトグラフィー（immunochromatography；IC）法という技術を使っています．図5-4のインフルエンザA型あるいはB型（図ではA型で説明）を検出する方法で説明します．A型に対する抗体2をニトロセルロース製の薄い膜（メンブラン）の表面にラインとして結合しておきます（①）．抗体1は金コロイド粒子やカラーラテックス粒子などに結合させ，パッド（ろ紙）に浸み込ませます（②）．鼻汁から採取した検体を添加する（③）と，②の標識した抗体と結合して複合体として図の右方向に移動（④），メンブランに結合している抗体2（①）とサンドイッチのように反応し，次々と複合体がその部分に集まります．その集まりは赤などに着色したラインやスポットとして（⑤）目視できます．なお，着色部分に光を当てその反射強度を検出し，定量することもできます．図5-5に示すようにPOCTの性能への要求が一層高まり，検出技術が年々進化しています．今後は迅速性や高感度化に加えて，定量化ができると，心疾患などの診断薬への広がりが期待されます．

第Ⅰ編　レッドバイオ

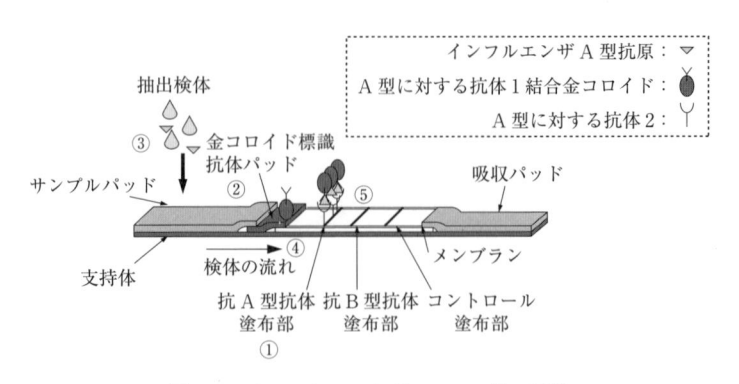

図5-4　イムノクロマトグラフィー法の原理

(4) 遺伝子検出法

遺伝子を検出して疾患を診断するには，① 細菌やウイルスなどの感染状態を把握する場合，② 小児に多いミトコンドリア病や進行性筋ジストロフィーなどの遺伝子疾患の原因遺伝子の異常（変異）を観察する場合，③ がん患者などの遺伝子のわずかな違い（多型）を検査することで治療薬の選択をする場合などに分類できます．いずれも患者の検体（白血球，骨髄，組織細胞，感染したウイルスや細菌など）より核酸遺伝子を抽出することから始まります．遺伝子の解析には，古くから信頼のあるアガロースやポリアクリルアミドを用いたゲル電気泳動により，その泳動位置から対象遺伝子を特定

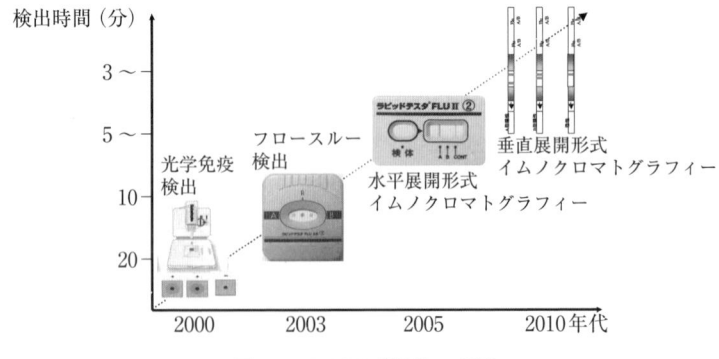

図5-5　POCT検出法の変遷

する方法があげられます．この検出にはその配列と相補的に作製したプローブという核酸断片を利用する方法があります．一方，核酸は微量なため，さまざまな増幅法が開発されています．先駆けは，ポリメラーゼ連鎖反応（polymerase chain reaction；PCR）という画期的な方法です．これは増幅したい核酸（二本鎖 DNA）の塩基配列の上流と下流の DNA プライマーを用い，DNA ポリメラーゼによってコピーする方法で，核酸を増幅できます．最近は逆転写（reverse transcription）ポリメラーゼ連鎖反応（RT-PCR）による mRNA の検出法のほか，定量できるリアルタイム-PCR 法，定常温度で増幅できる LAMP（loop-mediated isothermal amplification）法，量に見合う蛍光を連続的に生成するインベーダー法などが開発され，その特徴を応用した試薬が製品化されています．図5-6は日本で初めて体外診断用医薬品の承認を受けたヒト UGT1A1 遺伝子を検出する試薬のインベーダー法の原理を示したものです．遺伝子配列中の特定の塩基が3個重なると反応する酵素クリベースを応用したものです．この試薬は，UGT（UGT1A1[*2]）遺伝子の多型を検出する試薬で，UGT 活性が低下しているかどうかの識別ができま

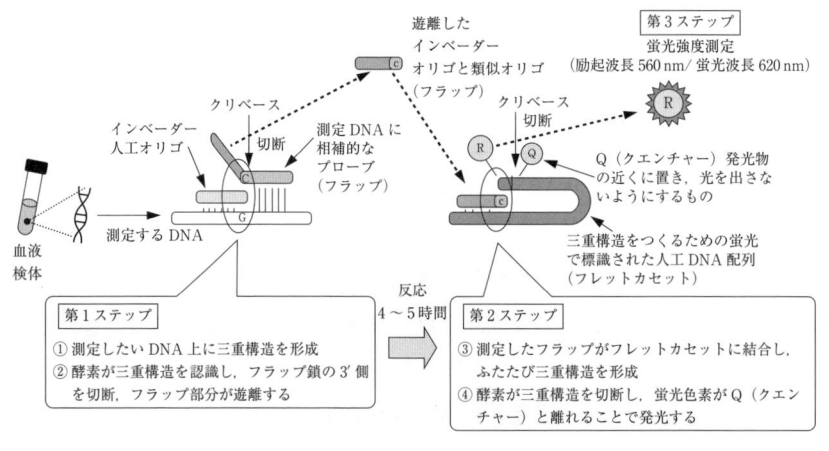

図5-6　インベーダー法による反応ステップ

[*2] UGT1A1 はビリルビンを抱合する肝臓内の UDP グルクロン酸転移酵素（UGT）の分子種の一つで，抗がん剤として世界中で広く使用されているイリノテカンの代謝酵素である．

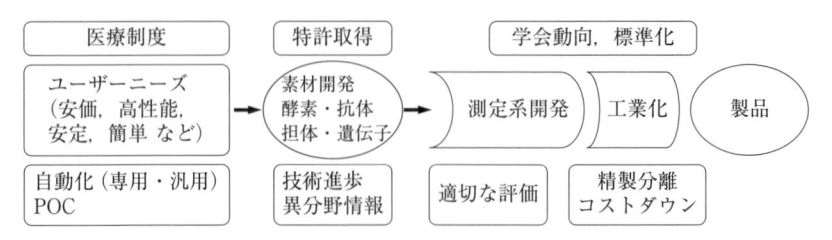

図 5-7 診断薬誕生までのさまざまな関連要件（酵素工学ニュース，No.35（1996）を改変）

す．活性が低下すると，副作用（好中球減少，下痢など）の発症率が高くなると報告されており，イリノテカン投与の対象患者のうち，副作用発症リスクの高い患者を選別する検査です．投与前の情報により患者負担を減らすことが可能な遺伝子検査は，個別医療による治療薬とその効果や副作用を適切に検証するコンパニオンバイオマーカー（コンパニオン診断薬）として動きが活発化しています．

5・3　今後の診断薬とバイオテクノロジー

　診断薬の誕生には，検体中の測定対象物に対して反応するさまざまな材料（酵素，抗体，核酸など）を利用し，アウトプットの検出系（光学検出，電気化学検出など）に変換する技術の組み合わせに加え，図5-7のように医療関係者（ユーザー）のニーズを基盤に，医療制度，診断意義，治療効果，学問的裏付け，経済効果，信頼性（正確性・再現性・感度・安定性）など多面的な判断や選択が必要です．

　近年，国内では少子化・高齢化に伴う医療費抑制のために疾病の重篤化を予防・予知することがますます重視されており，患者一人ひとりにかなった診断と治療が求められています．今後，高度な個別化医療への方向性が深まるものと考えられ，遺伝子検出の高速化やフローサイトメトリー技術の実用化により新しい診断法が開発されつつあります．バイオテクノロジーによる診断薬のさらなる進化が期待されます．　　　　　　　　　　　〔牛澤幸司〕

より進んだ学習のための参考書

金井正光 編集（2005）『臨床検査法提要』改訂第32版，金原出版

第Ⅰ編

6. 化粧品の安全性

6・1 はじめに

　日本語の化粧は，昔「化粧（けわい）」といい，まわりの気配，まわりの方への気配り，まわりの方への気遣いが元々の意味です．つまり，自分自身を清潔にする，見た目を整えることによって，まわりの方への配慮もするという，なんともすばらしい行為を指す言葉なのですね．

　さて，この「化粧」行為としては泥やヘチマ水を顔に塗るのもよいですが，製品として「化粧品」を消費者に提供するためには，機能と安全性を考えた上で，品質を保持しなくてはなりません．そのために，「**化粧品・医薬部外品**[*1]」の製造および販売は医薬品と同様に，薬事法により厳格に規制されています．なかでも安全性評価にかかわる試験は**バリデーション**[*2]（脚注次頁）という客観的な評価を得て，はじめて製品（化粧品原料）試験に用いら

[*1] 日本の薬事法第2条第2項に定められた，人体に対する作用が緩和なものであって，機械器具などではないもの．

れます．その試験法開発には生物学的手法が欠かせません．

本章では，化粧品の安全性にかかわる規制と評価に応用される技術を紹介しながら，バイオのかかわりを見て行きたいと思います．

6・2 化粧品と薬事法

この法律は，医薬品，<u>医薬部外品，化粧品及び医療機器の品質，有効性及び安全性の確保のために必要な規制を行う</u>とともに，指定薬物の規制に関する措置を講ずるほか，医療上特にその必要性が高い医薬品及び医療機器の研究開発の促進のために必要な措置を講ずることにより，保健衛生の向上を図ることを目的とする．（薬事法第1条）（下線は筆者）

化粧品および医薬部外品は薬事法で定義されており，化粧品については56項目の効能の範囲が規定され，医薬部外品については15項目の効能・効果の範囲が規定されています．医薬品・医薬部外品・化粧品ともに薬事法第66条で「誇大広告禁止」がいわれていますが，化粧品メーカーによっては，化粧品の効能・効果の範囲を逸脱するような（医薬品の範疇）表現に踏み込みがちです．したがって，化粧品・医薬部外品の範囲を規定することは，その点を規制しているといえます．つまり，もともと健常な人への使用であって，人体に対する作用は緩和なものであり，医薬品のような病気の治療を目的とはしていないこと（医薬品成分の配合禁止）が根底にあるからです．

2001年には化粧品の全成分表示制度が導入されました．これは，消費者への必要な情報提供を確保した上で，消費者の需要の多様化に対応したより多くの選択を可能とするために検討されました．

同時に，欧米に歩調を合わせ，配合禁止・配合制限成分リスト（**ネガティブリスト**）および特定成分群（防腐剤，紫外線吸収剤およびタール色素）の配合可能成分リスト（**ポジティブリスト**）による規制に移行しました．

[*2] バリデーションとは「候補試験法について，試験結果の信頼性（reliability）と再現性（reproducibility）とを証明し，それが特定の毒性試験の目的に使用できるだけの確実性（credibility）があることを確認する手順である」とされている．代替法のバリデーション研究を行う公的な機関としては，日本では日本動物実験代替法評価センター（JaCVAM），EUではECVAM，米国ではICCVAMがある．

長年続いてきた化粧品の事前許可制度が廃止され，化粧品の製造販売業者は自己責任のもとで，製品の安全性を保証しなければならないのです．

6・3　化粧品の安全性評価

　日本では化粧品・医薬部外品の安全性は薬事法による規制がありますが，米国，欧州そのほか，それぞれの国や地域に独自の規制があります．たとえば日本で「化粧品」に分類される日やけ止めは，米国では，「OTC医薬品[*3]」として扱われています．そのために必要な試験が国や地域で異なることもあるのです．

　日本では，先ほど6・2節で述べたように「化粧品」の製品許可は届出制になりましたが，新医薬部外品[*4]では承認申請の手続きを必要とし，安全性に関する資料が必要となります．主として，単回投与毒性試験，皮膚一次刺激性試験，連続皮膚刺激性試験，光毒性試験，皮膚感作性試験，光感作性試験，眼刺激性試験，遺伝毒性試験およびヒトパッチ試験・使用試験の資料です．

　一方，化粧品の市場もグローバル化してきており，安全性評価の平準化と各国データの相互受け入れの流れがあります．その一つに経済協力開発機構（OECD）で規定された**毒性試験ガイドライン（OECD TG）**があります．

6・4　化粧品の代替法評価

　化粧品の分野では，Refinement（苦痛軽減），Reduction（動物数削減），Replacement（代替法への置換）を指す用語として「**3Rs**」が浸透しています．欧州では，2009年3月11日以降は域内での動物実験の完全禁止と動物実験を行った製品および同原料を含む製品の販売が禁止されています．このために，動物試験に代わるさまざまな試験法（動物実験代替法）が開発されてきました．

[*3] over the counter drugの略．医薬品のうち，その効能および効果において人体に対する作用が著しくないものであって，薬剤師そのほかの医薬関係者から提供された情報に基づく需要者の選択により使用されることが目的とされているものをいう．

[*4] 既承認医薬部外品と，その有効成分または適用方法などが明らかに異なる医薬部外品．

第Ⅰ編　レッドバイオ

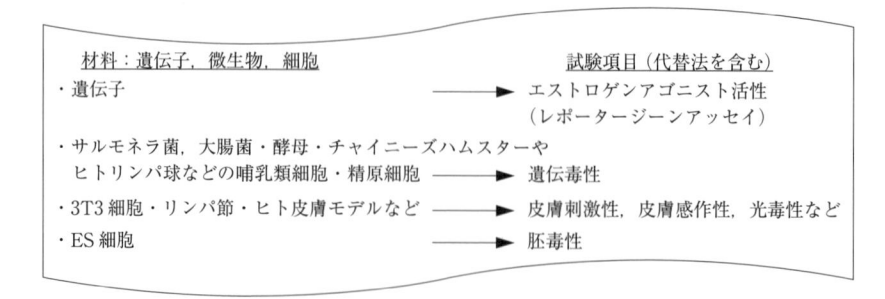

```
材料：遺伝子，微生物，細胞              試験項目（代替法を含む）
・遺伝子                    ――→    エストロゲンアゴニスト活性
                                    （レポータージーンアッセイ）
・サルモネラ菌，大腸菌・酵母・チャイニーズハムスターや
  ヒトリンパ球などの哺乳類細胞・精原細胞 ――→ 遺伝毒性
・3T3細胞・リンパ節・ヒト皮膚モデルなど ――→ 皮膚刺激性，皮膚感作性，光毒性など
・ES細胞                   ――→    胚毒性
```

図6-1　安全性評価に用いられる *in vitro* 試験

さて，そのなかでいくつかのOECD TGにある代替試験法を見て行きたいと思います（図6-1）。

(1) 皮膚腐食性

これは化学物質が皮膚についたときに不可逆な組織損傷が生じることをいいます。このような物質の検出のために，ラット皮膚を用いる「*in vitro* 皮膚腐食性：経皮電気抵抗試験（TER）」や細胞系の「*in vitro* 皮膚腐食性：ヒト皮膚モデル試験」があります。前者は皮膚角質層の損傷の有無を電気抵抗の測定によって判定しています。後者にはEpiDerm™やEPISKIN™モデルなどがあり，市販のもので試験が可能となっています。こちらは，皮膚面を覆うように被験物質を適用して，一定時間後の細胞生存率を測定する方法です。細胞生存率測定に頻用されるのは，MTT [3-(4,5-ジメチルチアゾール-2-イル)-2,5-ジフェニルテトラゾリウムブロミド] 還元法（生細胞の還元酵素によりMTTが紫色のホルマザンに変化することを利用した比色定量法）です。

(2) 皮膚刺激性

これは化学物質が皮膚についたときに可逆的な損傷が生じることをいいます。細胞による評価系で，最近バリデーションが終了したものとして「*in vitro* 皮膚刺激性：再生ヒト表皮試験法」があります。皮膚腐食性のときと同様にEpiDerm™やEPISKIN™モデルを用いますが，反応時間や操作法

が異なります．化学物質が誘発する皮膚刺激性では紅斑[*5]および浮腫[*6]が発現しますが，これらは化学物質が角質層を通過して角化細胞の下層に損傷を与える一連のカスケード（連鎖反応）の結果生じるものと理解されています．再生ヒト表皮試験法はこのカスケードの初期段階を測定するものとして開発されました．

(3) 光毒性

化粧品は顔や腕に塗ることが多いために，太陽光を浴びても悪い影響が出ないものでなければなりません．「*in vitro* 3T3 NRU 光毒性試験」は光暴露後に励起された化学物質によって誘発される光毒性を検出する方法です．マウスの線維芽細胞株である Balb/c 3T3 を使います．この細胞に被験物質を適用し，光を照射した後の細胞生存率を求めて毒性評価を行います．このときの細胞生存率測定にはニュートラルレッド取り込み法（ニュートラルレッドが生細胞のリソソームに取り込まれ蓄積することを利用した比色定量法）が用いられます．

(4) 皮膚感作性

ニッケル，コバルト，クロムなどの金属，またアルコールやメントールなどの化学物質にアレルギー反応を起こす人がいます．このような物質の検出のために，動物ではモルモットを用いるマキシマイゼーション（maximization）法やビューラー（buehler）法が汎用されてきました．最近では，マウスを用いた「皮膚感作：局所リンパ節試験」(local lymph node assay) も行われます．この方法は近交系[*7]マウスを使用し，耳介背部に被験物質を塗布して感作を成立させ，所属リンパ節で認められる細胞増殖能を測定します．従来法やヒトの試験との相関性も高いといわれますが，動物から摘出した組織を用いている点では，完全な代替にはなっていないといえるでしょ

[*5] 皮膚表面の一部が赤みを帯びた状態．真皮上層の血行障害により血管が炎症性に拡張することによって生じる．
[*6] 局所的または全身的に皮下組織の組織間隙に組織液が増加貯留している状態．
[*7] 実験用マウスのうち，兄妹交配を20代以上繰り返した種類をいう．ほかに交雑系，クローズドコロニー，ミュータント系，コンジェニック系などがある．

う．その点を克服した，ヒト細胞株活性化試験法（h-CLAT）など，細胞系を用いた新しい評価系が開発されつつあります．

(5) その他

化粧品の場合，化粧品が眼に入ったときの悪影響を想定した眼刺激性試験というものがあります．ドレイズ試験[*8]と呼ばれている試験がありますが，これに代わる in vitro 試験は現在のところ確立されていません．「眼腐食性および強度刺激性物質を同定するためのウシ角膜を用いる混濁度および透過性試験法」および「眼腐食性および強度刺激性物質を同定するためのニワトリ摘出眼球を用いる試験法」がありますが，強い眼刺激物質を除外することは可能なものの，弱い眼刺激性物質であっても非刺激物質と同じく強刺激物質ではないという評価になってしまい，両者を区別することはできないといわれています．日本では培養細胞を用いる細胞毒性試験の開発が進められています．

化粧品の成分が遺伝子に影響して，発がんにつながったり，次世代に悪影響を及ぼしたりすることがないかを調べる検査も行います．遺伝毒性試験と呼ばれ，サルモネラ菌や大腸菌を用いる「細菌復帰突然変異試験」（Ames 試験）や，チャイニーズハムスター細胞，ヒトリンパ球などを用いる「哺乳類細胞の in vitro 遺伝子突然変異試験」，「哺乳類の in vitro 染色体異常試験」があります．ほかに，「哺乳類細胞を用いた in vitro 小核試験」では異常を検出すると細胞質内に小核（micronuclei）が出現するので，これを測定します．これら複数の検査を組み合わせて危険因子を排除しているのです．

まだ OECD TG にはなっていませんが，胚に影響があるかないかを検査するときには，マウスの **ES 細胞**（7 章参照）を用いた胚性幹細胞試験というものがあります．2010 年，東京工業大学の半田や東北大学の小椋らの研究チームは，催奇形性物質として有名なサリドマイドがタンパク質分解酵素（E3 ユビキチンリガーゼ）を構成する分子「**セレブロン**」に結合し，この酵

[*8] John H. Draize により考案された急性毒性試験．眼刺激性試験では，一般にウサギを用いて結膜，角膜および虹彩の病変を採点することにより評価する．

素の働きを阻害することを発見しました．セレブロンを含むこの酵素は，さらに未解明のタンパク質を分解することを通じ，手足の成長を促すタンパク質「FGF8」を働かせる役割があるそうです．

このことを確認するため，彼らは，体が半透明な魚ゼブラフィッシュやニワトリの卵に，サリドマイドと結合しないよう操作したセレブロンの遺伝子を導入する実験を行いました．その結果，サリドマイドを投与しても，ヒトの腕に相当する胸びれや翼が正常に近く成長したと報告しました．最近このゼブラフィッシュを用いた系が胚・胎児発生毒性の研究に利用されています．

以上，ほんの一部ですが，化粧品の安全性評価・研究にかかわる細胞・生物利用の方法を見てきました．これらの厳しい試験を経て，さらにヒトでの評価を重ねることによって安心安全な「化粧品」が市場に出ているのです．

6·5 最後に

平安の昔は，「男もすなる」日記をあえて，女性と宣言して書いた時代がありました．現代は，「女性もすなる」化粧を（ヘアーやスキンケアなどはとくに）男性が自然に行うようになってきています．やがて日記と同じように化粧行為も男女差がなくなっていくのでしょうか．

化粧行為はいま「化粧の力」によって，「化粧（けわい）」を超えようとしています．「アトピー性皮膚炎患者におけるスキンケアの意義」や「化粧による乳がん患者のQOL（生活の質）向上」といったことが，科学的にも信頼性のあるデータで裏付けられるようになってきています．男女隔てなく，化粧行為はますます広がりを見せているのです．

〔吉田 剛〕

より進んだ学習のための参考書

Curtis D. Klaassen 編（2007）『Casarett & Doull's Toxicology —The basic science of poisons』seventh edition, McGraw-Hill Professional
玉置邦彦 総編集（2003）『最新皮膚科学大系』中山書店
『化粧品・医薬部外品製造販売ガイドブック 2011-12』薬事日報社（2011）

7. 再生医療

第Ⅰ編

7・1 はじめに

　生物のなかには高い再生能力をもつものがいます．たとえば，ザリガニの足や眼柄は切除されても再生することはよく知られています．ゴキブリも足を再生する能力をもっています．無脊椎動物以外にも，イモリやカエルなど，尾や足を再生することができる生物もいます．一方，ヒトの手足は切れてしまえば二度と生えてきません．ところが，近年，細胞を投与したり，増殖をコントロールしたりして，失われた組織や臓器を再生させることが現実となりつつあります．これが**再生医療**です．本章では，再生医療の基盤となる技術を解説するとともに，その研究例についても概説します．

7・2 幹細胞

　体を修復する重要な働きをするのが，**幹細胞**と呼ばれる細胞です．幹細胞

7. 再生医療

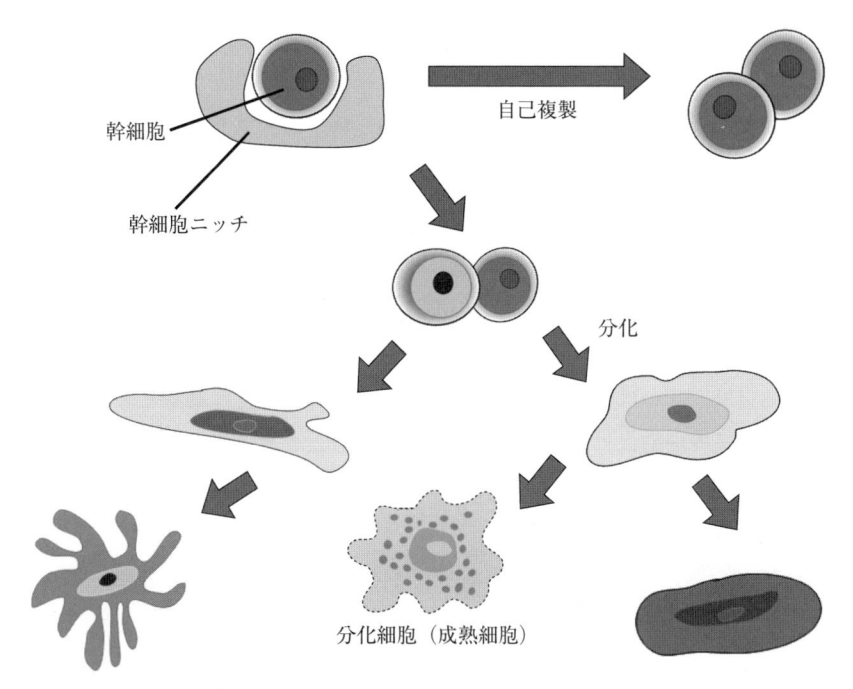

図7-1 幹細胞の自己複製能と多分化能

には，きわだった能力が2つあります．一つは，自分自身とまったく同じ細胞に分裂することができる能力です．これを「**自己複製能**」といいます（図7-1）．同じ細胞に分裂することは，一見当たり前に思えるかもしれません．確かに，大腸菌やアメーバなどの単細胞生物などではその通りですが，高等生物の場合，細胞は分裂すると，分裂前の細胞とは少し違った状態になります．簡単にいうと，分裂するごとに細胞は年をとるのです．これに対し，幹細胞は，いわば年をとらないといえます．生体のなかでも特殊な存在なのです．

　幹細胞のもう一つの能力は，さまざまな種類の細胞になることができる力です．ほかの細胞に変化することを**分化**というので，幹細胞のもつこの能力を，「**多分化能**」といいます．「**多能性**」ということもあります．

　自己複製能と多分化能という2つの性質は，一見，矛盾するように思える

51

かもしれません．あるときは，自分自身とまったく同じ細胞になり，別のときにはさまざまな細胞になるという幹細胞の興味深いこれらの性質が，どのように制御されているのか，これは現代の生物学の大きな課題の一つです．

分化した細胞は，分化する前の細胞（**未分化細胞**）には戻ることはできません．たとえば，骨髄中に存在する**間葉系幹細胞**という幹細胞は，骨の細胞に分化可能ですし，脂肪の細胞に分化することもできます．しかし，ひとたび骨細胞や脂肪細胞など，特定の細胞になってしまえば，それらはもとの幹細胞には戻らないのです．

幹細胞は，じつは体のあちこちに存在し，これを**体性幹細胞**と呼んでいます．間葉系幹細胞以外にも，赤血球や白血球などの血液細胞のもとになる**造血幹細胞**（7・5節参照）や，ニューロンやグリア細胞などの中枢神経の細胞になる**神経幹細胞**などが単離されています．

これらの体性幹細胞は，それをとりまく別の細胞がつくり出した，いわば，ゆりかごのなかに存在すると考えられています．このゆりかごを，**幹細胞ニッチ**と呼びます．幹細胞ニッチから飛び出した細胞は，周辺の細胞が分泌する成長因子などのタンパク質や，細胞の周辺を満たしている多糖類など，周囲から多くの刺激を受けることで，分化が始まります．

7・3 ES 細 胞

生命は**受精卵**というたった一個の細胞からスタートします．受精卵は，個体を構成するあらゆる細胞へ分化することができるため，いわば**万能性**を有するといえます．ところが，受精卵自身は自分と同じ細胞に分裂することはできません．すなわち自己複製能はもたないので，幹細胞とはいえません．

受精後 5〜6 日後の受精卵は，分裂を重ね，**胚盤胞**と呼ばれる秩序だった細胞集団を形成します．胚盤胞の外側を占める細胞は将来の胎盤になる栄養外胚葉を形成し，内部の細胞は将来に個体を形成するもととなる**内部細胞塊**となります．この内部細胞塊のみを取り出し，特殊な条件下で培養することで，ほぼ無限に増殖し，かつ体を構成するあらゆる種類の細胞に分化する能

力をもった細胞株を樹立することができます．この細胞を**胚性幹細胞**（ES 細胞）と呼びます．

　ES 細胞を別の個体の胚盤胞に注入して母体に戻すと，ES 細胞由来の細胞をもちあわせた個体が生まれます．マウスの ES 細胞株は，1981 年に樹立され，以来，多くの遺伝子改変マウスの作製に用いられることで，生命科学研究の進展に大きく貢献しています．マウス以外の動物での ES 細胞株の樹立は，非常に困難でしたが，1998 年にヒト ES 細胞株が樹立されました．これにより，研究のみならず，医療への利用が現実に大きく近づきました．

　ES 細胞の直接的な医療への利用法としては，体のさまざまな細胞を分化誘導によりつくり出し，これを移植するというものです．たとえば，脊髄損傷の治療のためのグリア前駆細胞や，糖尿病治療のためのインスリン産生細胞へと分化させ，これらを患者に移植する治療が研究されています．

7・4　iPS 細 胞

　ES 細胞を使った治療にはいくつかの問題があります．その一つは，受精卵を破壊しなければならないという点です．国や宗教によって議論は分かれますが，わが国では，受精卵は，一人の人間ではないものの「**生命の萌芽**」として尊厳をもって取り扱うべきとの見解がまとめられています．治療のためにこれを破壊することは，倫理的には問題があるとの立場です．さらに別の問題としては，ES 細胞が患者の細胞とは別人の細胞であるために，移植したときに引き起こされる拒絶反応もあります．

　こうした問題を解決する画期的な報告が 2006 年に京都大学の山中らによってなされました．ひとたび分化した細胞は幹細胞には戻らない（7・2 節参照）というこれまでの常識を覆し，分化した細胞から，ES 細胞と同程度の多能性を有する幹細胞をつくり出したのです．この細胞は，**人工多能性幹細胞**（induced pluripotent stem cell），略して「**iPS 細胞**」と名づけられました（図 7-2）[1]（脚注次頁）．

　山中らは，ES 細胞に共通して発現しているが，分化した細胞では発現し

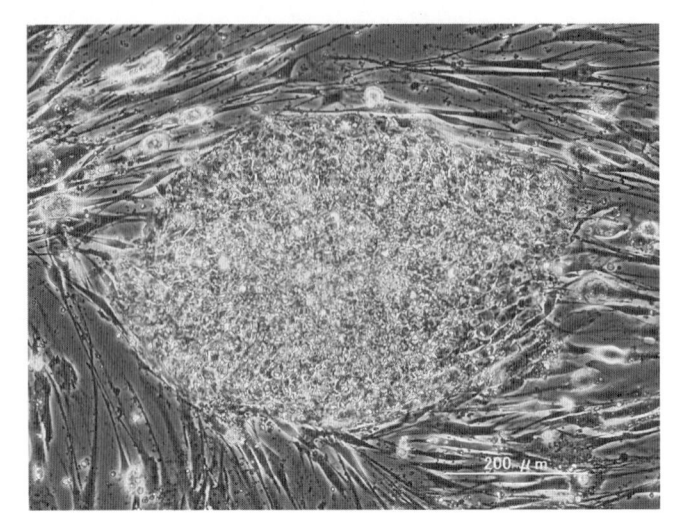

図 7-2　マウス iPS 細胞
中央の密な部分が iPS 細胞のコロニー．周辺部の細長い細胞は iPS 細胞の成長を助ける働きをする繊維芽細胞．

ていない遺伝子を，分化細胞においても発現させれば幹細胞としての性質を取り戻すと考えました．以前にもこうした試みは挑戦されていたのですが，成功例はありませんでした．山中らの独創性は，遺伝子を1種類ではなく，多種類の遺伝子を同時に発現させるという点にありました．出発細胞としては，マウスの繊維芽細胞が使用されました．この細胞は皮下の組織などに見られる分化した細胞です．もちろん，幹細胞ではありません．ここに，ES 細胞から見出された $Oct3/4$, c-Myc, $Sox2$, $Klf4$ という4つの遺伝子を同時に入れると，ES 細胞と同じく，個体を形成させることのできる幹細胞に「巻き戻す」ことができたのです．

　これにより，もとのマウスが雄だろうと，病気だろうと，そのマウスの細胞さえあれば，遺伝的にまったく同じマウスをつくり出すことが可能となり

[*1]　「成熟細胞を初期化（reprogram）することで分化多能性をもたせられることを発見」したことにより，山中伸弥とジョン・ガードンは，2012年ノーベル生理学・医学賞を受賞した．

ました.ヒトでも同じことができるのかは誰しも興味のあるところですが,2007年,果たして山中らは,マウスのときに使った遺伝子の相同遺伝子である *OCT3/4*, *C-MYC*, *SOX2*, *KLF4* の4遺伝子を用い,ヒトiPS細胞の樹立に成功しました.

7·5 細胞移植

　傷ついた組織は,幹細胞から分化してきた新しく健康な細胞に置き換わることによって,修復されます.そこで,幹細胞を患部に投与したり,幹細胞がうまく分化できるような環境を整えることで,組織の修復を効率よく促す治療が考案されました.これが「再生医療」です.再生医療とは,幹細胞のもつ自己複製能と多分化能を利用した医療といえます.

　もっとも初期に実施され,かついまなお成功をおさめている再生医療の例として,造血幹細胞を利用した**細胞移植**があります.造血幹細胞とは,先にも述べた通り,血液のもととなる細胞です.血液のがんである白血病などの難治性の血液疾患に対し,造血幹細胞を移植して,血液をそっくり提供者由来の細胞に入れ替えるという治療です.最初の実施例以来,半世紀以上経過していますが,現在も広く行われているすぐれた治療法です.治療では,放射線や薬剤により,患者の造血幹細胞をあらかじめ完全に破壊しておき,そこにドナーから提供された骨髄や臍帯血を点滴で注入します.これらには造血幹細胞が豊富に含まれています.先に述べたように,幹細胞は生体中では,幹細胞ニッチと呼ばれる足場の中で存在します.造血幹細胞の場合,幹細胞ニッチは骨髄中にあります.ドナーから提供された造血幹細胞は,患者の幹細胞ニッチにうまく生着し,血液細胞をつくり出していきます.

　では,同じようなアプローチで神経の再生は可能でしょうか.脊髄損傷などで切れた中枢神経に,神経幹細胞を注射すればうまく再生するように思えます.ところが実際はうまくいきません.注射するだけでは細胞はすぐに死んでしまうからです.造血幹細胞は,浮遊していても生存することができる細胞であるのに対し,神経幹細胞は,生存するためにはどこかに接着しない

といけないのです．これは神経幹細胞に限らず，血液系の細胞以外のほとんどすべての細胞に当てはまります．造血幹細胞以外の細胞で幹細胞移植を行うには，細胞を患部にとどめておく工夫が必要となってきます．

7・6　組織工学

そこで，細胞の接着の足場として，**生体材料**が研究されました．最初の報告は，1980年代にかけて，ハーバードの医工連携グループによってなされました．彼らは，ポリグリコール酸（PGA）という**生体吸収性高分子**を，外耳の形に加工して，ここに軟骨細胞を含ませ，マウスの背中の皮下に埋め込みました．軟骨細胞は，PGAの上にしっかり接着し，増殖し，軟骨組織を形成していきます．一方で，PGAは体内で加水分解を受け，徐々に分解・吸収されます．組織の形成とともに，PGAは溶けてなくなり，代わりに最初にPGAのあった外耳の形に，軟骨組織が形成されます．当然ながら，この外耳は音を聞き分けることはできませんが，マウスが背中に耳を背負った姿はセンセーショナルに報道され，彼らが提唱した「**組織工学**（tissue engineering）」という分野が開拓されるきっかけになりました（図7-3）．

現在の再生医療は，組織工学のアプローチの上に成り立っています．近年では，足場材料に，成長因子やホルモンなどのタンパク質をくっつけておくという改良もなされています．時間の経過とともに，これらの成分が徐々に放出されるため，周辺の細胞環境が長期間にわたってうまく整えられます．材料の形状に関しても，ナノメートルサイズで細胞周辺の微小環境を模倣したものも研究が進んでいます．これにより，使用細胞や，対象となる臓器，疾患も広がりつつあります．

7・7　体外での組織構築

組織工学では，生体材料で構成された足場をベースに体内で組織の再生を促しました．一方で，あらかじめ生体外で細胞から組織を構築し，これを体内に戻すというアプローチもあります．一つの例として，**細胞シート**があり

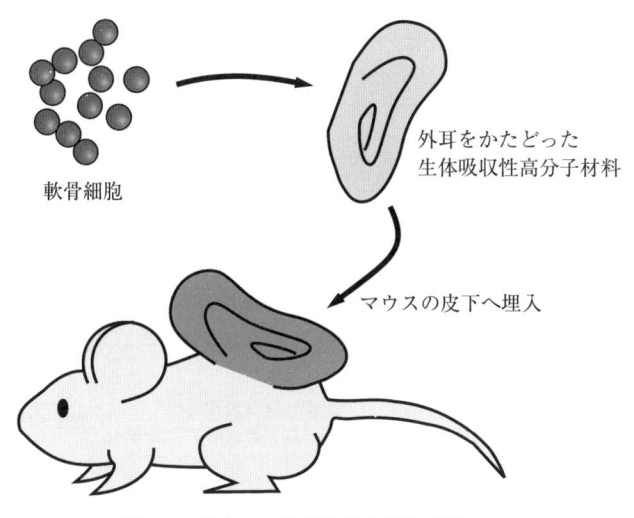

図 7-3 体内での組織構築（組織工学）

ます．培養皿の上で平面状に広がった細胞をそのままシート状の細胞集団として剥がして回収し，これをやけどなどの患部に貼ることで，治療効果を期待するものです．皮膚や角膜など，平面組織について実用化されています．ただしこの方法では，三次元的に広がりをもった組織をつくることは困難で，別の手法が必要です．

　三次元組織の構築とは，言い換えると，多種類の細胞を秩序をもって並べる技術のことです．方法としては，大きく分けて，人工的に細胞を並べる方法と，生体に任せて自発的に組織を構築させる方法があります．

　前者の例として興味深いのは，細胞の「印刷」技術です．小さな細胞塊を含む懸濁液をインクとして，プリンタで培養液中に打ち出していくのです．打ち出された細胞塊は，先にプロットされた細胞塊と接着することで，より大きな細胞塊になります．好きなインク，すなわち好きな細胞を，自在に配置でき，エレクトロニクス技術の応用ともいえます（図7-4 (a)）．

　後者としては，細胞間の相互作用を能動的に活用した例があります．間葉系細胞と上皮系細胞という2種類の異なった性質をもつ細胞をバラバラの状

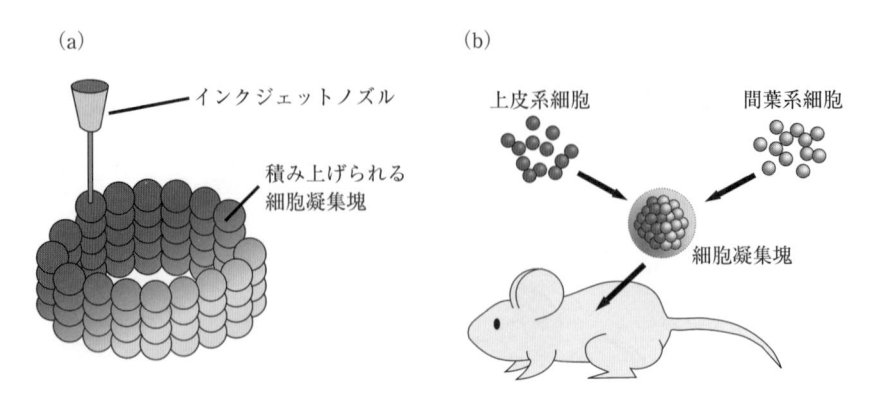

図7-4 細胞からの組織構築
(a) 細胞の"印刷", (b) 細胞の自己組織化

態で混合してしばらく培養すると, それぞれの細胞が集まり, 秩序だった細胞塊を形成します. これは, それぞれの細胞がお互いの細胞に対して, 異なる接着の強さを示すためです. 形成された細胞塊は非常に小さいものですが, これを体に埋めると, この細胞塊が, いわば種のように, これを核として歯や毛包などの組織の再生が進んでいきます（図7-4(b)）.

7·8 臓器の再生

これまでに述べたような技術を用いて, 組織の構築が可能になりつつありますが, 肝臓のような大きな臓器の再生は可能でしょうか. これを決定する大きな要因は, 細胞へと供給される酸素や栄養素です.

たとえば酸素は, 組織中の細胞へは, 組織の外側から拡散により供給されます. 酸素が組織中に広がる速さや濃度を, フィックの拡散の法則により, おおまかに見積もると, 組織の厚さが数百 μm を超えると, 酸素が内部に十分に到達しなくなることがわかり, 内側の細胞は壊死してしまうと考えられます. 生体でこの問題を解決しているのが, 張り巡らされた血管網です. 組織中のどの細胞にも, 酸素や栄養素が拡散で運搬できる距離以内に血管があります. したがって, 大きな臓器を構築するためには, 血管網をいかにう

まく構築するかが重要であるといえます．

血管網を構築するためのアプローチにも，人工的にそれらを設計するという方法と，生体に任せて構築するという方法があります．

ここで，両者のいいとこ取りをしたような，興味深い例を紹介します．生体には完璧な血管網があるので，それを利用しようという試みです．血管はおおざっぱにいうと，血管内皮細胞や平滑筋細胞などの細胞と，その隙間を埋めるコラーゲンやエラスチンなどの繊維状タンパク質（これを**細胞外マトリクス**と呼びます）から成り立っています．そこで，特殊な処理により，臓器中の細胞を除去し，細胞と細胞の間を占める細胞外マトリクスだけが残るような処置を行います．たとえば，摘出した肺にこの処置を行うと，肺のなかに張り巡らされている血管網に沿ったタンパク質だけが残り，それ以外の細胞成分はすべて除去されます．この肺の血管網の形をした細胞外マトリクス上に，患者自身の肺から採取した幹細胞を植えます．そうすると，細胞外マトリクス上で，細胞が増殖・分化していきます．細胞はこれまでに述べてきたように，周辺環境の影響を受けて分化する性質があります．したがって，血管のあった場所には血管が，血管と血管の間には肺の実質細胞が再生し，立派な肺が培養されるのです（図7-5）．

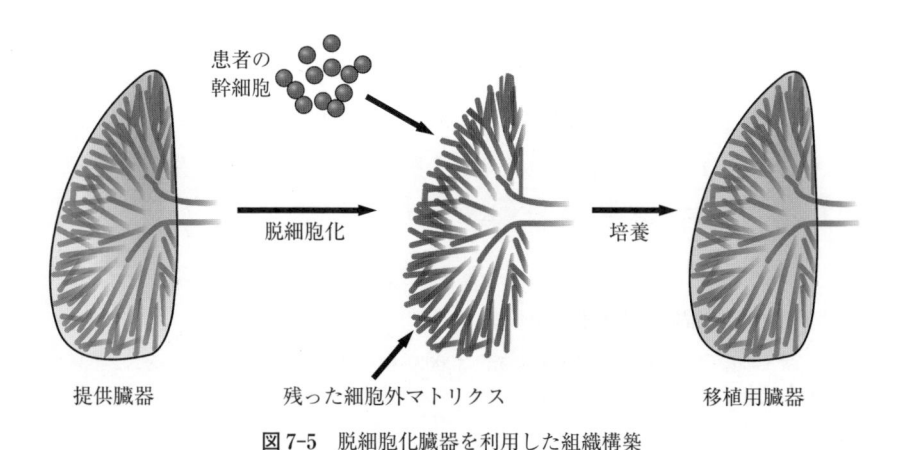

図7-5 脱細胞化臓器を利用した組織構築

7・9 再生医療の未来

ここまでで，幹細胞を使った再生医療の技術について述べてきました．これまでのところ，再生に成功している臓器は，骨や皮膚などの単純な構造を有する臓器です．肺や食道，気管なども，構造は比較的単純なため，実用化が近いといえます．それに対して，腎臓や肝臓，腸などの吸収や代謝，合成などの複雑な機能を担う臓器の再生は，多種類の細胞間での相互作用をまだうまく構築できないため，実用化には遠い状態です．脳などの中枢神経自体を，本来の機能を発揮するように構築するためには，さらなるブレイクスルーが必要でしょう．

医療として，広く利用されるには，品質や安全性も鍵となります．患者から採取してきた細胞は，その性質に個体差やばらつきがあり，工業製品のように一律の品質管理を求めることは困難です．細胞の品質を担保する方法は，技術的にもまだ確立しておらず，議論が分かれています．

細胞の供給手段として，凍結保存技術や運搬技術も大変重要です．培養した細胞を，そのままの状態で維持しておくことは難しいためです．細胞を変化させずに長期間維持する方法としては，液体窒素を利用した超低温下での凍結保存が用いられています．ところが，細胞の凍結・解凍のプロセスは，いまだ経験的に有効な手法が利用されているのみです．ここでもその物理・化学現象を理解した上で，効果的な手法を確立させていかねばなりません．

すでに再生医療をとりまく情勢は，生物学，医学だけに限りません．化学者，工学者を含めた，多くの分野の技術を結集させていかなければならないといえるでしょう．また，本稿では深入りしませんでしたが，生命の倫理に関する議論もあわせて進めていく必要もあります．

〔藤田 聡〕

より進んだ学習のための参考書

石原一彦・畑中研一・山岡哲二・大矢裕一 (2003)『バイオマテリアルサイエンス』東京化学同人

筏 義人 (2006)『患者のための再生医療』米田出版

8. 遺伝子組換え作物

8·1 遺伝子組換え植物作製法

　私たちが食する作物品種は，もともと自然界に存在していた植物種とは形も性質も大きく異なっていますが，それは長い農業の歴史において人為的な選抜が繰り返されて少しずつ変化したものと考えられます．遺伝子組換え技術は，種の壁を越えて任意の遺伝子を導入する手法であり，これまでの交配による育種では不可能な新しい品種改良を実現しました．

　遺伝子組換え植物を作製する際に，材料として導入するべき遺伝子断片が必要になりますが，多くの場合にPCR法（5章参照）を用いてDNAを入手します．PCRに使用するプライマーは一本鎖の短いDNAで，化学合成することができます．PCRで増幅した遺伝子断片は二本鎖で，通常は数百から数千塩基対ですが，これを利用する際にはプラスミドに組み込んで，大腸菌に導入してクローニングする必要があります（図8-1）．

　多細胞生物である植物を用いて遺伝子組換え植物を作製するには，一般的には組織培養による個体再生系を利用する必要があります．DNAが導入された葉や胚軸（子葉の茎の部分）の細胞が組織培養で脱分化してカルスとなり，そこから再生した遺伝子組換え植物個体は，DNAが導入された1細胞から出発したクローン個体（11章参照）と考えられ，全身の細胞のゲノムの同じ場所に同じDNAが組み込まれています（図8-2）．

　植物細胞にDNAを導入する方法としては，物理的および生物学的導入法があります．物理的に導入するパーティクルガン法とは，DNAをコーティングした直径1μm程度の金またはタングステン粒子をヘリウムガスの圧力で噴射して細胞内に打ち込む装置を用いるもので，植物組織をそのまま用いることができます．そのほかの物理的導入法としては電気穿孔法（エレクトロポレーション法）があり，植物組織をセルラーゼのような酵素処理により

第Ⅱ編　グリーンバイオ

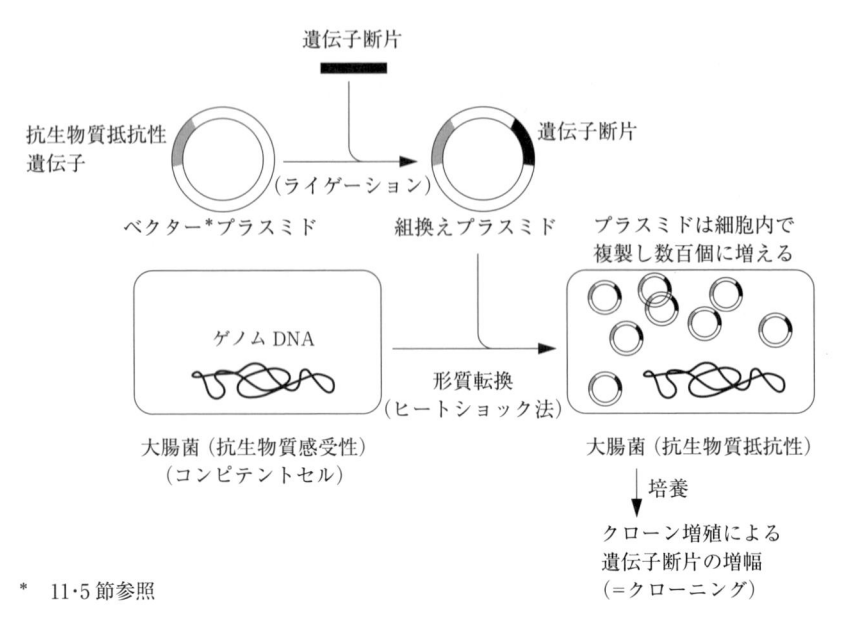

図 8-1　大腸菌の形質転換

大腸菌にプラスミド DNA を導入するにはヒートショック法がよく用いられる．まず，研究材料となる遺伝子断片を，抗生物質抵抗性遺伝子を含むプラスミドに組み込んで組換えプラスミドを作製する．これを大腸菌のコンピテントセルと混合して，42℃で50秒処理したものを抗生物質を含む寒天培地に塗布すると，翌日にはコロニー（クローン）を得ることができる．プラスミドを取り込んだ大腸菌が，抗生物質感受性から抵抗性に変わるので，この実験を形質転換と呼ぶ．コロニーに含まれる大腸菌を液体培地で増殖させたものを集めて，菌体内のプラスミド DNA を抽出することにより，導入した遺伝子断片を含む DNA を大量に調製することができる．

　細胞壁を溶かして細胞膜だけのばらばらの細胞（プロトプラスト）にして，この懸濁液に DNA を混ぜて高電圧を短時間処理すると，一時的に細胞膜に孔が開いて DNA が取り込まれます．孔はすぐに修復されて細胞壁の再生が始まります．

　生物学的な DNA 導入法とは，土壌細菌アグロバクテリウム（*Agrobacterium*，新しい分類学上は *Rhizobium*）が植物細胞核内に DNA を送り込む性質を利用するものです．アグロバクテリウムは植物のがん（根頭癌腫病）の原因菌として昔から知られていましたが，この菌が保有するプラスミドの特

8. 遺伝子組換え作物

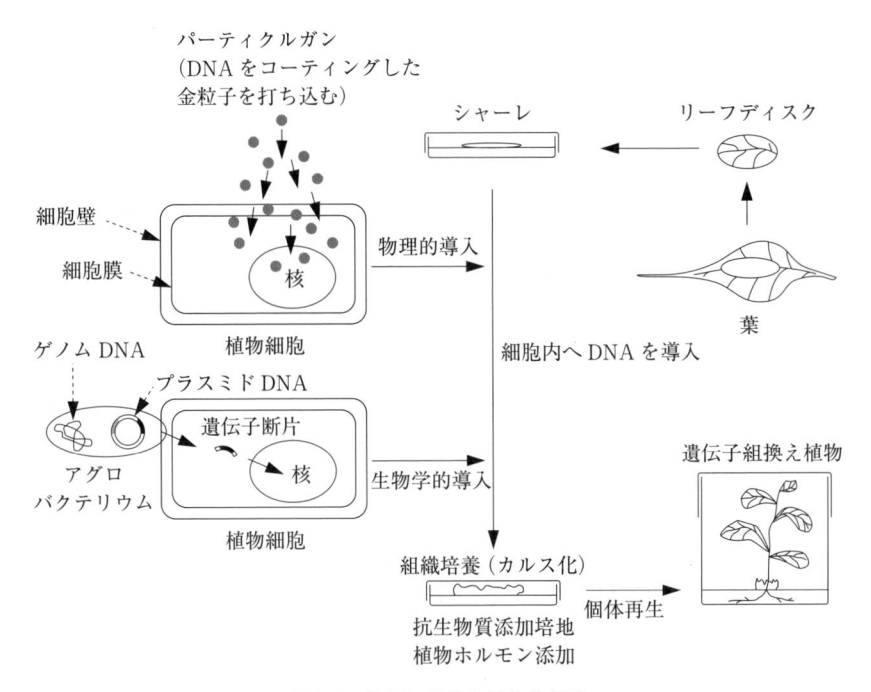

図 8-2　遺伝子組換え植物作製法

植物の葉を滅菌消毒し，円形に切除したリーフディスクをシャーレ内の寒天培地上に置いて組織培養を続けると，葉に分化した組織細胞が脱分化して分裂を始め，白色の不定形の細胞塊（カルス）が形成される．適当な植物ホルモンを添加した培地上では，やがて根や茎・葉が再分化して成長し，もとの植物のクローン個体が再生される．組織培養の前に抗生物質耐性遺伝子および研究材料の遺伝子断片を含むプラスミドDNAを導入すると，抗生物質を含む培地では遺伝子断片が導入された細胞由来の遺伝子組換え植物が再生される．

定の配列（T-DNA）が感染植物の核内まで侵入し，染色体DNAに組み込まれ，その配列から翻訳されるタンパク質が植物ホルモンと同様の活性を発揮することで，感染部位の細胞分裂を促進して腫瘍形成に至ることが解明されました．その後，T-DNAを任意の遺伝子配列に置換した組換えプラスミドを作製し，これを導入したアグロバクテリウムを植物に感染させることにより遺伝子組換え植物をつくる技術が発達しました．

8・2 遺伝子組換え作物の商業栽培品種

1994年に米国で発売された日持ちのよいトマト(フレーバーセーバー)が世界で最初に商品化された遺伝子組換え作物です．トマトが成熟すると，植物ホルモンの一種であるエチレンの作用により誘導されるポリガラクツロナーゼの酵素の働きで，細胞壁成分のペクチンが分解されて軟らかくなってしまいます．そこで，この酵素遺伝子のアンチセンスcDNA[*1]を導入して翻訳を阻害すると，長時間にわたり鮮度が維持される品種として改良することができました．現在では，エチレン作用阻害剤1-メチルシクロプロペン(C_4H_6)処理により普通のトマトでも日持ちをよくさせることができ，フレーバーセーバー品種はそれほど美味しいものでもなかったためか，生産されなくなりました．

1996年以降にはダイズ，トウモロコシ，ナタネ，ワタ，ジャガイモなどにも遺伝子組換え技術の応用が始まり，現在では，これらの作物では遺伝子組換え品種の方が多くなりました．たとえば，米国において栽培されているダイズ，トウモロコシの約9割以上が組換え品種として生産されており，そのほとんどにおいて，除草剤耐性遺伝子と害虫抵抗性遺伝子が利用されています．日本にも，家畜飼料や加工食品の原料として，5万トン程度の組換え穀物が毎日のように米国からタンカーに積まれて輸入されているのです．

世界人口の増加と地球上の耕地面積の限界を考えると，将来の食糧危機の問題は深刻です．実際，2000年から2011年の12年間のうち，7年間の世界の穀物生産量は消費量を下回っていて，最近の穀物在庫量は危機的水準にあります．人類の生き残りは，生産効率の優れた遺伝子組換え作物の開発に託されているといっても過言ではないでしょう．

(1) 除草剤耐性作物

除草剤の多くは植物の基本的な代謝経路を阻害して枯死させるもので，植物の特定の種類だけを選択的に枯死させるものはほとんどありません．したがって，除草剤は雑草にも作物にも同様に効くため，播種前の畑の除草など

[*1] mRNAと相補的なRNAが転写されるようなcDNA．

に使用方法が限られてしまいます．しかし，特定の除草剤に耐性を付与させる遺伝子を作物に導入すれば，その除草剤を耕作地全体に散布しながら作物を効率よく育てることができます．このタイプの遺伝子組換え作物の代表例が除草剤グリホサート（商品名：ラウンドアップ）耐性のダイズやトウモロコシです．グリホサートは植物の芳香族アミノ酸合成系の酵素（EPSPS）を阻害するもので，導入遺伝子として当初は土壌細菌 *Agrobacterium* CP4 株由来のグリホサート耐性型 EPSPS の遺伝子が用いられていました．最近では土壌細菌 *Bacillus licheniformis* 由来の不活化酵素（GAT[*2]：グリホサート *N*-アセチルトランスフェラーゼ）の遺伝子も用いられるようになりました．また，植物のグルタミン合成酵素を阻害する除草剤のグルホシネート（商品名：バスタ）に対しては *Streptomyces* 属細菌（放線菌）由来の不活化酵素（PAT[*3]：ホスフィノスリシンアセチルトランスフェラーゼ）の遺伝子を植物に導入して耐性品種を作製することができます．

　除草剤耐性作物の開発は雑草駆除の問題を一挙に解決したばかりでなく，播種前の畑に落ちている雑草の種子を除去するために耕す労働が不要となり，この不耕起栽培がもたらす省力化は，低炭素化や耕作地からの土壌流出の緩和などの効果があり，地球環境面でも歓迎できるものです．また，グリホサートやグルホシネートは人畜に対して安全性が高く，土壌中でも速やかに分解される薬剤で安心して使用することができます．

(2) 害虫抵抗性作物

　蝶や蛾に卵を産み付けられた作物は，孵化した幼虫により葉や茎の食害を受けます．また，アワノメイガの幼虫のようにトウモロコシの茎の内部に侵入するものや，コーンルートワーム（根切り虫）のように地下で根を食する昆虫などは，外側から殺虫剤を散布しても簡単には死なないので被害は甚大なものとなります．そこで登場したのが土壌細菌 *Bacillus thuringiensis* の遺伝子を利用した害虫抵抗性遺伝子組換え作物です．*B. thuringiensis* は殺

[*2] グリホサートにアセチル基を転移して不活化する．
[*3] ホスフィノスリシンにアセチル基を転移して不活化する．

虫性タンパク質（Bt 毒素）を大量に産生する性質があり，この菌を畑に散布して害虫を駆除することができるため（12 章参照），化学農薬に代わる微生物農薬（BT 殺虫剤）として商品化されています．Bt 毒素の遺伝子を組み込んだ作物では，孵化した幼虫が食するとただちに死んでしまうので，害虫の発生予防に大変有効です．*B. thuringiensis* にはいろいろな系統があり，それぞれが産生する Bt 毒素の種類によって標的となる害虫が異なりますが，毒素の受容体は昆虫の消化管組織の細胞に特異的なもので，人畜無害であることが証明されています．

(3) 病害抵抗性作物

植物にはウイルス，細菌，糸状菌（カビ・キノコ類）の感染によるさまざまな病害が発生しますが，植物に本来備わっている内在性の病原抵抗性遺伝子が多数あり，それらを利用して抵抗性品種を作出することが可能です．従来の育種法では交配による遺伝子導入なので，種の壁を越えることはできませんが，遺伝子組換え技術を利用すれば，別種の植物から広く有用遺伝子を見つけて導入することができます．

ウイルス病に対しては，ウイルス遺伝子の一部を植物に導入して抵抗性品種を開発する試みがあり，1998 年に実用化されたパパイヤ輪点ウイルス抵抗性品種は，ハワイでの壊滅的なウイルス病害からパパイヤ産業を救うことができました．組換え植物には，ウイルス粒子を包む外被タンパク質の遺伝子を一部導入しているのですが，動物においてワクチンとして病原ウイルスのタンパク質成分を体内に取り込ませて免疫反応を誘導できる現象と類似しています．しかし実際は，植物は免疫グロブリンを産生せず，動物とはまったく異なる免疫機構によるもので，最近の研究成果によれば，RNA 干渉の機構によりウイルスの RNA ゲノムが分解されると考えられています．

(4) 栄養改変型作物

これまでに述べた遺伝子組換え作物はいずれも生産性向上を目的として開発され，農業に従事する人々には大変都合のよいものとなり，第一世代の組換え作物とも呼ばれます．消費者側にとっても品質や価格において安定な作

物の供給が受けられるという利点があるものの，一部の消費者の間には遺伝子組換え作物の安全性に懐疑的な考え方が根強く残っており，日本でも食の安全，安心を強く求める消費者のため，あえて高価な非組換えダイズの作付けを海外に発注して味噌，納豆，豆腐の原料を確保しようとする動きがあります．

一方で，消費者側にとってメリットの大きい第二世代の組換え作物の開発も進められており，そのなかには，栄養価を高めた作物があります．たとえば，ゴールデンライスと呼ばれるβ-カロテンを蓄積する遺伝子組換えイネ

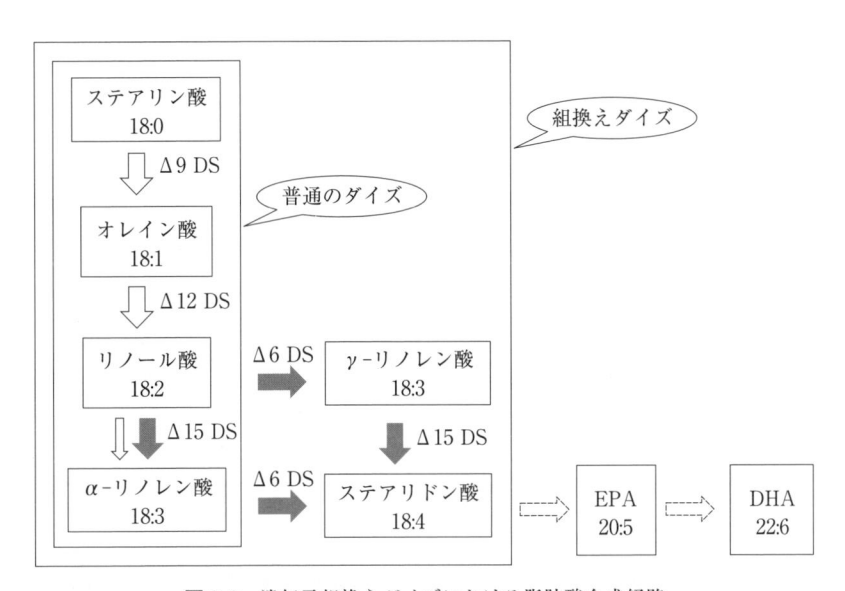

図 8-3 遺伝子組換えダイズにおける脂肪酸合成経路

普通のダイズの脂肪酸合成経路においては，ステアリン酸（飽和脂肪酸）を出発物質として各種デサチュラーゼ（DS）の酵素活性により不飽和結合が付加されて3個の不飽和結合を有するαリノレン酸が産生される．DSは不飽和化酵素として炭素-炭素の二重結合を形成させるが，ダイズ内在性のΔ15 DSは活性が低く，ダイズ内ではリノール酸含量が最も多くなる．遺伝子組換えによりほかの植物や微生物由来のΔ6 DSとΔ15 DS遺伝子を導入すると，4個の不飽和結合を有するステアリドン酸が蓄積される．ヒトや動物は体内でステアリドン酸をエイコサペンタエン酸（EPA）やドコサヘキサエン酸（DHA）に変換することができる．DS遺伝子を導入するかわりに，遺伝子組換え技術でダイズ内在性のΔ12 DS遺伝子の翻訳を抑制すれば，オレイン酸が蓄積して，種子油の組成はオリーブオイルに近いものとなる（各脂肪酸名の下に炭素数と二重結合の数の組み合わせを示す）．

67

の開発は，発展途上国における栄養不足の子供らをビタミンA不足による失明から守ることができました．また，オリーブ油に含まれていて健康によいオレイン酸や，イワシの頭に多く含まれていて血液をサラサラにするエイコサペンタエン酸（EPA）やドコサヘキサエン酸（DHA）の前駆体ステアリドン酸などを遺伝子組換えダイズにつくらせてサラダ油として利用する改良も進んでいます（図8-3）．いずれの場合も不飽和脂肪酸の代謝経路を修正するために，ほかの植物や微生物の酵素遺伝子を導入したり，また逆にダイズの内在性遺伝子発現を抑制したりする技術が用いられています．

(5) 医薬品を生産する作物

日本では農林水産省の研究所において，日本人に多いスギ花粉症の治療をめざした医薬品をイネにつくらせる研究が進められています．アレルギー反応を弱めるための従来の減感作療法では，スギ花粉成分を定期的にアレルギー患者に注射して治療しますが，スギ花粉症緩和米はスギ花粉のアレルギー原因タンパク質成分（アレルゲン）を蓄積し，その米粉を服用することによって消化管粘膜にある免疫機構により症状を低下させる効果を期待するものです．このように作物に抗原を生産させる手法は，生産コストが低いという利点があり，「食べるワクチン」としてヒトや家畜などの感染症予防の目的にも応用が拡大されるでしょう．

〔丹生谷 博〕

より進んだ学習のための参考書

大澤勝次・田中宥司 責任編集（2000）『遺伝子組換え食品 —新しい食材の科学』くらしの中の化学と生物7，学会出版センター

岡田吉美（1997）『DNA農業』未来の生物科学シリーズ38，共立出版

9. 植物のゲノム育種

― ゲノム研究に基づく植物品種改良のバイオテクノロジー ―

9·1 はじめに

　イネは我が国のみならず世界の主要穀物の一つであり，人類の約半数が米を主食にしています．今世紀半ばにかけて，世界規模での人口増加，地球温暖化による食糧不足が予測されています．これに対応するイネを育種するためには，草型，早晩性，収量などの形質に関係する遺伝子が，ゲノムのどの位置にあるかを知り，どのような機能をもつかを解明することが重要です．本章では，イネを例にして，遺伝子を単離する二つのアプローチを解説します．まず，順遺伝学的なアプローチとして，DNAマーカーを用いて遺伝地図と物理地図を作製することにより，遺伝子を同定する方法を述べます．DNAマーカーは，遺伝子のゲノム上の位置を決定するためのもので，特定の形質を選抜する際の目印になります．続いて，逆遺伝学的なアプローチとして，トランスポゾンとRNAiによって遺伝子を破壊することにより，新規の遺伝子を同定する方法を述べます．

9·2　順遺伝学的アプローチ

　遺伝学は，遺伝子の変異によって生じる機能変化の遺伝現象を扱う学問です．個体の機能や外観を**表現型**（phenotype）といい，個体がもっているすべての遺伝子の構成を**遺伝子型**（genotype）といいます．遺伝学は，遺伝子という物質の変化と生物の表現型という生命現象との因果関係を明らかにするもので，現代生物学の基盤となっています．表現型を指標にして変異した遺伝子を見つけることを，**順遺伝学**（forward genetics）といいます．順遺伝学では，まず特定の表現型に注目して変異体を選択し，次に交雑を行って遺伝地図上での変異の位置を決め，さらに，変異を起こした遺伝子を単離し

ます．
(1) DNA マーカーによる遺伝子のマッピング

目的とする表現型を支配する遺伝子が，染色体上のどの位置に存在するかを決定することを，**遺伝地図作製**（mapping）といいます．同じ染色体上にある遺伝子が，減数分裂に従うランダムな分離の確率よりも高率に一緒に子孫に伝わり，独立した分離が認められない状態を**連鎖**（linkage）といいます（図 9-1）．同一染色体上に存在する遺伝子の位置関係を決定することを連鎖分析といい，染色体上の位置が既知のマーカー遺伝子と目的遺伝子との連鎖の大きさを測定することによって，位置を割り出します．連鎖の大きさは，**組換え価**（recombination value），すなわち，減数分裂における相同染色体間の**交叉**（乗換え）によって生じた遺伝子の組み合わせが親と異なる配偶子が全配偶子に占める割合，で表します．組換え価は，染色体上の 2 つの遺伝子間の距離に比例します．距離が近いほど組換えが起こらず，距離が遠いほど，2 つの遺伝子が別々の染色体上にあって独立遺伝するときと同じ組換え

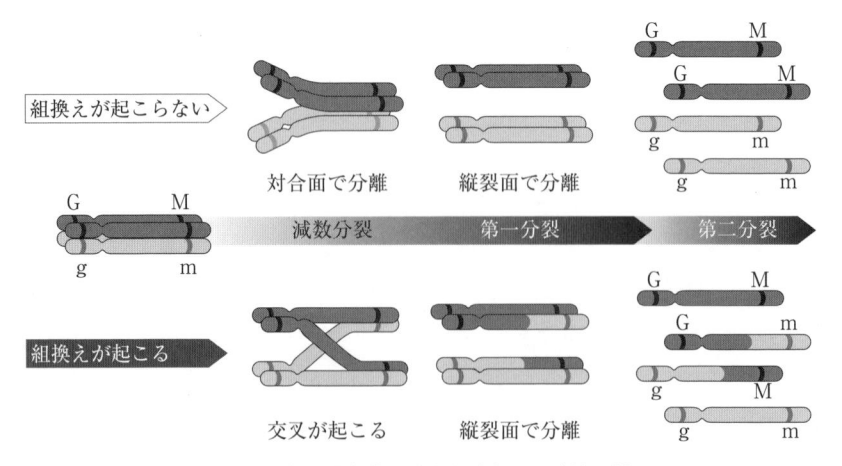

図 9-1 相同染色体の動きと遺伝子の連鎖関係
染色体位置が分かっている DNA マーカーとの連鎖関係によって目的遺伝子の染色体位置を決める．G：目的遺伝子，M：DNA マーカー（小文字はそれぞれと多型性を示す対立遺伝子）

価である50％に近づきます．この組換えの性質を利用して遺伝地図を作製します．遺伝地図の単位をモルガン（morgan；M）といい，1回の減数分裂につき1回の交叉が起こる染色体の長さを1モルガンと定めます．100回の減数分裂で1回組換えが起こる距離が1センチモルガン（cM）となります．

　両親品種のDNAの同じ部位にある塩基配列の個体間の違いを，「**多型性DNAマーカー**」として遺伝地図づくりに利用することができます．多型性DNAマーカーは，遺伝子と同様にメンデルの法則に従って遺伝するので，交雑実験により遺伝地図に書き込むことができて，さらに，表現型との連鎖分析に用いることができます．多型性DNAマーカーとして利用できるのは，DNAを制限酵素で消化した場合に現れる切断点の個体差，たとえば，一方がGAATTCで制限酵素 *Eco* RIで切断されるのに対して，他方がGAAATCとなっていて切断されない，という違いです（図9-2）．これを，**制限酵素切断長多型**（restriction fragment length polymorphism；RFLP）といいます．あるいは，ゲノム上に広く分布するマイクロサテライト反復配列という，6塩基以下の塩基配列の単純な繰り返し配列における繰り返し数の違い，たとえば，一方にはCAという配列の繰り返しが10回あるのに対して，他方には15回もある，という違いも SSR（single sequence repeat）マーカーとして広く利用されています．以上のような父と母のDNAのわず

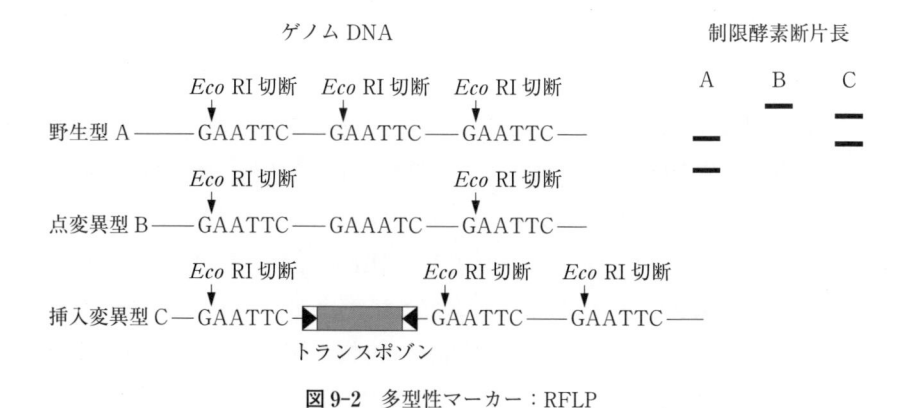

図 9-2　多型性マーカー：RFLP

かな違いを遺伝マーカーにして，ゲノム全体を網羅するDNAマーカーの遺伝地図が作製されました．すなわち，DNAの所番地が決まったのです．

次に，目的遺伝子をマッピングするためには，目的とする表現型を示す系統と示さない系統の間で交雑して得られた雑種第2世代の多数の個体について，系統間で多型を示すDNAマーカーを利用して，表現型とDNAマーカーとの連鎖関係を調べます．この際，全ゲノム上に均等にちらばるようにDNAマーカーを選びます．表現型を支配する遺伝子に連鎖するDNAマーカーを検出し，さらに，多数のマーカーとの組換え価を解析して，目的遺伝子のゲノム上の正確な位置を決定します．このことは，表現型と密接に連鎖しているDNAマーカーによって，目的の形質をもつ植物を間接的に選抜すること（DNA marker-assisted selection）を可能にしたので，植物育種の効率が大いに向上しました．

(2) 物理地図の作製と遺伝子のポジショナルクローニング

遺伝地図上で絞り込まれた遺伝子の位置情報を手がかりにして遺伝子の単離を行う方法を**マップベースドクローニング法**，あるいは**ポジショナルクローニング法**といいます．マッピングにより位置が特定された遺伝子の単離には，目的遺伝子を含んだ領域のDNAクローンを得る必要があります．

このようなDNAクローンを得るには，まず，非常に長いゲノムDNA全体を制限酵素で断片化し，それらを酵母や大腸菌の**人工染色体**（YAC；yeast artificial chromosome, BAC；bacterial artificial chromosome）などのベクター（11章参照）に組み込んで，ゲノムを網羅するDNAのライブラリーを作製します．続いて，各DNAクローンを染色体上に張り付けて，ゲノムDNA全体を再現した**物理地図**を作製します．この際，物理地図の目印（landmark）となるのは，遺伝地図作製に用いた特定のDNAの配列そのもので，サザンハイブリダイゼーションのDNAプローブ，PCRのプライマー，制限酵素切断点などです．あるゲノムDNA断片がDNAプローブに対応する配列，あるいはPCRプライマーで増幅される配列をもつか否かを調べて，ゲノムのなかのどの染色体のどの位置に由来するDNAであるかを

決定します．このように，ゲノムを網羅するDNA断片を各染色体に整列化した物理地図は，実際のDNA配列そのものであり，長さの単位は塩基対（base pair）です．イネやシロイヌナズナなどゲノムサイズの小さい植物の**ゲノムプロジェクト**では，物理地図作製によって全塩基配列が決定されました．

マップベースドクローニングでは，遺伝地図と物理地図とを対応させることによって目的遺伝子のDNAの存在場所を特定します．さらに，その場所のDNAの塩基配列を野生型と変異型で比較することによって，変異が生じた遺伝子を同定し，その遺伝子がコードする推定アミノ酸配列に対する相同性検索によって，タンパク質の機能を推定します．イネでは，たくさんの遺伝子や多型性DNAマーカーを染色体に位置づけた精密な物理地図がつくられています．

9・3　逆遺伝学的アプローチでゲノム機能を読み解く

ヒトをはじめ多くの生物種のゲノムの塩基配列が明らかにされました．イネのゲノムサイズ（約3億9千万塩基対）は，シロイヌナズナの約3倍，ヒトの約8分の1であり，イネの遺伝子は約3万2千個あると推定されます．また，イネのゲノムサイズは，イネ科穀類（コムギ，トウモロコシなど）のなかでは最小であり，これらのゲノム上での遺伝子の配置や構造には共通点が多いため，イネのゲノム情報は他の穀類の遺伝子研究に大きな波及効果をもたらしました．しかし，これらのゲノム配列情報に書き込まれている"ゲノム機能"を読み解くのはこれからの仕事であり，これによって複雑な生物現象を遺伝子レベルで解き明かし，有用なイネを作出することが期待できます．

逆遺伝学（reverse genetics）とは，特定の遺伝子を選択的に欠失・破壊することによって，どのような表現型が現れるかを調べて，その遺伝子の生体内における機能を解析することです．従来の順遺伝学では，まず生物の形質に注目し，その原因となる遺伝子を遺伝地図を作製して特定しました．これ

に対して，ゲノムの塩基配列情報をもとにまず特定の塩基配列をもつ遺伝子に着目し，生物個体内のその遺伝子に変異を導入し，それによって個体にどのような表現型が現れるか調べることが，遺伝子工学の発展によって可能になりました．このことを，従来の遺伝学では「表現型から遺伝子へ」と研究が進むのに対して，「遺伝子から表現型へ」と進む真逆の手順を踏むことから，逆遺伝学と呼びます．

(1) トランスポゾン（動く遺伝子）による遺伝子の機能解明

遺伝子は染色体上の一定の位置に存在していて，染色体と行動をともにし，交叉や転座，欠失など染色体の構造的変異によってその位置を変えることがあっても，遺伝子自体が染色体から離脱したり，ほかの染色体に移ることは考えられませんでした．しかし，1940年にアメリカのカーネギー研究所のバーバラ・マクリントックが，トウモロコシで1つの染色体からほかの染色体に移動する動く遺伝子，**トランスポゾン**（transposon）の存在を見出しました．彼女はこの業績により，1983年に，今のところ植物の研究としては唯一のノーベル生理学・医学賞を受賞しました．

トランスポゾンには，DNA断片が直接転移するDNA型トランスポゾン（クラスⅡ型）と，転写と逆転写の過程を経るRNA型のレトロトランスポゾン（クラスⅠ型）があります（図9-3）．DNA型トランスポゾンが転移するためにはトランスポザーゼ（transposase）と呼ばれる酵素が必要であり，これはトランスポゾン自身がコードしています．DNA型トランスポゾンは両末端に逆向きの反復配列をもっており，トランスポザーゼはこの配列を認識してトランスポゾンをゲノムから切り出し，さらに，ゲノムの任意の位置に再度トランスポゾンを挿入します．一方，レトロトランスポゾンは転写された後，自身がコードする逆転写酵素によってmRNAからcDNAをつくり出し，できたDNAのコピーが再度染色体に挿入されます．いずれも遺伝子領域に挿入されると遺伝子を破壊します．

トランスポゾンが挿入された遺伝子は活性を失ったり，形質発現に変化を生じることがあります．トランスポゾンは転移によってゲノムのDNA配列

9. 植物のゲノム育種

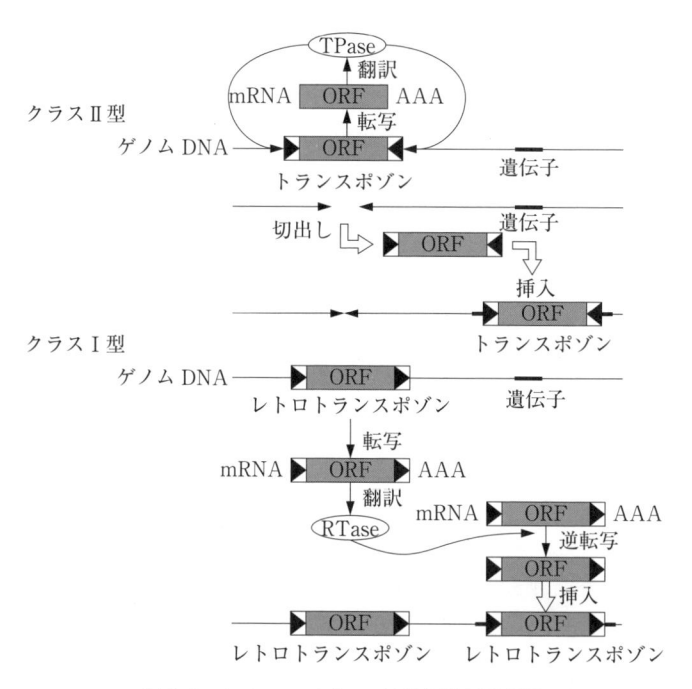

図 9-3 トランスポゾンの転移と遺伝子破壊

に**突然変異**を誘発し，遺伝的多様性を拡大して生物の進化を促進してきたと考えられています．トランスポゾンは遺伝的変異原として有用であり，さまざまな生物で応用されています．イネには，細胞培養刺激によって転移するレトロトランスポゾン Tos17 が存在しています．Tos17 で破壊された遺伝子の構造や機能を調べることによって，イネの遺伝子研究は進展しました．

(2) RNAi による遺伝子の機能解明

ゲノムプロジェクトの進行により，ヒトやイネのゲノムにおいてタンパク質をコードする領域は 3 % 以下であり，残りのうち 40 % 以上はトランスポゾンが占めていることがわかりました．トウモロコシではゲノムの約 80 % がトランスポゾンまたはそれから派生した配列です．近年，これらの無用で **junk DNA**（がらくた DNA）とさえいわれていたゲノムの領域に，RNA に転写される大量の配列が含まれていることがわかり，しかも，それら RNA

群がタンパク質をコードする遺伝子の発現制御に大きく関与していることが明らかになってきました．これを **RNA 新大陸** の発見といいます．この分野で代表的な成果は，**RNAi**（RNA interference；RNA 干渉）の発見です．RNAi は，二本鎖 RNA と相補的な塩基配列をもつ mRNA が後天的に分解されるようになる現象です．RNAi は，ウイルスなどに由来する外来 RNA やトランスポゾンの転写産物を分解し，ゲノムを防御するためのメカニズムと考えられています．2006 年にアンドリュー・ファイアーとクレイグ・メローが，線虫における RNAi の発見によってノーベル生理学・医学賞を受賞しました．

　RNAi 法によって人工的に二本鎖 RNA を導入することにより，目的遺伝子の発現を**ノックアウト**し，その機能を調べることができます．ゲノムプロジェクトによって全塩基配列が解明された生物種では，RNAi 法は逆遺伝学的研究の速度を上げる大きな要因となっています．植物細胞で RNAi 法を実行するには，まず，目的遺伝子の二本鎖 RNA を転写する遺伝子をアグロバクテリウムのもつ Ti プラスミドのなかの T-DNA 領域に構築し，続いて

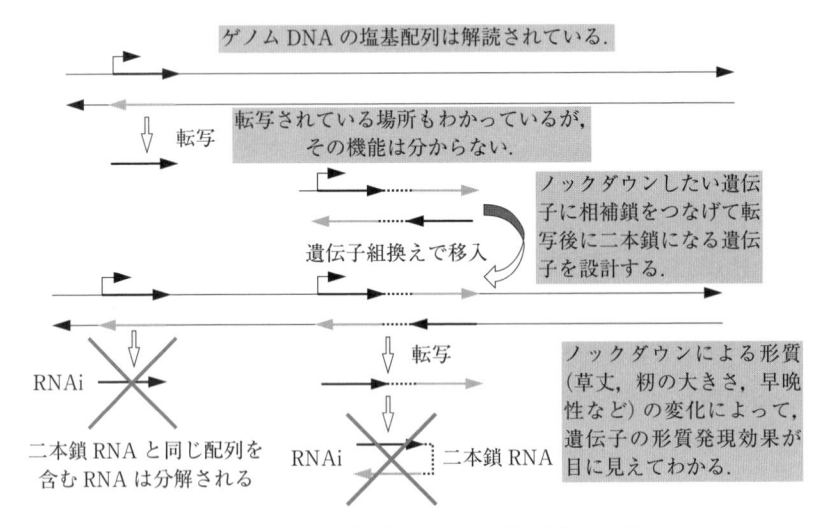

図 9-4　RNAi ノックダウンによる遺伝子機能の解明

これをアグロバクテリウムの植物への感染によって T-DNA の転移とともに植物ゲノムに導入します（図 9-4）（アグロバクテリウム法については 8 章参照）．

現在，さまざまな生物のゲノム塩基配列が決まってきており，モデル生物を中心に逆遺伝学的に変異体が作製されています．しかしながら，研究者が破壊を試みる遺伝子は，ほかの生物で機能が明らかにされているものや，既知の遺伝子と相同性の高いものに限られています．特定の表現型を司る遺伝子機能を知るためには，依然として順遺伝学的手法が不可欠です．イネのゲノム育種は，順遺伝学的に同定された表現型に関する遺伝子を DNA マーカーによって選抜・集積していくとともに，ゲノムプロジェクトによって塩基配列がわかった機能未知の遺伝子を逆遺伝学的方法によって解明して利用するという，順逆両遺伝学によって推進される時代に突入したのです．

〔富田因則〕

より進んだ学習のための参考書

河合剛太・清澤秀孔 編（2010）『機能性 RNA の分子生物学』クバプロ

Austin Burt・Robert Trivers 著，藤原晴彦 監訳，遠藤圭子 訳（2010）『せめぎ合う遺伝子 ―利己的な遺伝因子の生物学』共立出版

第Ⅱ編

10. 野菜の育種

10・1　野菜育種へのバイオテクノロジーの応用

　日本の農産物輸出額の上位に「種子類」があり，そのほとんどが野菜 F_1 品種の種子です。F_1（first filial generation の略）は雑種第一代といい，遺伝的に異なる両親間で交雑が生じたとき，その両親間に生まれた子孫の最初の世代のことをいいます。雑種強勢を示すことが多いので，野菜の大部分が F_1 品種です。その F_1 育種中心であった野菜育種において，さらに新しい育種技術によって効率化させようと導入されたのが，1970 年代後半から注目されてきたバイオテクノロジーです。バイオテクノロジーブームが 1970 年代後半から起こり，培養（細胞・組織）を中心に 1990 年代前半頃までさかんに行われました。その後，遺伝子組換えが 1990 年代から，DNA マーカー利用による育種が 1990 年代中頃から行われ現在に至っています。

　野菜で導入された主要な各技術と事例を簡単に説明します。

　組織培養は植物の葉や茎などの一部を切り取って寒天や液体培地で育てる技術です。ウイルス病で生産量が低下しないようウイルスがいない生長点を培養しウイルスにかかっていない苗を生産し，収量を向上させます。ジャガイモ，サツマイモ，イチゴの苗生産にはよく生長点培養が使用されています。組織培養中に細胞に突然変異が生ずることがあります。このなかから有用なものを選抜すれば新しい品種を育成することができます。**培養変異**によりイチゴ，フキなどの新品種が育成されています。

　胚培養は，自然交雑が困難な両親のよい性質を合わせもった品種を育成するため遠縁のもの同士を交雑し，未熟なうちに胚を取り出して培養し植物体を再生させる技術です。親の染色体数が異なるなどにより，取り出さずにそのままだと胚が死んでしまうからです。胚培養を使用してできた野菜にはキャベツとハクサイ間の「ハクラン」，キャベツとコマツナ間の「千宝菜」，

ミニカボチャ「プッチーニ」があります．

葯・花粉培養（図10-1）は，染色体が半数である単離した花粉や花粉を含む葯を培養し花粉から植物体に再生させる技術です．交配による育種法では，形質を均一に安定させ固定するまでに何回も自家受粉する必要がありましたが，この方法を使用すれば形質を早く安定させることができます．ピーマン，ハクサイ，ブロッコリーなどで品種育成の事例があります．

プロトプラスト培養（図10-2）は，植物の細胞壁を取り除いた細胞膜だけの植物細胞を培養することです．プロトプラスト（8・1節参照）は培養中に突然変異を起こしやすく，変異を起こしたプロトプラストから有用な性質をもったものを選抜することができます．ジャガイモでは新しい品種が育成されています．

細胞融合（図10-3）は，異なる種のプロトプラストを電気刺激などで融合させて雑種の細胞をつくり，交配ができない種間の雑種を育成することができます．ジャガイモとトマト間の「ポマト」などいくつかの雑種がつくられましたが，不稔になることが多く，実用には至っていません．

遺伝子組換えは，ほかの生物の有用な遺伝子を目的の生物に直接導入する技術です．日持ちのよいトマト，ウイルス抵抗性トマトなどの組換え野菜がつくられています．我が国では遺伝子組換えが行われた食べ物に対しては消費者に抵抗意識があり，食用の遺伝子組換え野菜では実用には至っていません．しかし野菜においても基礎研究は大学や各種の研究機関などで続けられ

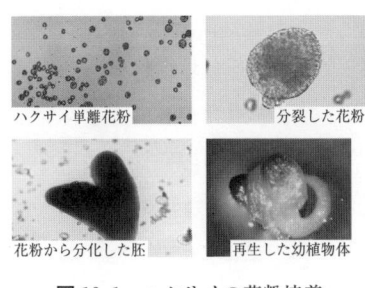

図10-1　ハクサイの花粉培養

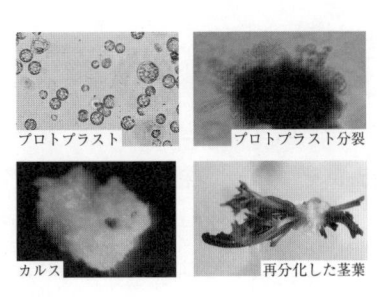

図10-2　キャベツプロトプラスト培養

第Ⅱ編　グリーンバイオ

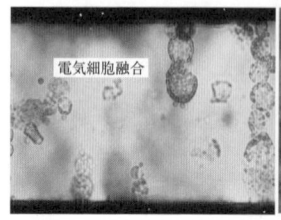

図 10-3　キャベツ類とハクサイの細胞融合

ています（遺伝子組換えについては 8 章参照）．

　DNA マーカー，ゲノム情報（ゲノム育種については 9 章を参照）を利用した育種は現在多くの野菜で行われています．病害抵抗性や有用形質の遺伝子の近傍もしくは遺伝子そのものに目印を付けて（DNA マーカー），目的の性質のものを選抜します．また，品種保護のための品種特有のマーカーがあれば品種識別にも有効であり，イチゴなどでは違法増殖の抑止に一役買っています．

10・2　品種育成に利用された技術の例

　現在までにバイオテクノロジーを利用して品種育成され普及している例は多いのですが，ここではその一部を具体的な例として紹介します．

(1) 培養による育種への応用例

　培養技術で一番実用化されているのは生長点を含む茎頂培養による増殖です．その培養系の例としてアスパラガスの側芽培養と不定胚培養系（図10-4）を説明します．

　側芽培養は若いアスパラガスの茎頂を採取し茎葉形成培地に置床します．茎葉が形成されたら発根培地に移植し発根させます．発根して大きくなった培養苗を順化して株を養成します．側芽培養では採種用の親株の増殖もできますが，優良株をコピーして F_1 親株として利用したいときにこの方法は有効です．福島県では「ハルキタル」，長野県では「どっとデルチェ」という品種の F_1 親株を側芽培養で増殖して，F_1 種子を採種しました．いずれも茎が

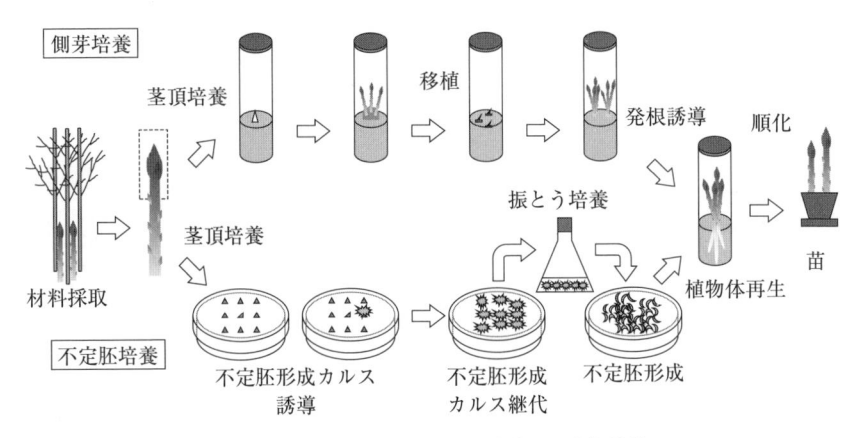

図10-4 アスパラガスの側芽培養と不定胚培養
(甲村浩之：BRAIN テクノニュース, No.49 (1995) より改変)

太く，品質がよい品種です．

不定胚培養も，若いアスパラガスの茎頂を採取し不定胚形成カルス培地へ置床し，不定胚を形成する能力のあるカルスを分化させます．分化したカルスから不定胚を形成する能力のあるカルスを選抜し，液体振とう培養し，形成された球状胚を寒天培地へ移植して植物体を再分化させて順化して株を養成します．不定胚培養は大量に株を増殖させたいときに有効です．広島県の収量性の高い「グリーンフレッチェ」の苗そのものが大量増殖され農家へ普及しました．長野県では，太く，長期採りに向く「ずっとデルチェ」という品種の F_1 親株の増殖に不定胚培養を使用しました．

(2) DNA マーカーの応用例

DNA マーカーの簡単な使用例としてキャベツ純度検定を紹介します．キャベツの品種はほとんどすべて F_1 品種ですが，F_1 種子を得るためには自家不和合という性質が使用されています．自家不和合とは被子植物の自家受精を防ぐ遺伝的性質のことで，花粉と雌ずいが正常で，それぞれ受精能力を有しているにもかかわらず，自家受粉では受精しない性質のことをいい，花粉管の不発芽，花粉管の伸長停止，受精胚の崩壊などが観察されます．

第Ⅱ編　グリーンバイオ

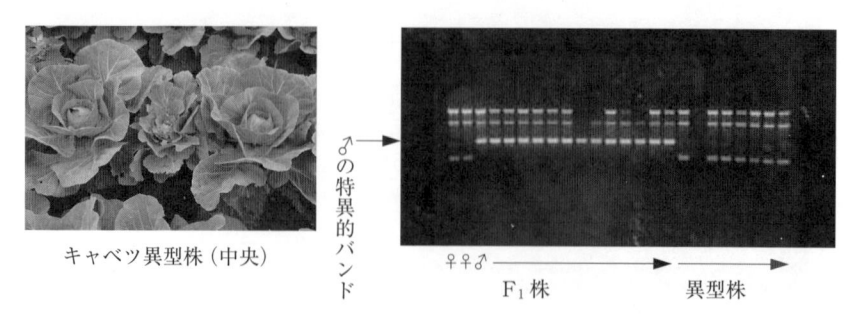

図10-5　DNAマーカーによるキャベツ F_1 純度検定（♀株採種種子）
♂の特異的バンドがあるものが F_1，ないものは自殖種子の株（異型株）

キャベツの属するアブラナ科野菜の F_1 種子生産に利用される自家不和合性は完全なものでなく，ほとんど自殖種子を結実しない安定したものから，さまざまな要因で容易に自殖種子を結実する不安定なものまであり，これらの違いは自家不和合性程度と呼ばれ，F_1 種子純度に直接影響する形質です．

それぞれの親のDNAマーカーがあれば，F_1 種子かどうか，純度検定ができます．図10-5はキャベツ F_1 種子の純度をDNA多型により検定したものです．栽培した F_1 の異形株を調べると種子を採った株（♀）のバンドしかなく，花粉親（♂）の特異的バンドがないことがわかります．このことから自家不和合が完全でなく，自殖種子が混ざっていることがわかります．このように，キャベツの F_1 種子純度を栽培する前にあらかじめ知ることができるのです．

以上はDNAマーカーを F_1 種子純度検定に利用した例ですが，現在，野菜育種において育成途中の系統選抜にDNAマーカーを使用することは一般的な方法として利用されるようになってきました．

最近の研究成果としてDNAマーカーを利用したハクサイ根こぶ病抵抗性育種について触れたいと思います．ハクサイ産地では，土壌伝染性の微生物（*Plasmodiophora brassica*）による根こぶ病の発生が大きな問題となっています．難防除土壌病害の一つで，発病すると根が異常に肥大し養水分の吸収が妨げられるため，生育が著しく遅延し，ひどい場合には枯死します．ま

た，病気を引き起こす菌の病原性が変異し，これまで抵抗性とされた品種が罹病することがあります．そのため，より強い抵抗性素材を作出する試みが行われています．抵抗性，作用性の異なる根こぶ病3抵抗性遺伝子を集積するために，それぞれの遺伝子をもつ育種素材を交雑し，目的とする遺伝子をもった分離後代の個体をDNAマーカーを利用して選抜しました．その結果，3抵抗性遺伝子座をもつホモの個体を選抜し，育種素材を育成しました．この育成系統は異なる5種類の根こぶ病菌に対して極めて高い抵抗性があることがわかりました（松本ら，2012）．DNAマーカーを活用することにより，これまで難しかった抵抗性遺伝子の集積を効率よく行えるようになったのです．また，品種育成の例では独立行政法人野菜茶業研究所が別のDNAマーカーを利用して「あきめき」という根こぶ病抵抗性品種を育成しました．「あきめき」は，3種類の抵抗性遺伝子をもち，4種類の根こぶ病菌に抵抗性を示します．

10・3　交配に使用される性質

F_1種子を採るには植物のもついくつかの性質が利用されます．その代表的な性質が自家不和合性や雄性不稔です．これらの性質や利用方法について分子生物学などの解析が行われていますので少し触れたいと思います．

(1) アブラナ自家不和合の機構

自家不和合については前述しましたが，なぜ自家不和合が不安定になるか最近の研究でわかってきています．アブラナ科植物の自家不和合性は花粉表層に局在するタンパク質SP11の遺伝子と柱頭にあるリン酸化酵素SRKの遺伝子が関与しており，SRKにSP11が結合して花粉の発芽伸長が抑制されることで自家不和合が起こります．また，自家不和合の崩壊はSP11の遺伝子のプロモーターがメチル化され転写が抑制されたり，SRK遺伝子領域にほかの遺伝子が挿入されて，機能しなくなったりすることによると考えられています．

第Ⅱ編　グリーンバイオ

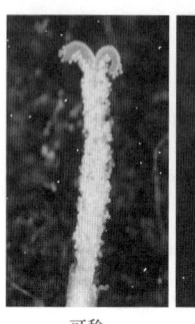

図10-6　DNAマーカーによるレタス雄性不稔株の選抜（柱頭写真提供：芹澤啓明，泳動図：林 麻衣 ら，*Euphytica*, 180, 429-436 (2011) より改変）

(2) レタス雄性不稔

雄性不稔は花粉を生じないか，生じても受精をおこさせない性質のことで，核遺伝子型と細胞質型があります．雄性不稔株は自殖をしないので，F_1育種に利用されます．図10-6にはレタス雄性不稔株の選抜をDNAマーカーで行った例を示してあります（林ら，2011）．このレタス雄性不稔は核遺伝子型の単一遺伝子支配であるため劣性ホモの場合のみ雄性不稔となるのでDNAマーカーにより不稔の特異的バンドだけをもつ株を選抜し，交配に利用します．これによって，雄性不稔株の選抜をしやすくし，レタスのF_1育種の効率化に寄与すると期待されています．

10・4　今後利用が予想される方向と技術

培養による育種は以前ブームになったときより少なくなりましたが，育種の一方法として続けられており，増殖だけでなく，遺伝子導入や突然変異育種と併用されて利用されていく可能性があります．

次世代・新世代シークエンサーによる**ゲノム解析**が進歩したことにより，目的とする遺伝子に近いDNAマーカーを見つけて，品種育成に利用することや，病気に抵抗性の遺伝子そのものを見つけることが精力的に行われつつあります．

遺伝子の同定の例としては，ハクサイでは根こぶ病抵抗性遺伝子の同定が

DNA マーカーをもとにして遺伝子の場所を物理的に決定していくポジショナルクローニングという方法で進められ，遺伝子が単離されました．

成分育種では，分析機器を使用して成分を同定・定量しながら，人間の体によい成分を多く含んだ野菜が選抜されています．ケールでは抗がん作用のある成分を多く含んだケールがジュースの原料として使用されたり，トマトでは抗酸化作用もあり体によいとされるリコピンを多く含んだトマトが育成されています．また，最近 (2012 年)，トマトの全ゲノムも解読され，将来，成分を制御する遺伝子も解明されることでしょう．

イオンビーム・放射線などによる**突然変異育種**も，花や作物ほど多くは行われていないものの野菜でも試されているようです．

新たに注目されるのが**植物工場**用の野菜の育種です．いくつかの大学には先進植物工場研究教育センターが開設され，一部の企業では商業ベースの植物工場施設が整備されつつありますが，何を栽培するかが重要となります．その主役となっているのがレタスなどの葉菜類を中心とする野菜です．植物工場用の品種に求められる特徴は，病原菌，害虫，乾燥，高温，低温などの耐性をもたなくてもよいところにあります．その代わり収量，成分，味，食感，形態，色の品質が高い品種が必要とされています．植物工場で現在使用されている野菜は既存の品種を使用しており，植物工場用品種の育成が望まれているのです．また，植物工場は屋外と違い弱い光で光合成を行なわなければならないため，効率的な光合成を行うには栄養素による手助けも必要です．クロロフィルやヘムの前駆物質である ALA (5-アミノレブリン酸) を水耕液に添加することで葉緑素の量が向上し，ALA のない場合に比べ生育がよくなる結果がでています

無添加　　　　ALA 添加

図 10-7　レタス水耕栽培における ALA の影響
(写真提供：吉田清志)

(図 10-7).

　現在，植物工場で栽培された低カリウムのレタスが腎臓病の患者へ提供されたり，災害時に車のコンテナに植物工場を設置して被災した地域へ移動し，現地で野菜を栽培して新鮮なものを提供するという研究（野末ら：計測と制御，50, No.12 (2011)）も行われています．植物工場は閉鎖系にすることもできるので，ワクチン成分などの薬効成分をもつ遺伝子組換え野菜の栽培も可能であり，今後の発展が期待されています．

　このように，野菜の育種はこれからも交配育種を中心に進められていくと考えられますが，育種効率を向上させる手段として今後もバイオテクノロジーは使用されていくでしょう．

〔宮坂幸弘〕

より進んだ学習のための参考書

大澤勝次・江面 浩 (2005)『図集 植物バイテクの基礎知識』農山漁村文化協会
鈴木正彦 編著 (2011)『植物の分子育種学』講談社
日向康吉 (1998)『菜の花からのたより —農業と品種改良と分子生物学と』ポピュラー・サイエンス，裳華房
高辻正基 (2010)『図解よくわかる植物工場』B&Tブックス，日刊工業新聞社

第Ⅱ編

11. 家畜の育種

11・1 家畜

　人類が野生動物を飼い慣らして，家畜化することは有史以前から行われており，今日ではその範囲も，ウシ，ウマ，ブタ，ヒツジ，ヤギ，イヌ，ネコ，ニワトリ，ウズラ，七面鳥，養殖魚類，クルマエビ，ミツバチ，カイコなど，哺乳類から昆虫まで幅広い動物種に及び，世界には，ラクダやゾウが家畜化されている国もあります．

　家畜には愛玩用や競走用の動物もいますが，食料の生産を目的にしたものが多く，その生産性の改善に人類は古代から熱心に取り組んできました．今日では原種動物が存在しないものもあり，肉鶏と採卵鶏，肉牛と乳牛のように同じ動物種でも特化されているものも多くあります．これらの家畜改良（育種）の技術には長い歴史がありますが，20世紀の生物科学の進歩は育種をさらに大きく発展させました．その基礎となった技術は ① 人工授精，② 胚移植，③ バイオテクノロジー の3つです．

11・2 人工授精

　家畜の生産能力は，遺伝子が関係するので，優良な遺伝形質が保存され広く利用されています．とくに家畜としての価値が高いウシでは，成獣になるまでに約2年かかり，改良に長い歳月が必要なので，古くからこの努力が重ねられました．20世紀には精液保存と人工授精（AI），さらに胚移植（ET）の技術が開発されました．この技術はほかの家畜でも可能ですが，産業的に行われているのはおもにウシです．

　優良な遺伝子をもった種雄牛（sire）の選抜は，その子孫の生産性や体型などを評価して行われます（後代検定）が，ゲノム解析から生産能力を推定する方法も進められています．優良種雄牛は，厳しく衛生管理された環境で

飼育され，精液が採取されます．採取された精液は受精可能な濃度まで希釈され，ストローと呼ばれる細い管に収められて，液体窒素の中に保存されます．1頭の種雄牛から年間約3万本のストローが生産されるといわれるので，優良な遺伝形質を広く利用することができます．

保存精液は，遠隔地への輸送も可能なので，外国産の精液を利用することもでき，種雄牛の死後も利用できます．遠隔地の精液を利用することは近親交配による弊害の防止にもつながり，飼育現場にない新たな形質を導入することもできます．

11・3 胚移植

遺伝形質は両親から受け継がれるので，優良ウシの生産には母牛の遺伝形質も重要な要因となります．ウシの妊娠期間は約10か月と長いので，母牛の分娩回数は生涯に8～10回程度です．種雄牛の精液生産に比べ，通常の方法では優良雌牛が生産できる子牛の数はわずかです．この問題を解決するために開発されたのが胚移植です．胚移植とは，優良母牛で受精させて形成された胚（embryo）を回収して，ほかの雌牛の子宮に定着させて，分娩させる方法です（図11-1）．

優良雌牛（donor）にホルモン剤を注射して過剰排卵させて優良精子の人工授精を行うと，卵は卵管の奥で受精し細胞分裂を繰り返しながら卵管を下り，受精後5～6日で子宮に到達します．このとき，胚は桑実胚と呼ばれる段階ですが，体外から生理食塩液や還流液[*1]などを注入して胚を回収し，顕微鏡で観察して，優良な胚を選んで移植に使います．胚を体外に置くときは通常，培養して生命維持をはかりますが，凍結保存して成功した例も報告されています．

11・4 クローン牛

クローンとは，同一の起源をもち，均一な遺伝情報をもつ核酸，細胞ある

[*1] 胚を体外に洗い出すために開発された特殊な溶液．

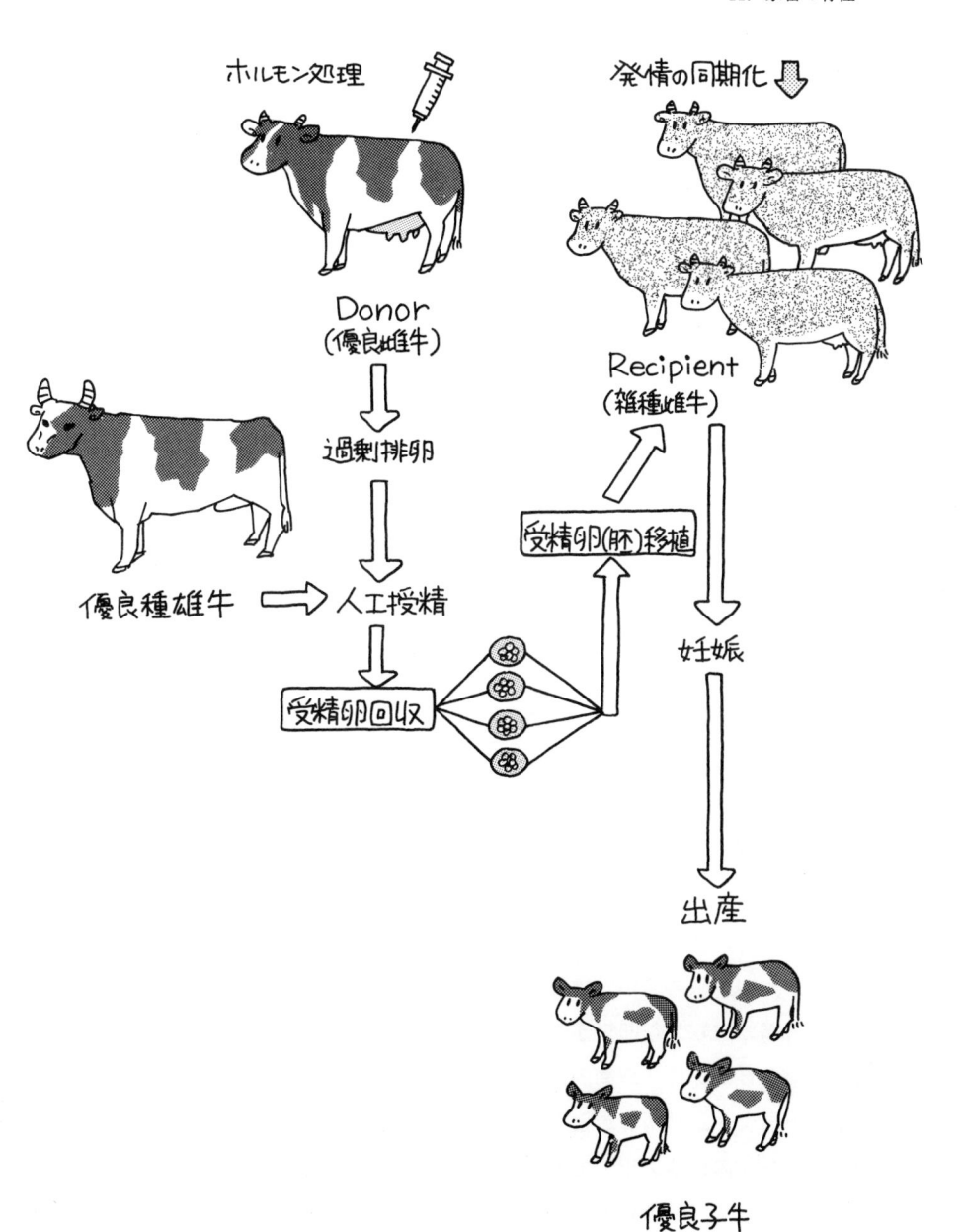

図 11-1　ウシの受精卵（胚）移植

いは個体の集団のことで，自然界でも無性生殖で数を増やす微生物や植物で多く見られます．ウシやヒトでも一卵性双生児は同じ遺伝情報をもつためクローンの個体といえます．近年，一般にクローン動物といっているのは人工的につくり出した個体を指します．

畜産分野でもさまざまな動物種について，クローン動物が作製されていますが，代表的なものにウシの受精卵クローンと体細胞クローンがあります．

受精卵クローンの代表的な作製方法は，受精後16〜32細胞期に分裂した胚を細胞ごとの割球に分け，優良な割球を選んで，核などを除いた未受精卵[*2]に融合させます．この卵を約7日間培養すると細胞分裂が進み，胚になります．胚盤胞期まで発達した胚を仮親の子宮に移植します．胚は仮親の体内で成長し，子牛となって分娩されます．ほぼ同時期に同じ受精卵から成長した子牛が，複数の仮親から誕生しますが，遺伝情報が同じなので，仮親に関係なく，お互いに酷似した子牛が生まれます．この技術を用いて，わが国でも，2002年に北海道立畜産試験場が8頭の黒毛和種の受精卵クローンの生産に成功しています．

哺乳類の体細胞クローンの作製は，イギリスのロスリン研究所が1996年にヒツジの乳腺細胞の核から発生させて個体を得たクローンヒツジのドリーが有名です．作製方法は，成体から採取した乳腺組織の細胞を培養し，優良な細胞の核を選んで，除核した未成熟卵に挿入して融合させ，以下受精卵クローンと同様の方法で育成してクローンの個体を得たものです．この技術は，ウシに応用され，わが国でも数多くの体細胞クローン牛の誕生に成功しています．利用する体細胞は乳腺以外の組織の細胞でも成功しており，未成熟卵も屠場で回収した卵巣から得たものでも成功しています．

体細胞クローンは，理論的には無尽蔵ともいえる数の同一遺伝情報をもった細胞をドナーから得ることができますが，成功率が低いので，実際には体細胞クローンの技術を用いて優良な家畜の個体を増産するには至っていません．それよりも，哺乳類のように組織の分化が進んだ生物の細胞にも，核に

[*2] 自然状態ではまだ受精可能な状態まで成熟していない若い卵．

は個体を発生させることが可能な全能性が保存されていることが実証された意義が大きく，この全能性の保存を利用して，13年前に死亡した優良牛の凍結保存組織の体細胞からクローン牛をつくることがわが国で成功しています．

クローン牛の性別は，体細胞クローンではドナーと同じですが，受精卵クローンは受精卵をもとにしてつくるので，ドナーと同じとは限りません．

11・5　組換え体動物

組換え体生物の創製は，最初大腸菌など微生物細胞を用いて開発されましたが，現在では植物，動物とも実用化できる段階にまで発達しています．

組換え体動物の作製は，1980年頃よりマウスを用いて行われました．最初に試みられたのは，微量注入法と呼ばれる方法で，受精直後の卵子の一方の前核[*3]にDNAを注入し，注入処理した受精卵を仮親の子宮に移植して産子を得て，得られた産子を検定して組換え動物を選択する方法です．

動物細胞に外来遺伝子を組み込む方法には，化学的方法や物理的方法もありますが，現在はレトロウイルスなどをベクター[*4]として，宿主動物のゲノムに組み込む方法がよく使われます．マウスなど実験動物で行われることが多いですが，技術的には家畜への応用も可能です．また，哺乳動物にウイルスを感作して，これに対する抗体をつくらせ，乳汁に分泌させる技術も開発されており，ウシやヒツジなどを利用して乳汁から抗体を回収することも，技術的には可能になっています．

11・6　移植細胞による生産

ホルモンなどの生理活性物質を分泌するヒトの細胞を，免疫を低下させたハムスターなどに移植して生産させる方法も実用化されています．ヒト細胞を移植した動物を無菌的に飼育して，動物の成長とともに移植した細胞の数を増やし，細胞を回収して，培養装置に移し，誘発剤を加えて生理活性物質

[*3]　受精直後の受精卵における卵あるいは精子由来の一倍体の核．
[*4]　外来性遺伝子を宿主細胞に組み込むために使われるDNAあるいはRNA．

を分泌させます．これを回収して医療領域に利用します．通常の細胞培養でつくるより，短期間に大量に製造できることや，生体を利用するので，宿主の免疫力を利用して雑菌の混入を防止できるなどの利点があります．

11・7 単性発生と三倍体魚類
(1) 単性発生
　魚類には，雌雄で食味が異なるものもあり，イクラやキャビアの生産など雌の経済的価値が高いものもあります．このため養殖漁業では雌のみを発生させる方法も開発されています．これには ① 紫外線照射による精子の不活性化，② 卵細胞の減数分裂の阻止による染色体の倍加，③ 稚魚ホルモン処理による性転換 などの技術が用いられています．これとは逆に，受精前に紫外線などを照射して，卵核を破壊してから受精させ，雄性のみを発生させる方法もあります．

(2) 三倍体魚類
　魚卵の人工孵化は，サケなどで古くから行われてきましたが，受精卵の発生段階で，加圧や特殊な処理で，減数分裂を抑えて三倍体の魚類を創製する技術も開発されています．三倍体魚類は生殖期に入らず，成長を続けるので体が大きくなりますが，正常魚に比べ飼料効率がよいわけではなく，摂餌能力も正常魚に比べ劣るといわれています．

11・8 キメラ動物
　キメラ動物とは，2種以上の遺伝情報をもつ個体のことです．哺乳類では免疫機構が発達しているので，成体間では作製することはできませんが，発生段階では胚を融合させて作製することが可能です．キメラマウスは1960年代に作製されていますが，その後異種間キメラの作製も成功し，家畜においても1984年ヒツジとヤギのキメラの個体が得られています．キメラ動物は生産性よりも発生機構の解明や遺伝病の研究材料として利用されています．たとえば，ニワトリとウズラのキメラが成長とともに筋ジストロフィー

を発症する例や色覚異常を起こす例なども得られており，これらの疾病の発症と遺伝子の関係が研究されています．

11・9　動物バイオテクノロジーと倫理

バイオテクノロジーの発達はめざましく，すでに多くの生物種について，その全ゲノムの解読に成功しており，特定の遺伝子が存在するゲノムの位置や塩基配列も解明されてきています．その遺伝子情報をもとにして，種間雑種やキメラ動物の作製など，自然界に存在しない動物種の作製も可能になっています．ラバ（雄ロバと雌ウマの交雑種）やレオポン（雄ヒョウと雌ライオンの交雑種）のような不妊の一代雑種は古くからありましたが，現在の技術では種の壁を超えた機能の付与や繁殖性のある新規動物種の創製も可能になっているので，その管理や拡散防止には十分な配慮が必要です．生物多様性の保全に関して，カルタヘナ議定書と呼ばれる条約が国際的に批准されているのも，遺伝子組換えに伴って生じる生物多様性のリスクが人類の生存にとっても重要な問題であるからです．生物は遺伝子を子孫に伝達します．人工的に導入した遺伝子も放置すれば自然界に拡散するおそれがあります．家畜などを利用した生理活性物質の生産にも，技術だけでなく，安全性や拡散防止が厳しく求められているのはこのためです．バイオテクノロジーも自然環境や人類の生存にとって脅威となってはいけません．科学技術の進歩には，倫理感の高揚も必要で重要な課題です．

〔平井輝生〕

より進んだ学習のための参考書

高木正道 監修，平井輝生 編（2007）『もう少し深く理解したい人のためのバイオテクノロジー ─基礎から応用展開まで』地人書館

金川弘司 編著（1984）『牛の受精卵移植』近代出版

農林水産技術会議事務局 編（1992）『農林水産研究文献解題 No.18（動物バイオテクノロジー編）』農林統計協会

大石道夫 監修（2002）『動物細胞培養技術と物質生産』普及版，シーエムシー出版

12. 生物農薬

12・1　農業における農薬の役割

　農作物に対する病虫害は，人類が農耕を始めた頃からあったはずであり，古代の文献にもイナゴによる稲作の被害などが数多く記載されています．農業は，特定の植物を集約的に栽培する技術なので，その植物を主要な栄養源としている虫や微生物にとっては，莫大な食物の宝庫であり，それを利用して爆発的に数を増やすことになります．耕作者はその防除につとめてきましたが，18 世紀には除虫菊を害虫の駆除に使用するようになり，20 世紀には化学工業の発達に伴って，数多くの化学農薬が開発されました．

　化学農薬は効率的に病虫害を防除できるので，品種改良などほかの科学技術の進歩と相まって 20 世紀には農業の生産性が著しく向上しました．農業生産における化学農薬の貢献度は大きかったのですが，反面，難分解性であったり，人畜に対する毒性が強いなど，土壌や農作物への残留を介して，人の健康に対する影響が危惧される面も生じました．

　生物農薬は，化学農薬に潜在するこのような危惧を取り払うことを目的として，20 世紀後半から開発が進められてきた農薬です．これは，生物の機能や特性を利用して，病虫害や雑草の増殖を抑える農薬で，作用機序をもとに分類すれば，次のようなものがあります．① 天敵を利用して害虫の数を減らすもの，② 特定の微生物やウイルスを利用して病害虫や雑草を選択的に殺滅または活動を低下させるもの，③ 病原菌に拮抗する微生物を利用するもの，④ 微生物が生産する物質を利用するものなどです．以下にその例を示します．

12・2 生物農薬の例
(1) 天敵利用

害虫(主として昆虫)を捕食または害虫に寄生して活動を低下させるもので,寄生蜂などの昆虫やダニ類のほか線虫も利用されています.天敵農薬にはおもに表 12-1 に示したような生物が使われています.

作用機序は,オンシツツヤコバチ剤を例にとれば,製剤はカードに蛹が封じられており,これをコナジラミがいる作物に吊るすと,温度によって羽化し,コナジラミの幼虫に産卵します(図12-1).卵はコナジラミの幼虫の体内で孵化して成長して蛹となり,脱出孔をあけて羽化するので,コナジラミの幼虫は死滅します.さらに,成虫となったオンシツツヤコバチがコナジラミの体液を吸って死亡させます.チリカブリダニ剤ではチリカブリダニの成虫が,直接ハダニを捕食します.チリカブリダニの生存日数は短いので,ハダニの生息密度が低い時期から効率よく使用するのがよいとされています.

表 12-1 天敵農薬に使用されている生物と適用害虫

分類	天敵生物	適用害虫
昆虫	イサエアヒメコバチ	マメハモグリバエ
	オンシツツヤコバチ	コナジラミ類
	コレマンアブラバチ	アブラムシ類
	ハモグリツヤコバチ	マメハモグリバエ
	チチュウカイツヤコバチ	コナジラミ類
	サバクツヤコバチ	コナジラミ
	タイリクヒメハナカメムシ	ミナミキイロアザミウマ
	ナミヒメハナカメムシ	アザミウマ類
	ナミテントウ	アブラムシ類
	ヤマトクサカゲロウ	ワタアブラムシ
ダニ	クルメリスカブリダニ	アザミウマ類
	チリカブリダニ	ハダニ
	ミヤコカブリダニ	ハダニ類
線虫	スタイナーネマ・クシダイ	シバオサゾウムシ,コガネムシ幼虫
	スタイナーネマ・グラセライ	コガネムシ幼虫
	スタイナーネマ・カーポカプサエ	シバオサゾウムシ幼虫ほか

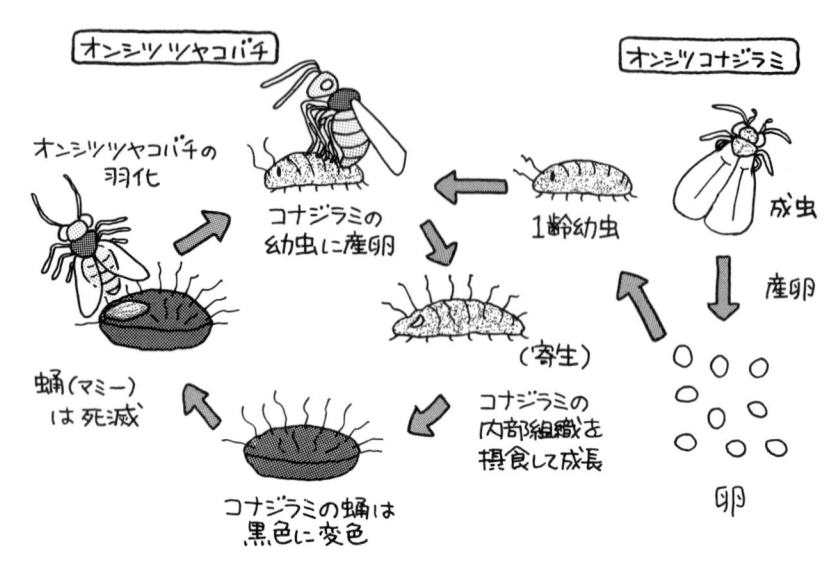

図12-1　オンシツツヤコバチによるコナジラミの駆除

　線虫のスタイナーネマは，自ら動き回って宿主昆虫の幼虫などを探して寄生し，共生している細菌の働きで昆虫を死滅させます．
(2) 微生物農薬
a. BT剤
　バチルス・チューリンゲンシス（*Bacillus thuringiensis*）が芽胞形成時に産生する殺虫作用のあるタンパク質性毒素を利用したもので，結晶毒素または生菌の芽胞が用いられます．害虫である鱗翅目（チョウやガの仲間）の幼虫がこのタンパク質を食べると，アルカリ性の消化液で溶解され，タンパク分解酵素の作用を受けて毒作用が活性化し，虫の消化管を傷つけて致死させます．生菌の芽胞の場合も虫の体内で発芽し毒素が生産されるので，虫は食後2〜3時間で活動が鈍り2〜3日で死亡します．人畜に対して安全性が高く，土壌中，水中でも比較的早く消失するので，自然環境や生態系に与える影響も少ない，とされています．BT剤は1970年代から利用されている適用範囲の広い生物農薬で，数多くの製剤がありますが，いくつかの系統があ

り，系統や菌株によって殺虫活性や適用範囲も多少異なります．

b. BT 剤以外の微生物農薬

　農薬に利用されている微生物には，真菌，細菌のほかにウイルスがあります．作用機序は多様で，糸状菌のボーベリア（*Beauveria*）は害虫の表面に無性胞子を付着させ，それが発芽して体内に入り，虫体を栄養分として増殖し死滅させます．バチルス・ズブチリス（*Bacillus subtilis*）芽胞は植物体上に先に定着し，灰色カビなどの定着を阻害します．非病原性エルビニアは植物体上での栄養競合で病原菌の増殖を抑えるほか，バクテリオシン[*1]で競合する病原菌を殺滅します．BT 剤以外の微生物農薬の例を表 12-2 に示します．

　ウイルスでは，顆粒病ウイルスは選択的に宿主昆虫の幼虫に感染して死亡させます．宿主域が限られるので，人畜に影響はないとされています．また，

表 12-2　微生物農薬の微生物と適用病害

区分	微生物	作物	病害
殺虫剤	*Verticillium lecanii*	野菜類	アブラムシ類
	Beauveria brongniartii	たらのき	センノカミキリ
	Beauveria bassiana	野菜類	コナジラミ 他
	Pasteuria penetrans	いちじく他	ネコブセンチュウ
	Paecilomyces tenuipes	野菜類	コナジラミ
	Paecilomyces fumosoroseus	キャベツ他	黒腐病 他
	Monacrosporium phymatopagum	トマト	ネコブセンチュウ
殺菌剤	*Trichoderma atroviride*	イネ	いもち病
	Coniothyrium minitans	キャベツ他	菌核病
	Talaromyces flavus	イネ	いもち病 他
	Variovorax paradoxus	はくさい他	根こぶ病
	非病原性 *Erwinia carotovora*	野菜類	軟腐病
	Pseudomonas fluorescens	キャベツ他	黒腐病 他
	Pseudomonas sp. CAB-02	イネ	苗立枯細菌病
	Variovorax paradoxus	はくさい	根こぶ病
	Bacillus subtilis	野菜類	うどんこ病 他
除草剤	*Drechslera monoceras*	移植水稲	ノビエ
	Xanthomonas campestris	西洋芝 他	スズメノカタビラ

[*1]　細菌類が産生する抗菌活性をもったタンパク質やペプチド．

ハマキ顆粒病ウイルスがハマキ虫の殺虫に，ハスモンヨトウ核多角体病ウイルスがハスモンヨトウの殺虫に使われているほか，ズッキーニ黄斑モザイク病ウイルスの弱毒株が，強毒性病原体ウイルスの感染防御に使われています．

(3) 抗生物質

抗生物質の農薬としての利用は，初めは医療領域での抗菌剤の成功に影響されて，ストレプトマイシン，カスガマイシン，ブレオマイシンなどの殺菌剤が利用されましたが，次第に農薬専用の特徴ある抗生物質が開発されました．抗生物質は生物由来の化学物質なので，天敵農薬や微生物農薬のように生物自身の機能を利用する生物農薬とは多少意味を異にし，作物残留の規制が適用されますが，生物由来なので，化学農薬に比べ自然界で分解されやすく，環境負荷が小さいと考えられています．おもな抗生物質農薬に次のようなものがあります．

① ミルベメクチン：犬のフィラリアに有効な抗生物質，ミルベマイシンの構成成分であるミルベマイシン A3 と A4 の混合物で殺ダニ剤です．果樹，野菜，イモ類，豆，花卉，植木などに寄生するダニの防除に利用されています．

② スピノサド：放線菌 *Saccharopolyspora spinosa* が産生するマクロライド系抗生物質で，スピノシン A および D の混合物です．昆虫の神経伝達系に関与して，不随意筋の収縮を引き起こして死滅させます．

③ ビアラホス：放線菌 *Streptomyces hygroscopicus* が産生する抗生物質で，日本で発見され開発されました．抗生物質としては珍しい除草剤です．

④ ポリオキシン複合体：放線菌 *Streptomyces cacaoi* が産生する抗真菌性の抗生物質で，イネの紋枯病などの防除に使われます．ポリオキシン A 〜 N の複合体ですが，おもな成分は A, B, D です．

⑤ カスガマイシン：放線菌 *Streptomyces kasugaensis* によって産生される抗真菌性の抗生物質で，おもにイネのいもち病の防除に使われています．

(4) 性フェロモン剤

多くの昆虫はごく微量の性フェロモンを飛散させて異性との交信を行って

いますが，これは広い自然界で配偶者に出会うために備わった機能と考えられています．この性フェロモンを利用して成虫を捕獲または交尾を阻害して幼虫の発生を抑制する農薬があります．いずれも昆虫の行動を抑制しますが，化学農薬と異なり，害虫を直接殺滅するものではありません．化学物質ですが，一般的に人畜に対する毒性は少なく，自然環境に対する負荷も小さいとされています．おもなものに次のような農薬があります．

① リトルア剤：ハスモンヨトウの雌の性フェロモンで，雄成虫を誘引捕獲するのに用います．
② テトラデセニルアセタート剤：ハマキ虫の交尾を阻害して幼虫の発生密度を低下させます．
③ ダイアモルア剤：コナガの性フェロモンで，コナガおよびオオタバコガの雌雄の交信を錯乱させ交尾を阻害します．
④ ビートアーミル剤：シロイチモジヨトウの性フェロモンで，シロイチモジヨトウの交尾を阻害します．

これらの害虫は，いずれもガ（蛾）で，幼虫が野菜，果樹，花卉，タバコなどの葉を食害します．夜行性のヤガ（夜蛾）科のものが多く，ヨトウ（夜盗）の名が付いたものもあります．

12・3　生物農薬の特徴

生物農薬も万能ではなく，長所と短所があるので，製剤の特徴をよく理解して，用途に応じて化学農薬と使い分けることが必要です．

長所
1. 自然界に存在している生物や生物由来の物質を利用しているので，環境負荷が少ない．
2. 一般に人に対する毒性が少なく，人畜に対する危険性が少ないものが多い．
3. 天敵農薬や微生物農薬は，化学農薬と作用機序が異なるので，抵抗性の病害虫ができにくい．

4. 化学農薬の使用量を減らすことができる．
5. 特定の病害虫のみに有効なものが多いので，周辺の生物などに被害が及ぶ危険性が少ない．
6. 化学農薬で防除できない病虫害に有効な場合もある．

短所
1. 化学農薬に比べ適用方法が限られるものが多い．
2. 適用時期，有効期間が限られるので，長期保存が難しい．
3. 化学農薬に比べ，病害虫に対する殺滅力が弱く即効的でないものが多い．
4. 天敵農薬などは，ハウス栽培以外では，自然界に存在する捕食者に妨害されて期待した効果が得られないこともある．
5. 特定の病害虫にしか有効でないので，化学農薬などほかの防除法との組み合わせも考慮する必要がある．
6. 化学農薬に比べ製造にコストと時間がかかるので，量産によるコストダウンが容易でない．

12・4 規　制

　生物農薬も化学農薬と同様，農薬取締法で規制されており，製造するには，定められた試験によって効果と安全性を確認し，いくつかの段階の審査を経て製造承認を得なければなりません．農薬は医薬品と異なり，使用に際しては薬理作用のある物質を生産者が直接圃場で使用し，環境に飛散することもあるので，安全性に関してはとくに厳しく審査され，承認後も適用や使用の変更が要求されることもあります．生物農薬も人や食品に対する安全性だけでなく，環境への影響を確認することが必要です．

〔平井輝生〕

より進んだ学習のための参考書

日本植物防疫協会 編（2006）『生物農薬＋フェロモンガイドブック』日本植物防疫協会
日本植物防疫協会 編（2011）『農薬ハンドブック 2011 年版』日本植物防疫協会

13. 機能性食品

第Ⅱ編

13・1 食品の三次機能と機能性食品

食品には，生命維持のための一次機能，食事を楽しむという二次機能，そして体調のリズム調節や生体防御などの健康を維持する三次機能があります．

機能性食品とは，食品の機能のうち，三次機能を有する食品の総称であり，1990年代前半から世界に先駆けてわが国において発展した概念でした．このような食品には，「健康増進法」第26条に定める保健機能食品があり，栄養機能食品（規格基準型），特定保健用食品（個別評価型・規格基準型），および条件付特定保健用食品（個別評価型）があります（図13-1）．

このほか，「健康食品」と呼ばれる，健康維持に有用な食品成分を含む食品も機能性食品に含まれますが，「健康食品」そのものに生理機能を謳うことはできないことになっています．アメリカでは dietary supplement と呼ばれ，もっぱら栄養成分を補助する目的で用いられるため，この和訳から健康補助食品と呼ぶ場合もあります．

13・2 栄養機能食品と特定保健用食品

(1) 栄養機能食品

栄養機能食品は，厚生労働省が2001年4月から導入した「保健機能食品

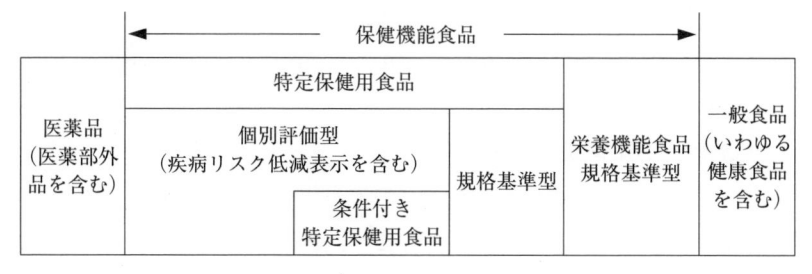

医薬品 (医薬部外品を含む)	保健機能食品				一般食品 (いわゆる健康食品を含む)
	特定保健用食品			栄養機能食品 規格基準型	
	個別評価型 (疾病リスク低減表示を含む)	規格基準型			
		条件付き 特定保健用食品			

図13-1 保健機能食品の位置づけ

制度」のなかで定義されており,「身体の健全な成長,発達,健康の維持に必要な栄養成分の補給・補完に資する食品であり,食生活において特定の栄養成分の補給を目的として摂取をするものに対して栄養成分の機能を表示するもの」とされています.現在,ビタミン13種類,ミネラル5種類の計17種類の規格基準(上限値と下限値)および表示基準が定められています(表13-1).栄養機能食品は,当該栄養成分が規格基準に合致していれば消費者庁への許可申請と届出の必要がない規格基準型食品に分類されます.

栄養機能食品において必ず表示しなければならない事項は,①栄養機能食品である旨,②機能表示する成分を含めた栄養成分の表示,③栄養機能表示,④1日当たりの摂取目安量,⑤摂取方法,⑥1日当たりの栄養所要量に対する充足率,⑦摂取する上での注意事項,⑧本品は特定保健用食品と異なり,消費者庁による個別審査を受けたものではない旨,の8項目となっています.

(2) 特定保健用食品

特定保健用食品(トクホ)は,「食生活において特定の保健の目的で摂取するものに対し,その摂取により当該保健の目的が期待できる旨の表示をする食品」と定義され,製品ごとに個別に審査され,消費者庁長官(2009年以前:厚生労働大臣)による許可を受けたものにつき,身体の構造/機能に関わる健康強調表示を認められたものです(表13-2).次の5つに区分されており,申請時にどの区分で申請を行うか,申請書に記載します.

a. 特定保健用食品

「食生活において特定の保健の目的で摂取するものに対し,その摂取により当該保健の目的が期待できる旨の表示をする食品」であり,最も基本的なトクホであるともいえます.

b. 条件付き特定保健用食品

トクホのうち,トクホの有効性の科学的根拠のレベルには届かないものの,一定の有効性が確認される食品であり,2005年2月に登場しました.免疫や抗疲労など新たな分野のトクホの登場に期待が寄せられましたが,

13. 機能性食品

表 13-1　栄養機能食品における栄養成分一覧

区分	種類	1日摂取量の上限量／下限量	機能表示
ビタミン（12種）	ビタミン A	600 μg / 135 μg	夜間の視力の維持を助ける栄養素です。皮膚や粘膜の健康維持を助ける栄養素です。
	ビタミン B_1	25 mg / 0.3 mg	炭水化物からのエネルギー産生と皮膚や粘膜の健康維持を助ける栄養素です。
	ビタミン B_2	12 mg / 0.33 mg	皮膚や粘膜の健康維持を助ける栄養素です。
	ビタミン B_6	10 mg / 0.3 mg	タンパク質からのエネルギー産生と皮膚や粘膜の健康維持を助ける栄養素です。
	ビタミン B_{12}	60 μg / 0.6 μg	赤血球の形成を助ける栄養素です。
	ビタミン C	1000 mg / 24 mg	皮膚や粘膜の健康維持を助けるとともに、抗酸化作用をもつ栄養素です。
	ビタミン D	50 μg / 1.5 μg	腸管でのカルシウム吸収を促進し、骨の形成を助ける栄養素です。
	ビタミン E	150 mg / 2.4 mg	抗酸化作用により、体内の脂質を酸化から守り、細胞の健康維持を助ける栄養素です。
	ナイアシン	60 mg / 3.3 mg	皮膚や粘膜の健康維持を助ける栄養素です。
	パントテン酸	30 mg / 1.65 mg	皮膚や粘膜の健康維持を助ける栄養素です。
	葉酸	200 μg / 60 μg	赤血球の形成を助ける栄養素です。胎児の正常な発育に寄与する栄養素です。
	ビオチン	500 μg / 14 μg	皮膚や粘膜の健康維持を助ける栄養素です。
ミネラル（5種）	鉄	10 mg / 2.25 mg	赤血球をつくるのに必要な栄養素です。
	カルシウム	600 mg / 210 mg	骨や歯の形成に必要な栄養素です。
	マグネシウム	300 mg / 75 mg	骨や歯の形成に必要な栄養素です。多くの体内酵素の正常な働きとエネルギー産生を助けるとともに、血液循環を正常に保つのに必要な栄養素です。
	亜鉛	15 mg / 2.1 mg	味覚を正常に保つのに必要な栄養素です。皮膚や粘膜の健康維持を助ける栄養素です。タンパク質・核酸の代謝に関与して、健康の維持に役立つ栄養素です。
	銅	6 mg / 0.18 mg	赤血球の形成を助ける栄養素です。多くの体内酵素の正常な働きと骨の形成を助ける栄養素です。

表 13-2　特定保健用食品の保健の用途とおもな保健機能成分

表示内容	保健機能成分（関与成分）
① コレステロールが高めの方に適する食品	茶カテキン，大豆タンパク質，リン脂質結合大豆ペプチド，植物ステロール，キトサン，低分子化アルギン酸ナトリウム，サイリウム種子由来食物繊維
② 血圧が高めの方に適する食品	ラクトトリペプチド，かつお節オリゴペプチド，サーディンペプチド，カゼインドデカペプチド，わかめペプチド，杜仲茶配糖体，酢酸，γ-アミノ酪酸
③ 血糖値が気になる方に適する食品	難消化性デキストリン，小麦アルブミン，グアバ茶ポリフェノール，L-アラビノース，豆鼓エキス
④ 食後の血中中性脂肪が上昇しにくい食品	グロビンタンパク分解物，ウーロン茶重合ポリフェノール，難消化性デキストリン
⑤ 体に脂肪がつきにくい食品	中鎖脂肪酸，茶カテキン
⑥ おなかの調子を整える食品	各種オリゴ糖類，各種乳酸菌，ビフィズス菌，サイリウム種子 等
⑦ ミネラルの吸収を助ける食品	クエン酸リンゴ酸カルシウム，カゼインホスホペプチド，フラクトオリゴ糖，ポリグルタミン酸，ヘム鉄
⑧ 虫歯の原因になりにくい食品	パラチノース，マルチトール，キシリトール，エリスリトール，茶ポリフェノール
⑨ 歯を丈夫で健康にする食品	キシリトール，還元パラチノース，カゼインホスホペプチド-非結晶リン酸カルシウム複合体，第二リン酸カルシウム，リン酸化オリゴ糖カルシウム，フノラン
⑩ 骨の健康が気になる方に適する食品	ビタミン K_2，大豆イソフラボン，フラクトオリゴ糖，乳塩基性タンパク質

2012年3月現在，血糖分野で1件許可があるのみであり，新しい保健機能表示への展開はなされておりません．

c．特定保健用食品（規格基準型）

十分な販売実績があり，科学的根拠や安全性が十分蓄積されているものについては規格基準を定め，個別審査なく許可されており，規格基準型のトクホとして，食物繊維やオリゴ糖など，9成分があげられます．

d．特定保健用食品（疾病リスク低減表示）

従来，食品には疾病の名称を表示することは許可されていませんが，関与成分の疾病リスク低減効果が医学的・栄養学的に確立されている場合に，トクホの許可表示の一つとして，疾病リスク低減表示を認めており，「カルシウムと骨粗鬆症」，「葉酸と胎児の神経管閉塞阻害」の2つがあります．

e. 再許可等特定保健用食品

　すでに許可を受けている食品（既許可食品）と中身は同じで商品名のみ異なるもの，または商品名と風味が異なるトクホであり，風味に使用するものは香料，着色料などの添加物に限定されています．再許可等トクホは，申請書に有効性，安全性データの添付が不要で，さらに審査が消費者庁食品表示課で行われ，審査手続きが簡素化されています．

　個別評価型のトクホは，関与成分の分析方法や動物・ヒトでの有効性のデータとそのメカニズムに関するデータのほか，安全性に関するデータも求められます．これらのデータを審査申請書にまとめ，表示許可申請書を保健所に提出し，審査申請書を消費者庁へ提出することで審査が開始されます．

　トクホの審査は，規格基準型トクホと再許可等トクホを除き，まず消費者委員会の新開発食品評価調査会で有効性の判断がなされます．指摘事項がなくクリアすれば，内閣府食品安全委員会の新開発食品専門調査会で安全性に関する審査がなされます．既存の関与成分であれば，食品安全委員会での審査は省略されます．次に消費者委員会の新開発食品調査部会で改めて安全性と有効性の評価がなされます．了承されたものについては厚生労働省に医薬品の表示に抵触しないかの確認がなされ，同時に国立健康・栄養研究所または登録試験機関にて製品の関与成分量を分析し，分析結果を消費者庁へ提出後，問題がなければ晴れて消費者庁長官より許可がなされます．

13・3　特定保健用食品の関与成分と生理機能

　トクホの関与成分は植物由来のものから動物由来のものまで多岐にわたっています．ほとんどの関与成分が食品から見出されたものか，食品から見出された成分に加工を施したものです．次にこれらのなかから代表的な関与成分について取り上げ，生理機能とそのメカニズムについて述べます．

(1) 茶カテキン

　カテキンは，茶（*Camellia sinensis*）に含まれる成分で，ポリフェノールの一種です．昔から総称して，タンニンと呼ばれてきたお茶の渋み成分で

す．カテキンを細かく見てみると，8つのタイプがありますが，なかでも，ガレート型カテキン*1には，脂肪やコレステロールの吸収を抑える働きがあります．

ガレート型カテキンが脂肪やコレステロールの吸収を抑制するメカニズムは次のように説明できます．

食事で摂った脂肪は小腸から吸収されますが，通常は吸収される際に脂肪消化酵素（リパーゼ）によって分解されます．ガレート型カテキンは，このリパーゼの働きを抑えることで脂肪の吸収を抑えます．

一方，食事で摂ったコレステロールは通常，胆のうから分泌される胆汁の働きによってつくられる微粒子（ミセル）に取り込まれ，小腸から吸収されます．これに対してガレート型カテキンは，ミセルからコレステロールを抜き取り，コレステロールの体内への吸収を抑えます．

以上の作用は，茶カテキンを食事とともに摂取したときの作用です．一方，食事とともに摂取しない場合でも高濃度茶カテキンの摂取により体脂肪の低減効果がみられています．このメカニズムは，茶カテキンが脂質を分解する酵素（β酸化関連酵素）を活性化させ，脂肪の分解・燃焼を促進することです．前出のメカニズムと違うところは，前者は茶カテキンが小腸から吸収される前に効果を発揮しているのに対し，後者は茶カテキンが小腸から吸収された後に，肝臓や筋肉に運ばれ効果を発揮しているところです．

以上のメカニズムをもとに動物やヒトでの効果が実証され，トクホ飲料として商品化されています．

(2) グアバ葉ポリフェノール

グアバ葉ポリフェノールはタンニンがいくつも結合した高分子物質で，糖質の吸収を遅らせて血糖値の上昇を抑制する働きがあります．グアバ葉ポリフェノールは麦芽糖を分解する酵素マルターゼ，ショ糖を分解する酵素スクラーゼ，デンプンを分解する酵素α-アミラーゼの活性を阻害し，ブドウ糖

---

*1 ガレート基を有するカテキンで次の4つ．エピガロカテキンガレート（EGCg），エピカテキンガレート（ECg），カテキンガレート（Cg），ガロカテキンガレート（GCg）

へ分解するのを抑制することで，結果としてブドウ糖が体内に吸収されにくくなり，血糖値の上昇が抑制されます．茶系飲料のトクホとして市販されています．

(3) クロロゲン酸とヒドロキシヒドロキノン

コーヒーには，ポリフェノールの一種であるクロロゲン酸，カフェ酸，フェルラ酸などのクロロゲン酸類が含まれています．このうち，クロロゲン酸はヒトの体内に摂取された後，腸内細菌の働きでフェルラ酸となり，このフェルラ酸が一酸化窒素（NO）を介した血管拡張作用により血圧降下に働くことが明らかとなりました．しかしながら，クロロゲン酸の血圧降下作用は，同じコーヒーに含まれているヒドロキシヒドロキノンにより阻害されることが明らかとなっています．そのため，クロロゲン酸を含み，ヒドロキシヒドロキノンを低減した血圧が高めの方向けのトクホが花王より申請され，表示許可されました．これは，有効成分である関与成分を含みつつ，効果を減退する成分を減らした，トクホとしては初めての，そして画期的な設計の商品であり，今後もこのような新しい設計のトクホが申請されるものと思われます．

(4) モノグルコシルヘスペリジン

ヘスペリジンは，みかんの皮に含まれるポリフェノールの1種であり，ビタミンPの1種としても知られています．ヘスペリジンは難溶性のため消化管内で不溶化してしまい，体内で吸収されずに排出されてしまいます．モノグルコシルヘスペリジンは，ヘスペリジンに糖転移酵素でグルコースを付加させ，水溶性を高めたものです．

モノグルコシルヘスペリジンは，経口摂取後，小腸のα-グルコシダーゼによって加水分解されてヘスペリジンとなり，さらに腸内細菌が産生するβ-グルコシダーゼによって加水分解されてヘスペレチンとなって吸収されます．ヘスペリジンは，肝臓における脂肪酸合成系の抑制と脂肪酸β-酸化系の亢進を介してコレステロールエステルとトリグリセリドの合成を抑制することによりVLDL合成を抑制し，血中中性脂肪の上昇抑制に寄与すると

考えられています．

13・4　特定保健用食品以外の機能性食品成分と生理機能

トクホで許可されている関与成分以外にも，機能性が確認され論文などで報告されている食品成分はたくさんあります．代表的な成分を次に述べます．

(1) テアニン

テアニンはお茶に含まれる成分であり，茶の旨みに関与しています．テアニンはグルタミン酸のエチルアミド誘導体であり，腸管から吸収され，血液，肝臓に取り込まれ，血液脳関門を通過し脳にも取り込まれるユニークなアミノ酸です．テアニンの摂取によりリラックス作用（α波の出現）や月経前症候群（PMS）に対する症状の改善効果，睡眠の質の改善作用などが報告されています．

(2) グルコサミン

グルコサミンは，糖の一種で生体組織に広く分布する成分です．グルコサミン塩酸塩は，キチンを原料に塩酸で脱アセチル化反応を伴う加水分解で得られる単糖です．欧米では変形性関節炎の予防や治療に対する有効性が注目され，医薬品や健康食品として広く用いられています．作用メカニズムとしては，軟骨を形成しているプロテオグリカンの生成や低下した関節の機能を向上させ，痛みの緩和に役立っていると考えられています．炎症局所においては，好中球やマクロファージなどに浸潤し，グルコサミン塩酸塩が炎症性メディエーターに作用することで炎症を抑制しているのではないかと考えられています．

(3) アントシアニン

アントシアニンはブルーベリーなどに含まれる青紫色の色素成分です．ブルーベリーのアントシアニンは，5種のアントシアニジン[*2]に3種の糖[*3]（脚注 2, 3次頁）がそれぞれ結合した形で，その組み合わせにより15種類存在します．ブルーベリーは品種や産地によってアントシアニンの量や組成が異なります．

アントシアニンにはロドプシンの再合成を活性化させて疲れ目を予防・改善する作用があります。また，アントシアニンは瞳孔の働きを正常に保ったり，近視などの目のトラブルを改善することが臨床試験で明らかになっています。これは，瞳孔や水晶体の働きを調整する毛様体の血行が改善された結果であると考えられています。

(4) ラクトフェリン

ラクトフェリンは母乳や牛乳などの乳や涙・唾液など，粘膜からの分泌液に含まれるタンパク質です。熱に弱く，加熱殺菌した牛乳などの加熱した食品にはほとんど含まれません。ラクトフェリンの作用としては，乳酸菌やビフィズス菌などの善玉菌を増やす作用，ナチュラルキラー細胞などの免疫細胞を活性化させ免疫力を高める作用，T細胞に働きかけてIgE抗体を低下させ，肥満細胞からのヒスタミン産生を減らし，花粉症などのアレルギー症状を緩和する作用，内臓脂肪を減らす作用などが報告されています。ラクトフェリンは消化酵素で分解されにくいとされていますが，酸に弱いため，食品素材でコーティングし，腸まで届くラクトフェリンが商品化されています。

〔卯川裕一〕

より進んだ学習のための参考書

細谷憲政・中村丁次・川島由紀子・足立香代子 (2005)『サプリメント，「健康・栄養食品」と栄養管理』チーム医療

吉川敏一・辻 智子 編 (2004)『医療従事者のための機能性食品（サプリメント）ガイド―完全版』講談社

『消費者庁許可　特定保健用食品［トクホ］ごあんない　2011年版』公益財団法人 日本健康・栄養食品協会

---

*2　デルフィニジン，シアニジン，ペチュニジン，ペオニジン，マルビジン

デルフィニジン：$R^1, R^2, R^3, R^4, R^5, R^7 = OH$, $R^6 = H$
シアニジン：$R^1, R^2, R^4, R^5, R^7 = OH$, $R^3, R^6 = H$
ペチュニジン：$R^1, R^2, R^4, R^5, R^7 = OH$, $R^3 = OCH_3$, $R^6 = H$
ペオニジン：$R^1 = OCH_3$, $R^2, R^4, R^5, R^7 = OH$, $R^3, R^6 = H$
マルビジン：$R^1, R^3 = OCH_3$, $R^2, R^4, R^5, R^7 = OH$, $R^6 = H$

*3　アラビノース，グルコース，ガラクトース

14. 機能性糖質

14・1　機能性糖質とは

「糖質」は栄養学で用いられる炭水化物の同義語で，タンパク質や脂質がおもに体を構成する材料であるのに対し，体内でエネルギー源になる栄養素です．エネルギー源というと，運動するときに必要なものと思われるかもしれませんが，歩く，食べる，呼吸する，消化する，考えるなど，生きるために細胞が必要とするものです．糖質の最も小さい単位はグルコース，フルクトース，ガラクトースなどの単糖であり，これらが2〜10個結合したオリゴ糖，さらに多く結合した多糖，さらには糖アルコールも糖質です．

古来より人間は，甘味の基本物質であるスクロース（日常的には砂糖といいます）を甘味源，主食に含まれるデンプンをおもな糖質源として摂取していましたが，生活習慣病が問題視されるにつれ，単に栄養素としてではなく，生理機能をもつ糖質の開発が活発になりました．1984年から2000年にかけての機能性糖質ブームの際には，オリゴ糖の整腸効果，ミネラル吸収促進効果，虫歯予防効果などが注目されました．近年の機能性糖質については，血糖値上昇抑制効果，体脂肪蓄積抑制効果，インスリン抵抗性改善効果などについても報告されています．

機能性糖質には，発酵法や酵素反応によるもの，廃棄されていたものを原料として製造されたものなどがあります（表14-1）．本章では，甘味のもとであるスクロースを原料とした機能性糖質に焦点を当ててご紹介します．

14・2　イソマルツロース（パラチノース®）

イソマルツロースはスクロースと同様にグルコースがフルクトースに結合した二糖ですが，その結合の仕方が異なる，スクロースの50％弱の甘さの二糖です（図14-1）．この糖は，工業的にはスクロースに *Protaminobacter ru-*

表 14-1 糖質とその原料・製法

糖質名	原料	製造法	甘味度
スクロース	サトウキビ，甜菜	不純物除去後，結晶化による精製	100
グルコース	デンプン	酵素による液化・糖化（単糖への分解）後，結晶化	70
フルクトース	デンプン	グルコースを酵素により異性化→クロマト分離→結晶化	115〜173
イソマルツロース（パラチノース）	スクロース	酵素による分子内転移後，結晶化	42
フルクトオリゴ糖	スクロース	酵素による転移縮合	30〜60
グルコシルスクロース（カップリングシュガー）	スクロース＋マルトオリゴ糖	転移反応によるスクロースへのグルコースの縮合	50〜55
キシロオリゴ糖	コーンコブ（芯）等	酵素分解後，精製	40〜50
大豆オリゴ糖	大豆ホエー	脱タンパク・脱色脱塩→濃縮	70
還元イソマルツロース（還元パラチノース）	スクロース	イソマルツロースを水素添加後，顆粒化	45
エリスリトール	グルコース	発酵→クロマト分離→結晶化	75
キシリトール	コーンコブ（芯）等	酸分解・分離・精製（キシロース）→水素添加→結晶化	100

brum CBS574.77 という細菌の**酵素**[*1]（α-グルコシルトランスフェラーゼ）を作用させることにより得られます．この酵素はスクロースをイソマルツロースに変換しますが，その変換率は約 85％であり，残りの 10％程はトレハルロース（グルコースとフルクトースが α-1,1 結合したもの），5％弱は加水分解してできたグルコースとフルクトースです．イソマルツロースはほかの糖と比べて結晶化しやすいため，複数の糖が混在する反応液から結晶化により分離精製することができます．また，トレハルロースはグルコースの二糖であるトレハロースとは別の二糖です．

　酵素には基質特異性や反応特異性がありますが，基質とその生成物は厳密

[*1] イソマルツロースの工業生産に使用する酵素は，菌体をアルギン酸カルシウムゲル内に固定化・架橋したものである．異性化糖を製造するときに使用されるグルコースイソメラーゼも同様に固定化される．

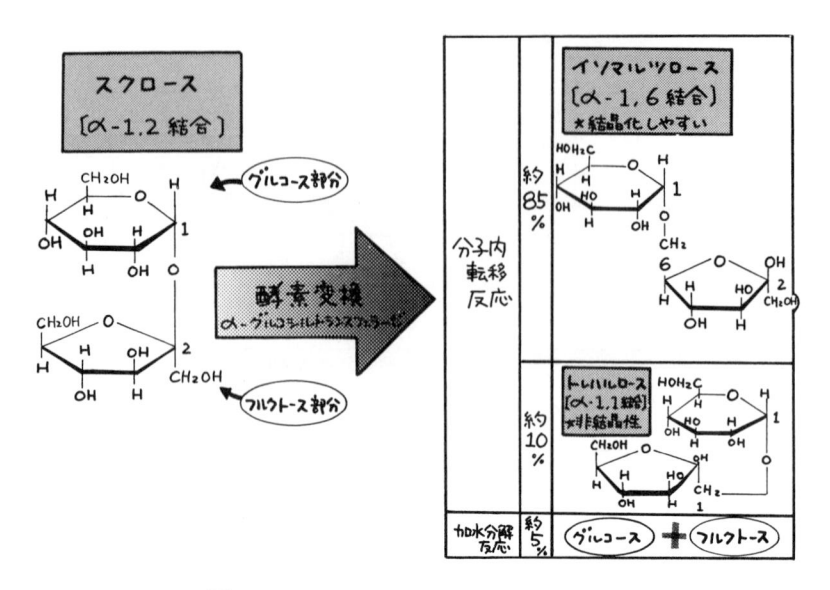

図 14-1　スクロースからイソマルツロースへ

に一対一で対応するわけではありません．実際には，基質濃度，反応温度，共存物質などの反応条件により，同じ酵素と基質の組み合わせであっても生成物が異なる場合があります．図 14-1 の酵素反応も，反応条件により分子内転移反応と加水分解反応のバランスが変化するため生成物の組成が変化します．また，この反応を示す酵素は，ほかにも *Serratia plymuthica*, *Pseudomonas mesoacidophila* などの微生物から得られますが，生成物の糖組成が異なります．そのため，工業生産にはイソマルツロース製造に適した酵素を選択することが必要になります（表 14-2）．トレハロースへの変換比率が 90% 以上である *Pseudomonas mesoacidophila* MX-45 の酵素を利用した，トレハロースシロップの製造も工業的に行われています．

　イソマルツロースやトレハロースは虫歯の原因になりにくい特定保健用食品の関与成分（13 章参照）ですが，摂取しても血糖値が上がりにくいという性質があり，糖尿病患者用の糖質調整食にも採用されています．また小腸におけるα-グルコシダーゼ類（スクラーゼ，イソマルターゼ，グルコアミ

表 14-2 微生物菌体内酵素のイソマルツロースおよびトレハルロースへの変換率

微生物	イソマルツロース	トレハルロース
Protaminobacter rubrum CBS574.77	85 %	10 %
Serratia plymuthica ATCC15928	85 %	10 %
Klebsiella planticola MX-10	65 %	30 %
Pseudomonas mesoacidophila MX-45	10 %	90 %
Agrobacterium radiobacter MX-232	10 %	90 %

ラーゼ，マルターゼ）の活性を阻害します．そのため，スクロースやデンプン，デンプン由来の糖と組み合わせて摂取することにより，急激な血糖値上昇を抑えることができます（図14-2）．また，イソマルツロースは低吸湿性であり酸により分解しにくいという性質，トレハルロースは非結晶性である（結晶にならない）という性質を活かした用途に使用されています．

14・3 フルクトオリゴ糖

フルクトオリゴ糖は，スクロースのフルクトース部分に1～3分子のフルクトースが結合した3～5糖のオリゴ糖であり，スクロースにβ-フルクトフラノシダーゼという微生物由来の酵素を作用させることにより得られます．

β-フルクトフラノシダーゼはスクロースを分解する酵素ですが，基質となるスクロース濃度が0.5 %程の低濃度であるとほとんどが加水分解反応に傾き，基質濃度が5 %程度になると加水分解反応と転移反応が並行して起き，さらに50 %（高濃度）になると転移反応が進行して加水分解反応はほとんど認められません（図14-3）．そのため，工業的には原料のスクロース溶液を60重量％と高濃度にし，60 ℃で20時間反応させることにより，フルクトースが重合したオリゴ糖が得られるのです．基質と酵素が同じでも，基質濃度や温度条件などにより，生成する物質が変わる別の例です．また，酵素の由来により，加水分解反応と転移反応のどちらが進みやすいかが変わります．工業的に使用されるβ-フルクトフラノシダーゼは *Aspergillus niger* ATCC20611というカビの酵素を用いており，これは転移活性と加水分解活

第Ⅱ編　グリーンバイオ

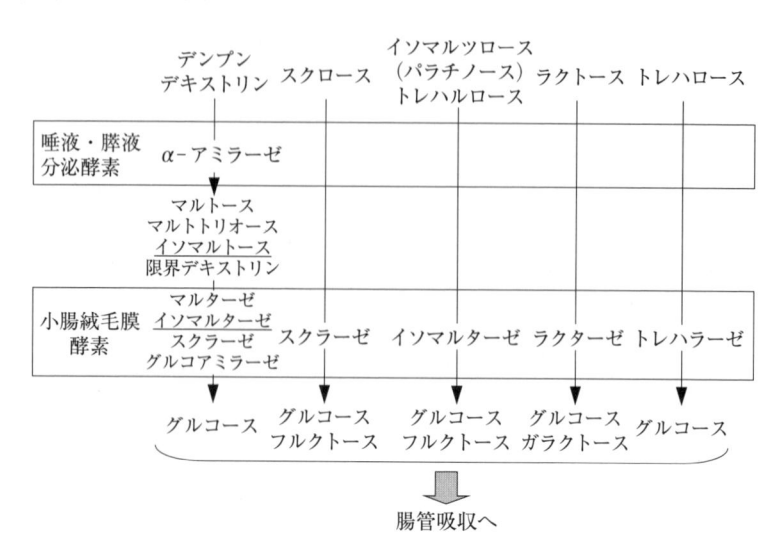

```
                    デンプン        スクロース   イソマルツロース
                    デキストリン                （パラチノース）  ラクトース  トレハロース
                                              トレハルロース
┌─────────────────────────────────────────────────────────────┐
│ 唾液・膵液                                                   │
│ 分泌酵素     α-アミラーゼ                                    │
└─────────────────────────────────────────────────────────────┘
                    マルトース
                    マルトトリオース
                    イソマルトース
                    限界デキストリン
┌─────────────────────────────────────────────────────────────┐
│            マルターゼ                                        │
│ 小腸絨毛膜  イソマルターゼ  スクラーゼ  イソマルターゼ  ラクターゼ  トレハラーゼ │
│ 酵素        スクラーゼ                                       │
│            グルコアミラーゼ                                  │
└─────────────────────────────────────────────────────────────┘
         グルコース  グルコース    グルコース    グルコース   グルコース
                   フルクトース  フルクトース  ガラクトース
                              ⇓
                         腸管吸収へ
```

図 14-2　糖質の消化と吸収プロセス
（橋本 仁・高田明和 編：『砂糖の科学』朝倉書店（2006）より）

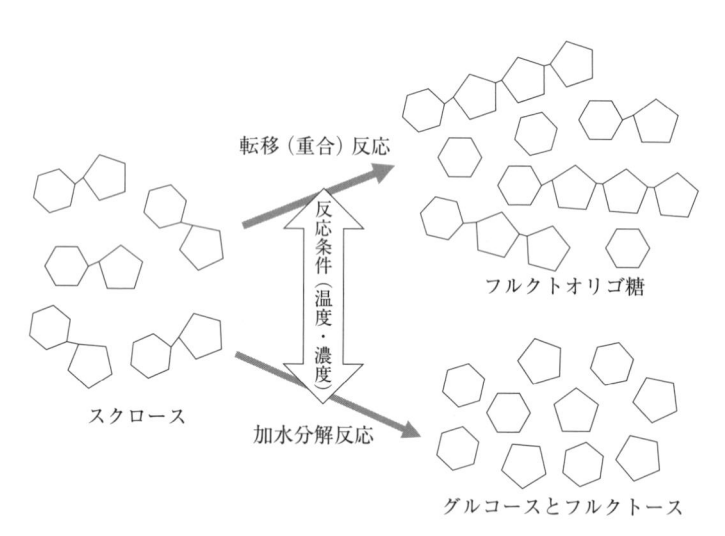

図 14-3　β-フルクトフラノシダーゼの反応

（転移（重合）反応 → フルクトオリゴ糖）
（反応条件（温度・濃度））
スクロース
（加水分解反応 → グルコースとフルクトース）

性の比が約 12：1 と，圧倒的に転移活性の方が高い酵素です．フルクトオリゴ糖は，整腸効果のほか，ミネラル吸収促進効果により，特定保健用食品の関与成分として認められています（13 章参照）．

14・4　還元イソマルツロース（還元パラチノース®）

　糖の**還元基**[*2]（ケトン基またはアルデヒド基）を還元（水素添加）してヒドロキシ基にしたものを糖アルコールといいます．糖アルコールは還元基がないため環状構造はとらず，**メイラード反応**[*3] を起こしません．そのため，焼き菓子に使用すると焼き色がつきにくく，白っぽく焼き上がります．また，低カロリーで血糖値を上昇させにくい，虫歯の原因菌である *Streptococcus mutans* に利用されにくいなどの生理機能をもちます．糖アルコールはキャンディやガムなどのシュガーレス食品に用いられるため，「本当に糖質なの」，「エネルギー源なの」と思われるかもしれません．糖アルコールは原料となる糖と若干構造が異なるため，消化吸収されにくい難消化性の糖質です．

　イソマルツロースを還元して得られる還元イソマルツロースは，α-D-グルコピラノシル-1,6-ソルビトール（GPS）と α-D-グルコピラノシル-1,1-マンニトール（GPM）の混合物であり，還元処理によりイソマルツロースのフルクトース部分がソルビトールとマンニトールのほぼ等モル混合物に変化することにより得られます．したがって，還元イソマルツロースの構造には，グルコース部分があります（図 14-4）．一般的な糖質のエネルギーが 4 kcal/g であるのに対し，還元イソマルツロースは 2 kcal/g です．糖アルコールは消化吸収されにくいため，摂取量によっては水を保持したまま大腸まで移行し，お腹が緩くなる場合があります．一度の摂取によって下痢を誘発しない最大無作用量は，糖アルコールの種類により異なりますが，体重 1 kg あた

[*2]　糖の構造に含まれるアルデヒド基またはケトン基を還元基といい，単糖には必ずこのいずれかがある．糖アルコールや還元基部分が結合している糖（スクロースやトレハロースなど）は，還元基がない非還元糖である．還元性のある糖を還元糖（グルコース，フルクトース，イソマルツロースなど）と呼ぶ．

[*3]　糖とアミノ酸が反応して褐色になる反応をメイラード反応（褐変反応）と呼ぶ．非還元糖と比べ，還元糖はこの反応を起こしやすい．

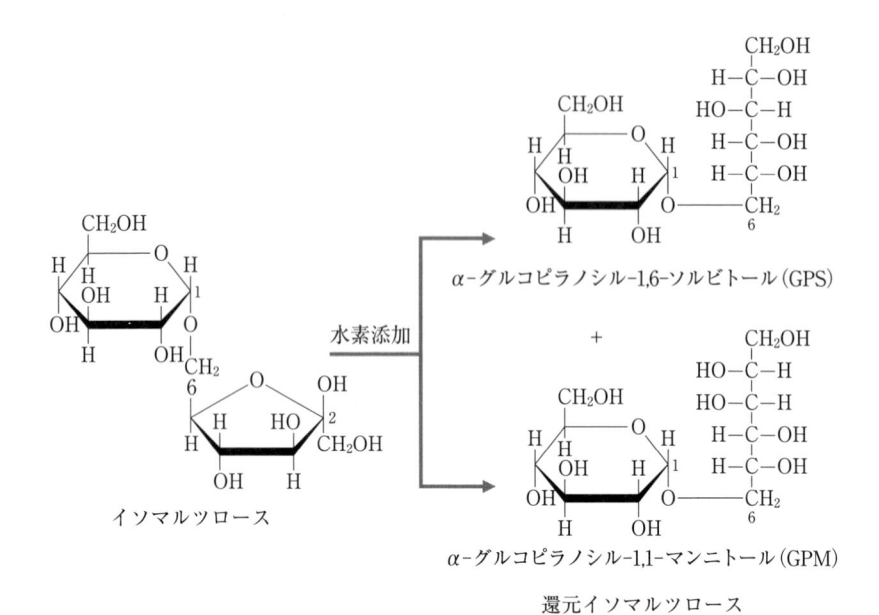

図 14-4 還元イソマルツロース（還元パラチノース）の構造

り 0.2 ～ 0.6 g とされています．

　また，糖アルコールは糖質ですが，栄養表示上は糖類ではありません．栄養表示では**健康増進法**[*4]に基づき，食品 100 g あたりに含まれる糖類（シュガー）の量が 0.5 g 未満のときに，シュガーレス，ノンシュガーと表示することができますが，この糖類とは単糖類および二糖類を意味し，糖アルコールは糖類ではないが糖質であると分類されます．

　糖アルコールには，木材パルプなどを分解・分離して得られるキシロースを水素添加してできるキシリトール（3 kcal/g）が虫歯の原因になりにくい素材として，またブドウ糖から発酵により製造されるエリスリトールが 0 kcal/g として知られています．

[*4] 食品の栄養表示は，栄養学上のエネルギー値を参考にするが，その表示方法は法律によりルール化されている．そのため，学術的な用語と法律的な用語の定義が異なる場合がある．

14・5 高甘味度甘味料

　食品業界では，スクロースの何倍もの甘さの高甘味度甘味料（食品添加物）が利用されています．このような甘味料はスクロースよりも配合量が少なくて済むので，低カロリー食品や血糖値が上昇しない食品に利用することができます．アスパルテーム，アセスルファムK，スクラロース，ネオテーム，ステビアなどが，シュガーレス食品やダイエット飲料に使われているのをご存知の方も多いかもしれません．これらはスクロースの8％水溶液を基準として比較した場合，スクロースの100～数千倍の甘さを示しますが，種類によって甘味度が異なるだけでなく，熱安定性，pH安定性，味の質がかなり異なるため，組み合わせて使われることが多いのです．なかでも近年よく使われるようになったのは，スクロースが原料であるスクラロースです．高甘味度甘味料のなかで唯一糖質に区分されており，スクロースのヒドロキシ基を数段階かけてハロゲン化することにより得られる，甘さがスクロースの約600倍の0 kcal/gの甘味料です（図14-5）．

　同じ低カロリーでも糖アルコールと高甘味度甘味料はどのように違うのでしょうか．スティック包装されているテーブルシュガーを考えてみましょう．1本6 gのスクロースが入ったテーブルシュガーがあります．これをスクラロースでつくると，1本0.01 g（10 mg）になります．そんなに少ない量では，スティックに詰めたり開封してコーヒーに入れたりしにくいのです．また，ケーキをつくる場合，スクロースの代わりに使用すると，配合中の糖質の比率が少なくなり，スポンジが膨らまない，少なすぎて生地中にうまく

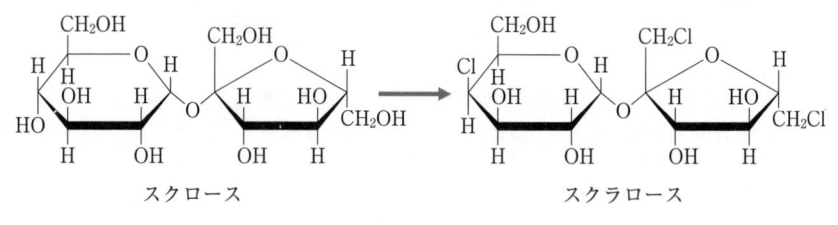

図14-5 スクラロース（トリクロロガラクトスクロース）

分散混合できないなどの問題が起きます．高甘味度甘味料は糖アルコールを**賦形剤**[*5]にして甘味度を3〜100倍に調整することが行われており，これにより扱いやすさや味を改善することができます．

14・6 サトウキビ，糖質，甘味料の関係

本章ではスクロースを原料とする糖質系甘味料についてご紹介してきました．それでは，スクロースの原料であるサトウキビからはどのような機能性素材ができるのでしょうか？

サトウキビには，スクロース以外にさまざまな有効成分が含まれることが近年明らかになってきました．サトウキビ由来のポリフェノール類が免疫賦活効果，消臭効果，抗酸化効果，抗ストレス，抗疲労，抗炎症効果などを示すという報告があります．また，糖蜜をエタノール発酵するバイオエタノール製造も行われています．サトウキビの搾りかすであるバガスは，製紙業界で利用されるだけでなく，以前から製糖工程のボイラー燃料として利用され，重油の使用量をかなり削減することができます．これらは糖質ではありませんが，サトウキビから得られる有用素材です．

さまざまな機能性糖質に加え新たな有効成分やエネルギー源として，余すところなく利用されるサトウキビ．乾燥し荒れた土地にも生え，人々に恵みをもたらすこの植物は人類を救うかもしれません．

〔永井幸枝〕

より進んだ学習のための参考書

小林昭一 監修，食品新素材協議会技術部会・早川幸男 編著（1998）『オリゴ糖の新知識』FC新知識シリーズ，食品化学新聞社
早川幸男 編著（2006）『糖アルコールの新知識』改訂増補版，FC新知識シリーズ，食品化学新聞社
伊藤 汎・小林幹彦・早川幸男 編著（2008）『食品と甘味料』光琳選書7，光琳
小宮山 眞 監修（2010）『酵素利用技術大系 —基礎・解析から改変・高機能化・産業利用まで』エヌ・ティー・エス

[*5] 医薬品，食品添加物，食品などに，成型，増量，希釈のために加えられる添加剤．

15. バイオマス利用

15・1 はじめに

　私たちの生活を支えているのは，石油や石炭といった化石資源です．とくに石油は，燃料としての利用だけでなく，私たちの身近にある化学製品の原料として使われています．

　石油資源は有限で，かつ再生不可能な資源です．また，地球温暖化対策として二酸化炭素排出量を削減することが求められています．化石資源の使用は，地球上の二酸化炭素量を増加するために，地球環境に負担をかけることになります．そのため，石油資源に依存している化学産業は，微生物や酵素といった生体触媒を用いて，環境に調和した持続可能（サステイナブル）な物質変換を行う産業技術であるホワイトバイオテクノロジーへの技術革新が迫られています．

15・2 バイオマス原料

　ホワイトバイオテクノロジーにおける原料は，再生可能資源であるバイオマスです．地球上のバイオマスの99％は陸上に存在し，その賦存量は1兆〜2兆トンと見積もられています．バイオマスの純生産量は年間800億〜1500億トンと推定されています．石油採掘量の年間約43億トン（2010年調べ：約310億バレル）と比べはるかに多いことから，バイオマス資源はサステイナブルな資源といえます．

　微生物が利用（もしくは変換）できる物質はおもにグルコースに代表される糖類ですので，バイオマスを分解して糖を得る必要があります．私たちにとって身近なところでは，穀物やイモ類に含まれるデンプンがあげられます．デンプンは入手が容易な上，アミラーゼ処理で容易にグルコースにまで加水分解されます．ですが，デンプンや砂糖は私たち人間や家畜が生存する

ために必要な栄養源でもあります．世界の穀物の生産量は年間約 23 億トンで，世界で必要とされる食糧の約 2 倍量が生産されています．もし余剰穀物をすべてバイオ燃料に変換したとしても，得られるバイオ燃料は石油の年間採掘量よりも少ないため，原料として充分な量があるとはいえません．現在のホワイトバイオテクノロジーでは，経済的・技術的な理由からデンプンや砂糖を主原料としていますが，将来的には食糧と競合しないバイオマス原料から糖を生産する必要があります．

　食糧と競合しないバイオマスで陸上に最も多く存在するのはセルロースです．セルロース（図 15-1 (a)）は地球上で最も多く存在する炭水化物で，グルコースがグリコシド結合により直鎖状に重合した構造をもつ天然高分子です．セルロースは，植物細胞壁の約半分（40 〜 60 %）を占めていますが，植物細胞壁にはそのほかに，マンノースやキシロースなどの糖が重合したヘミセルロース（図 15-1 (b)）や，芳香族高分子のリグニン（図 15-1 (c)）が存在します．植物細胞壁中では，セルロース，ヘミセルロース，リグニンは共有結合や水素結合により強固に結び付けられています．植物細胞を建物にたとえれば，セルロースは鉄筋，リグニンはコンクリート，ヘミセルロースは鉄筋とコンクリートの間にある針金の役割を果たしています．そのため，リグニンを多く含む樹木は物理強度や耐久性が高いという特徴をもっています．この特徴は建築材としての利用においては長所と考えられますが，ホワ

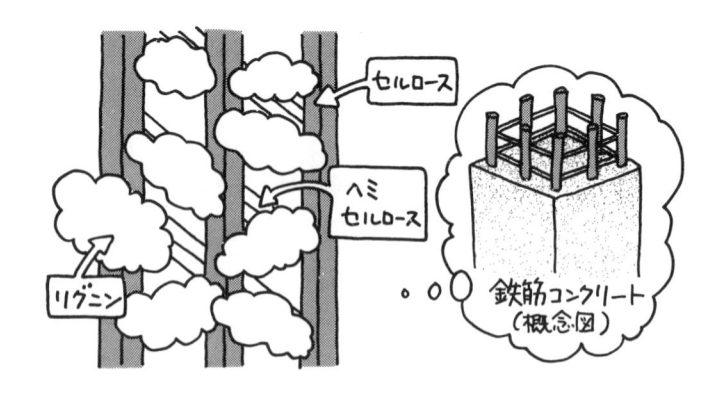

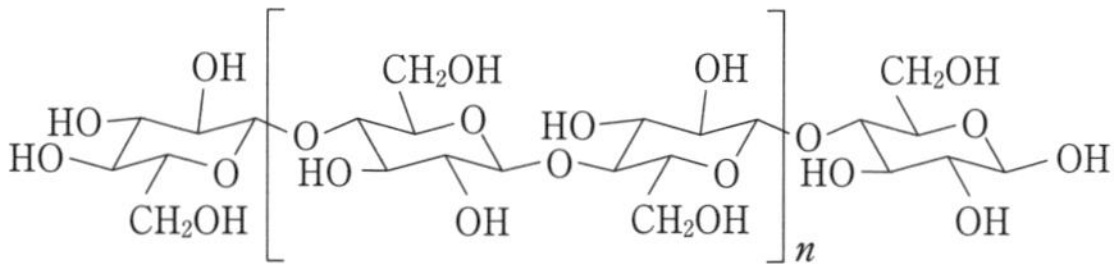

(a) セルロースの化学構造

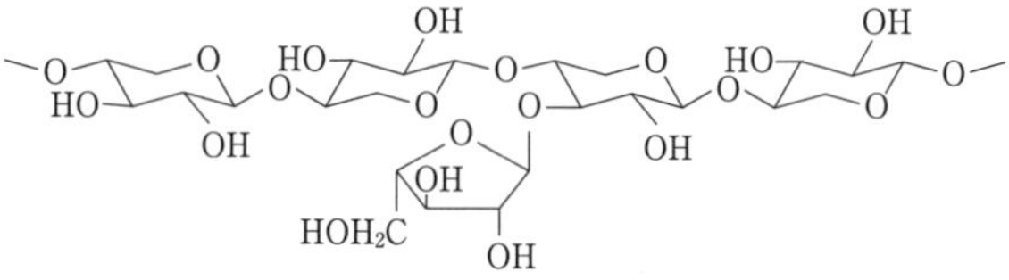

(b) ヘミセルロースの部分化学構造

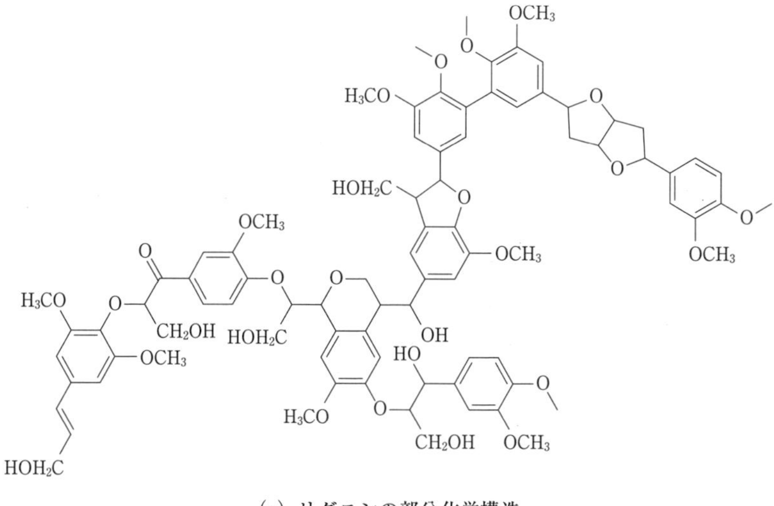

(c) リグニンの部分化学構造

図 15-1　バイオマス原料構成成分の化学構造

イトバイオテクノロジー原料としての利用においては短所となります．

15・3　シュガー・プラットフォーム

　前述の通り糖原料となるセルロースやヘミセルロースはリグニンに覆われていて，容易に糖には分解されません．そのため，糖を分離・回収する方法

が必要になります．その方法を，海底油田掘削施設（オイル・プラットフォーム）にたとえて，シュガー・プラットフォームと呼んでいます．現在研究開発が行われているおもなシュガー・プラットフォームは，酸糖化法と酵素糖化法の2つです．

(1) 酸糖化法

セルロースの酸加水分解には多くのプロセスが提案されています．そのなかで，実証レベルの開発が行われた代表的なプロセスを紹介します．

濃硫酸二段階加水分解法（NEDO[*1]プロセス：図15-2）

2 mm 以下に粗粉砕したバイオマス原料に70質量％濃硫酸を加えて50℃，数分間処理し，ヘミセルロースを分解します（一次加水分解）．次に，20質量％硫酸濃度に希釈後，90℃で加熱してセルロースを分解し（二次加水分解），糖液とリグニンをおもな成分とする残渣に分離します．硫酸を含む糖液をクロマトグラフ処理し，硫酸を回収します．得られた糖液は，発酵・精留などの工程を経て燃料用エタノールへと変換されます．

(2) 酵素糖化法

セルロースは，セルロース分解酵素（セルラーゼ）と呼ばれる酵素群に

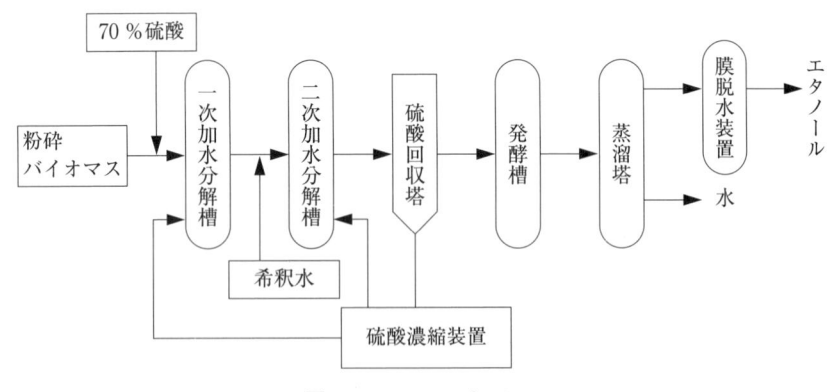

図15-2 NEDOプロセス

[*1] NEDO：New Energy and Industrial Technology Development Organization
独立行政法人 新エネルギー・産業技術総合開発機構の略称．

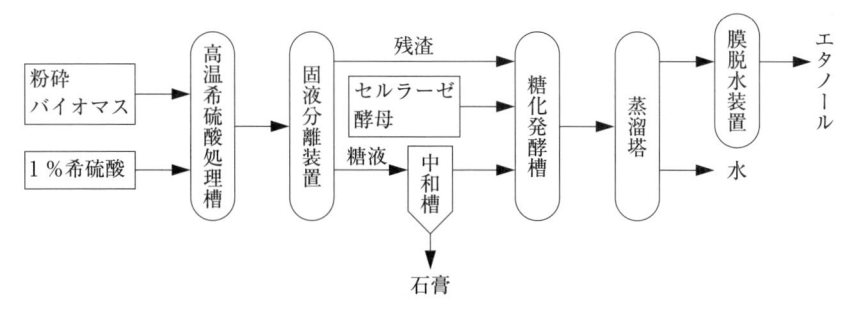

図15-3 NRELプロセス

よって糖に分解できます．酵素糖化法は酸糖化法よりも温和な条件で処理が可能なため，装置コストが安価で環境への負荷が少なくなるという長所があります．一方で，脱リグニンなどの前処理が必要となります．前処理法についても，酸やアルカリだけでなく，エタノールやフェノールなどの有機溶媒を用いる加溶媒処理，亜臨界水処理などいろいろな手法が研究されています．そのなかで，実証レベルの開発が行われている代表的なプロセスを紹介します．

高温希硫酸処理-並行複発酵（NREL[*2]プロセス：図15-3）

破砕機により細粒化された原料と約1質量％希硫酸を混合し，190℃で加熱処理することによりヘミセルロースの加水分解を行います（高温希硫酸処理）．得られた液を中和処理して，糖液を得ます．得られた糖液とセルロースを含む残渣を混合し，セルラーゼと酵母を加え，糖化と発酵を同時に行います．このような方式を，並行複発酵（simultaneous saccharification and fermentation；SSF）と呼びます．発酵液は，粗留・精留・膜脱水工程を経て99.8質量％のエタノールに変換されます．

[*2] NREL：National Renewable Energy Laboratory
国立再生可能エネルギー研究所（アメリカ）の略称．

15・4 リグニン・プラットフォーム

リグニンは，芳香族モノマーがラジカル重合してできるランダムポリマーで，細胞壁中でセルロースやヘミセルロースなどと網目構造をとっています．その構造の複雑さ，反応性の低さから，セルロースのように構成単位まで分解して利用するということが難しく，リグニンの分離・利用を主目的としたプラットフォームは確立されていません．そのため，シュガー・プラットフォームの副産物として発生する副生リグニンが利用されています．

副生リグニンは，コンクリート減水材や染料分散剤として利用されています．また，バニラの香りの主成分のバニリンは，副生リグニンを酸化分解することで製造されていました．そのほかにも，フェノール樹脂やウレタン樹脂代替原料としての応用研究が行われ，接着剤や生分解性プラスチックなどの商品が開発されています．しかしながらこれらの利用法は，製紙工場から発生する副生リグニンのごく一部です．ほとんどの副生リグニンは，燃焼による熱回収および発電に利用されます．現在の製紙工場では，紙を製造するために消費する熱と電気の大部分を副生リグニンでまかなっています．

2000年以降，バイオマスとフェノール誘導体を硫酸存在下で混合・加熱して固形状のリグノフェノール誘導体を回収する相分離変換システム試験プラントが開発され，実用化に向けた検討が現在行われています．

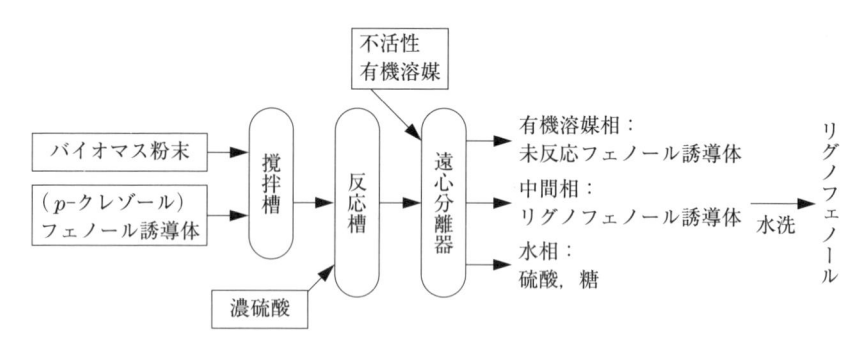

図15-4 相分離変換システム

相分離変換システム（図 15-4）

バイオマス原料を破砕機で処理し，粉末化します．得られた粉末を p-クレゾールを含む溶液に浸して，p-クレゾールを吸着させます．p-クレゾールが吸着した原料に 72 質量％硫酸を加えて混合することにより，リグノフェノール誘導体反応の促進とセルロースの酸分解が行われます．この溶液にベンゼンやヘキサンなどの不活性の疎水性有機溶媒を添加し，遠心分離します．中間相にベルト状に凝集したリグノフェノール誘導体画分を回収・水洗することで，リグノフェノールが得られます．

〔泉 可也・親泊政二三〕

より進んだ学習のための参考書

木村良晴・小原仁実 監修（2008）『ホワイトバイオテクノロジー —エネルギー・材料の最前線』地球環境シリーズ，シーエムシー出版
セルロース学会 編（2008）『セルロースの事典』新装版，朝倉書店
日本木材学会 編（2010）『木質の化学』文永堂出版
福島和彦・船田 良・杉山淳司・高部圭司・梅澤俊明・山本浩之 編（2011）『木質の形成 —バイオマス科学への招待』第 2 版，海青社

16. バイオリファイナリー

16・1 はじめに

　バイオファイナリーとは，バイオマスを原料として，これまで石油からつくられていたものと同様の製品群をつくり出すことや，その生産体系を意味します．

　人類は，水底や土砂中に堆積した植物や微生物の死骸が，地中で長い年月をかけて地圧・地熱などで変成した有機物と考えられている石炭や石油，そして天然ガスという化石燃料を手にしました．近年は，メタンハイドレートやシェールガスなどの，新しい資源の利用も進められています．これらはいずれも，生物が長期にわたって太陽エネルギーを自らの体内に蓄えたもので，それを現代人が惜しげもなく取り出して使っているのです．

　産業革命が18世紀後半に起こり，蒸気機関を稼働するために大量の蒸気が必要となりました．蒸気をつくるために大量の燃料が必要になったため，従来から使われてきた薪や木炭などでは量が足りなくなり，森林破壊が深刻になりました．そこで石炭が代替の資源として使われました．石炭は比較的浅い場所に豊富に埋蔵されており，精製の手間をかけずに使えます．このため木材資源からどんどん置き換えられていきました．そして19世紀後半からは，石炭に代わって石油が使われ始めます．燃料として使われる成分が常温で液体のため使い勝手がよく，輸送機器や発電を中心にさまざまな用途の燃料として，大量に使用されるようになりました．このように，化石燃料を大量に消費することによって，産業革命以降，豊かな人類社会が発展しました．

　しかし，化石資源の埋蔵量は有限です．また混在する二酸化硫黄や窒素酸化物が大気汚染や酸性雨の原因となるなど，公害問題も発生しました．最近では化石資源の使用により大量に排出される二酸化炭素による影響が懸念されており，地球環境を保全する観点から議論が続けられています．長年にわ

たって地球上に蓄積された太陽エネルギーを一気に解放することによって，人類社会はもとより，地球上のあらゆる生物にかかわる大きな問題が，人間が自らの生活環境を豊かにすることで，発生しています．

16・2　バイオマスの利活用

限りある資源である化石資源の代替として，また，エネルギー生産に伴って大気中の二酸化炭素の総量に影響を与えないというカーボンニュートラル（17章参照）の観点から，バイオマス（15章参照）と呼ばれる光合成（すなわち二酸化炭素と水と太陽エネルギー）によってつくられた生物資源を，再生可能なエネルギーとして利用する技術に期待がよせられ，研究・開発がさかんに行われています．バイオマス資源からつくられる輸送用液体燃料として，エタノール（バイオエタノール）・ディーゼルオイル（バイオディーゼル）の生産技術開発が先行し，実用化されています．

原料となるバイオマス資源には，サトウキビやトウモロコシ（バイオエタノール），ナタネ油やパーム油（バイオディーゼル）がおもに用いられています．このことは社会的な問題を内包しています．いずれも食用となる資源を燃料などの輸送用エネルギーとするためです．現代社会ではエネルギー供給の問題もさることながら，人口増加に伴う食糧問題が喫緊の課題です．食糧にすることができる資源をその一部であってもエネルギーに置き換えていいものかどうか，倫理面も含めた議論が必要です．このため，食糧にならない木材や稲わらなどの，林産・農産廃棄物の利用に関する技術開発もさかんに進められています．

原油（オイル）を精製して燃料をはじめとするさまざまな化成品を製造するプロセスを，オイルリファイナリーといいます．原油を常圧蒸留によって灯油・軽油・ガソリンなどの溜分に分離し，沸点範囲が$35 \sim 180\,°C$程度の炭化水素からなるナフサを得ます．これを原料としてエチレン・プロピレン・ブタジエンなどの基礎化学品が生産されます．これらをもとに中間製品であるポリエチレン・ポリプロピレン，さらにはほかの原料とも反応させて

塩化ビニール樹脂，ポリスチレン，エチレングリコールなどが生産されます．そして最終製品であるプラスチック製品などがつくられます．なかでもポリ袋やペットボトルのような包装容器，パソコンや携帯電話の筐体などは，短期間の使用で廃棄されます．さまざまな規制法の整備が進んでいるものの，再資源化に関するハードルが高く，結果的に焼却処分され，それによる二酸化炭素の排出が懸念されています．

16・3　バイオリファイナリーの進展

これに対してバイオマス資源から化成品や燃料，さらにはそれらを原料として基礎化学品や中間製品・最終製品を製造するバイオリファイナリーが，近年注目されています．地中に埋まっていた化石資源を掘り出して燃やすと，大気中の二酸化炭素濃度が増加する可能性があります．ところが植物資源は，燃やした分に見合った量を再び育てれば，排出された二酸化炭素がもう一度吸収され再資源化されるので，全体として二酸化炭素を増加させずにエネルギーのみを使うことができます．先に述べたカーボンニュートラルの

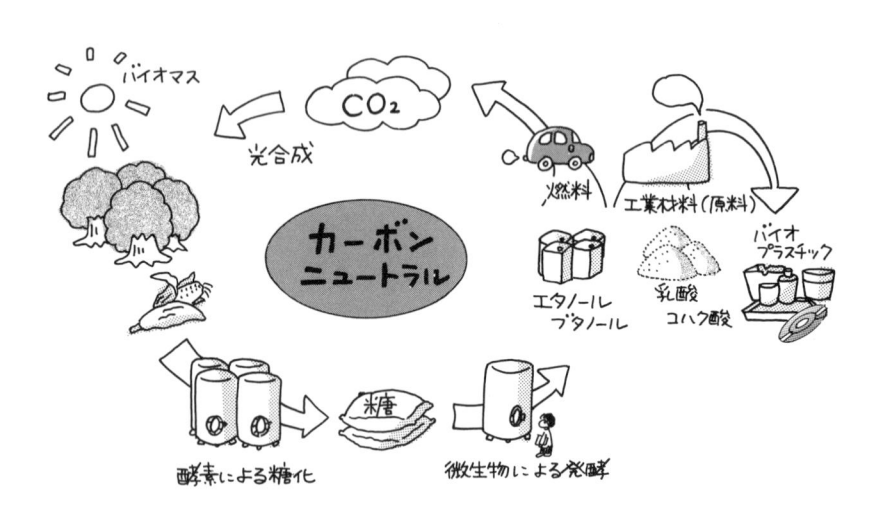

図 16-1　環境に調和した持続可能な循環型社会

考え方です（図16-1）．とくに，非可食である木材や稲わらなどセルロース系のバイオマスを原料とした，化学品製造プロセスに関する研究・開発が広い分野で行われています．化石資源，なかでも石油は地球上の限られた地域に偏在しています．それに比べて植物資源は広い範囲に存在します．すなわち植物資源を有効利用する技術が開発されれば，資源の安定供給やエネルギー自給率の向上にもつながります．

　ガソリンやディーゼルオイルのような液体燃料，エチレンやプロピレンなどのプラスチック原料は，ともすれば石油からしかつくれないと錯覚されがちです．しかしながらこれらのものの大部分が，植物原料からつくることができるのです．植物体を形づくる主要な構成要素はセルロースです．貯蔵用の多糖であるでんぷんと同じく，ブドウ糖（グルコース）のポリマーです．よって，セルロースを酵素（セルラーゼ）で分解し，グルコースにすることによって，さまざまな化成品への変換が可能になります．すなわちバイオリファイナリーにおいてはグルコースが，オイルリファイナリーにおける基幹化合物であるナフサのような位置づけです．またこれ以外にもバイオマスからは，水素や一酸化炭素ガスを経由して炭化水素をつくることや，別の構成成分であるリグニンを分解して芳香族化合物にすることも可能であり，化石資源由来のほぼすべての化成品を代替することができるとされています．

　バイオリファイナリーの研究・開発にとくに力を入れてきたのはアメリカ合衆国です．1999年にクリントン大統領（当時）が大統領令として，今後の化学製品製造に際して消費増加分は化石資源由来ではなくバイオマス資源のものでまかなうという目標を立てました．これが実現されると，2020年には化学製品に占めるバイオマス由来製品の割合が10%，2050年には50%になると試算されています．しかしながら，バイオマスから化成品をつくるためには新規の反応や精製工程が必要です．多くの技術革新がなされなければなりません．このため米国エネルギー省（DOE）は2004年に，バイオマスからつくるべき12種類の化成品を選定し，戦略的な研究・開発を進めています（表16-1）．

表 16-1　DOE が定めた 12 のバイオリファイナリー基幹物質

1. コハク酸（フマル酸とリンゴ酸を含む）	7. イタコン酸
2. 2,5-フランジカルボン酸	8. レブリン酸
3. 3-ヒドロキシプロピオン酸	9. 3-ヒドロキシブチロラクトン
4. アスパラギン酸	10. グリセロール
5. グルカル酸	11. ソルビトール
6. グルタミン酸	12. キシリトール（アラビニトールを含む）

　これらの技術の多くは必ずしも実用化が進んでいるとはいえません．石油に由来する方法に比べて，目的物質を安くつくることがなかなかできないためです．しかしながら，乳酸・コハク酸・アクリル酸などでは研究開発が進んでいます．乳酸は，バイオマスプラスチックとして現在最も実用化が進んでいるポリ乳酸（PLA，18章参照）の原料です．ネイチャーワークス社が2001年より年間14万トン規模でポリ L-乳酸（光学異性体の片方）を生産しています．コハク酸は，ポリブチレンサクシネート（PBS）やポリブチレンアジペートサクシネート（PBAS）などのコハク酸系ポリマーの原料です．アクリル酸は高吸水性樹脂の素材であるアクリル酸ポリマーの原料になります．これらはいずれも，農業用途，医療用途など生分解性が望まれる分野，袋や容器といったリサイクルが必要な分野，食品や肌に直接接するなどの理由で「バイオ」商品が好まれる分野に使われます．

　乳酸は，化石資源を原料とするケミカルプロセス，もしくはバイオマス資源を原料とするバイオプロセスによって生産できます．ケミカルプロセスではその原理上，乳酸がラセミ体（20章参照）となって生成します．ポリ乳酸はもともと融点やガラス転移点が低いため用途が制限されていました．その後，ポリ L-乳酸とポリ D-乳酸を混合し，そのらせん構造をうまくかみ合わせたステレオコンプレックス型と呼ばれるものにすることによって，熱安定性などの物性が向上することがわかってきました．これらをつくるためには光学純度が高い L-乳酸および D-乳酸が必要です．このため，光学活性体の片方を高純度で生産でき，バイオマスを原料として使用可能なバイオプロセスに期待が高まりました．バイオエタノールはその生産菌である酵母によっ

ておもに生産されます．バイオ乳酸も当初は乳酸菌での生産が試されました．しかしながら，天然の乳酸菌が完全にどちらか一方の光学異性体のみを生産することはまれです．このため，L-体またはD-体のみを生産できるような育種ないしは製造プロセス，あるいはクモノスカビのようなほかの微生物，さらには大腸菌や酵母を遺伝子組換えすることによって光学純度の高い乳酸を生産可能にする研究・開発が行われています．とくに酵母は耐酸性をもつことが知られており，工業レベルでの高い生産性を実現するために有望な宿主と考えられています．また，デュポン社とジェネンコア社のグループは，大腸菌に酵母や呼吸器感染症の原因となるクレブジェラ菌由来の遺伝子を組み込み，グルコースからグリセロールを経由して，1,3-プロパンジオールを効率的に生産することに成功し，ポリトリメチレンテレフタレート樹脂の一種であるソロナ®ポリマーの原料として実用化しました．

16・4 バイオリファイナリーの新たな展開

　環境に配慮したエネルギー生産が求められるなかで，バイオリファイナリーの分野では微生物に燃料を生産させる試みがなされています．自然界にはさまざまな種類の燃料を生産する微生物種が存在しており，これらの微生物をそのまま燃料生産に用いることも可能ではあります．しかしながら，最適な培養条件を設定するのに困難が伴うなど，数多くの問題が控えています．そこで，天然の微生物から燃料の生産に関わる遺伝子群をクローニングし，改変して大腸菌や酵母といったこれまでよく研究されてきた微生物に導入することで，目的の燃料を生産する微生物をつくり出すというアプローチもとられています．これまでにアルコールやワックスといった燃料を生産する大腸菌や酵母がつくり出されています．スティーン（E. J. Steen）らは，天然の微生物から燃料合成にかかわる遺伝子群をクローニングし，改変して大腸菌に導入することで，バイオマスの成分であるヘミセルロースを直接の炭素源とし，アルコールやワックスといった燃料を生産する微生物をつくり出しました．

このように，生物のゲノムをダイナミックに改変して有用な細胞をつくり上げる分野を合成生物学（synthetic biology）と呼びます．本来は生物学の幅広い研究領域を統合して生命現象を包括的に理解しようとするものでしたが，むしろ，既存の生物を改変し，医薬品やバイオ燃料を効率よく製造するための技術として期待されています．合成生物学は，ゲノムの冗長な部分を廃し，簡素なゲノムを設計・構築できる可能性を秘めており，効率のよい生産細胞の作製が期待されています．バイオリファイナリーは，医薬品などの少量で高価な製品を目指すというよりも，燃料やプラスチック原料のような大量に必要とされる素材を提供する分野への応用を強く志向しています．合成生物学の手法は生物の設計図であるゲノムを人工的に設計して細胞そのものを再構成しようという技術のため，バイオリファイナリーの進展にとって魅力的なものです．

特定の物質生産のための代謝経路設計は，代謝工学の分野で進んでいますが，合成生物学的手法のみで細胞機能すべてをまかなえる専用ゲノムを構築するためには，さまざまなブレイクスルーが必要です．それに対して，いわゆるゲノムの最小化そのものに関する研究・開発は近年進みました．生物の最小のゲノム構成を知ることは，合成生物学の一つの目標であるとともに，生物学共通の関心事です．これを生物工学的にとらえ，とくにものづくりに特化したゲノム構成をもった細胞へと改良するという発想が，協和発酵工業（当時）の藤尾達郎によって提言されたミニマムゲノムファクトリーです．生物のゲノムは最適化の方向に進化したと考えられますが，その過程でくぐりぬけた多様な環境に対応するため，冗長な部分も合わせもちます．ものづくりの宿主ととらえたときに，栄養源が豊かで適温の培養装置内などの条件では，環境の変化に対応する遺伝子は，必ずしも必要ではありません．このような「不要」ないしはものづくりに「有害」な部分をゲノム工学の手法を駆使して大規模に染色体から取り除き，そこにできた「余裕」の部分に，新たにものづくりに「有益」な配列を組み込むという取り組みが行われました．さまざまな遺伝子ツールを導入するための宿主細胞として，物質生産に不要

な代謝エネルギーの浪費を削減したシンプルな細胞の構築が望まれたのです．

モデル生物である大腸菌や枯草菌，実用的なアミノ酸生産菌であるコリネ菌，真核生物では出芽酵母や分裂酵母において，一定のミニマムゲノムの構成が示されました．また大腸菌・枯草菌・分裂酵母においては，ゲノムの最小化そのものによる，物質生産性の向上例も合わせて示されました．このような新しい手法を取り入れることによって，生産コストや開発速度で後れをとっている，化石資源代替製品生産のためのカーボンニュートラルな製造プロセスの構築が進展すると期待されます．

16·5 おわりに

以上のようにバイオリファイナリーは，人類社会の持続的な発展に欠かせないものとして注目され，限りある化石資源を使わないで地球温暖化の防止や循環型社会の形成に役立つ技術として開発が進められています．その反面，製造に必要な原料や労働力といった資源が食糧生産と競合することが避けられないため，広く社会問題としてさらに議論を深める必要があります．バイオマスからつくられたバイオプラスチック製品が廃棄され，分解されるときに排出される二酸化炭素はもともと大気中にあったものであり，再度植物に取り込まれます．このように二酸化炭素は地球環境中で循環され，炭素の絶対量を増やさないのでカーボンニュートラルとなるとされてはいますが，これらのプロセスを繰り返す際に投入されるエネルギーも含めて地球環境にどのような影響があるのか，さらには副原料，とくに水資源に関する配慮も必要である点についても，今後の展開を注意深く見守っていく必要があります．

〔東田英毅〕

より進んだ学習のための参考書

地球環境産業技術研究機構 編 (2008)『図解バイオリファイナリー最前線』工業調査会
森 祐介・吉澤 剛 (2011)『TA Note 07「生命機能の構成的研究の現状と社会的課題：日本における「合成生物学」とは？」』i2ta

17. バイオ燃料

17·1 なぜバイオ燃料が必要なのか

地球が温暖化しているという認識は全世界的に共通しており，1997年に採択された「気候変動に関する国際連合枠組条約の**京都議定書**」に基づいて，日本でも地球温暖化ガスの一つである二酸化炭素の排出量を2008年から2012年までの間に1990年比で6％削減するという目標が定められました．2010年度の確定値では，1990年度比で0.3％減となっており，目標達成には引き続き削減努力が必要です．ただし京都議定書の目標は一つの目安であり，継続的に地球温暖化ガスの排出量削減を図らなければなりません．

これまで我々は，石油などの地下資源を燃焼させて二酸化炭素を排出してきましたが，昨今，植物を使って燃料をつくり出す取り組みがさかんになっています．植物は光合成によって大気中の二酸化炭素を取り込みます．それを燃焼させても，排出される二酸化炭素は大気中に戻されるだけなので，差引きゼロと考えられます．この考え方を**カーボンニュートラル**といいます．

たとえば，植物原料からバイオエタノールを生産するときの化学反応は以下の通りです．

① 光合成によって，水と地上の二酸化炭素からグルコースと酸素が生成

$$6\,CO_2 + 6\,H_2O \rightarrow C_6H_{12}O_6 + 6\,O_2 \tag{1}$$

② アルコール発酵によって，グルコースからアルコールと二酸化炭素が生成

$$C_6H_{12}O_6 \rightarrow 2\,C_2H_5OH + 2\,CO_2 \tag{2}$$

③ アルコールが燃焼することで，二酸化炭素と水が生成

$$2\,C_2H_5OH + 6\,O_2 \rightarrow 4\,CO_2 + 6\,H_2O \tag{3}$$

上の (1) ～ (3) 式の左辺および右辺それぞれの二酸化炭素の分子数を足し合わせると，どちらも6分子になります．二酸化炭素が増加しない燃料創出反応ですので，カーボンニュートラルといえるわけです．

地下資源への依存度を減らすため，地上の二酸化炭素をさまざまな生命活動によって燃料にするバイオ燃料の製造技術が，ますます重要になっていくでしょう．

17・2 さまざまなバイオ燃料

バイオ燃料には稲わらや薪などの植物素材そのものや，木材を顆粒に成形した**木材ペレット**，天ぷら油を含めた動植物油を加工し燃料としての適性を向上させた**バイオディーゼル**，発酵による変換を経た**バイオエタノール**や**メタンガス**など，さまざまなものがあります．木材ペレットなど固形の燃料は熱源としての利用が主で，生産地と消費地が近い場合にメリットが大きい燃料です．また自動車などのエンジンを動かすためには液体であるバイオディーゼルやバイオエタノールが利用されます．液体燃料は運搬しやすいことから，利用しやすい燃料といえます．気体燃料であるメタンは，汚泥やし尿など価値が低く，比較的エネルギーを取り出しにくい原料から生み出される高付加価値の燃料です．

17・3 米を原料としたエタノール生産

米を原料としたバイオエタノールの製造プロセスは，① 原料米の粉砕 → ② 高温液化 → ③ 発酵 → ④ 蒸留精製となります．それぞれの工程で，処理方法は複数ありますが，ここでは一例を示します（図 17-1）．

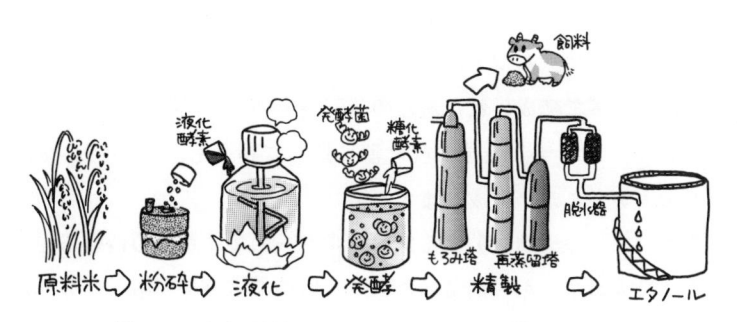

図 17-1　米を原料としたバイオエタノール製造プロセス

粉砕工程は，この後の液化工程における液化反応の効率を高めるため原料米を粉砕する工程です．粉砕粒子が粗いときや，大きさにバラつきがあるときにはでんぷんが液化されずに残ってしまうため，微細かつ揃った粒子径に粉砕することが重要です．

液化工程は，米の粉砕物と水を混合した懸濁液に**液化酵素**（でんぷんを分解して多糖やオリゴ糖をつくる酵素，α-アミラーゼ）を加えて加熱する工程です．使用される液化酵素は100℃前後の高温で最も活性が高くなる性質をもっています．懸濁液に液化酵素を入れないまま高温にするとドロドロに粘ってしまいますが，液化酵素の作用によってでんぷんが分解し，高温でも液状が保たれます．

発酵工程は，液化液を発酵タンクに移送し，**発酵菌**，**糖化酵素**およびミネラルなどの発酵助剤を加えて発酵させる工程です．発酵菌にとって最適な温度，pHを管理して数日間アルコール発酵を続けます．

でんぷんなどの糖質を原料としたエタノール製造では，発酵菌としてはおもに酵母が使用されます．酵母はでんぷんをそのまま栄養源にすることができないため，でんぷんをグルコースに分解する糖化酵素が必要です．ここでは「**並行複発酵**」方式によって，糖化酵素による糖化と発酵菌によるエタノール生成を同時に進行させています．なお，後述するセルロースを原料としたエタノール製造では，温度やpH条件が前処理・糖化工程と発酵工程とで異なる場合が多く，**単発酵**（糖化後発酵）方式が採用されることが多いようです．

発酵が終了したもろみを蒸留塔に移送し，エタノールと残渣を分離するのが**蒸留精製工程**です．蒸留方法についてはさまざまな方式がありますが，もろみ塔と再蒸留塔で構成された複数の蒸留塔を使って段階的にエタノールの純度を上げていきます．最後に脱水器に通して精製し，純度99.5％以上の燃料用無水エタノールが完成します．

バイオエタノール製造に要する熱エネルギーの多くがこの精製工程に費やされます．投入エネルギー削減のため，蒸留塔の排熱を利用してもろみ塔に供給する前の発酵液を温めるなどの工夫がなされています．

もろみ塔で分離された蒸留残渣は，乾燥させてDDGS (dried distillers grains with solubles) と呼ばれる飼料として流通しています．蒸留残渣は糖質が消費された分，タンパク質や脂質など，牧草だけでは不足しがちな成分が豊富です．残渣を廃棄せずに有効利用することは，環境に負荷をかけないために大切なことですが，DDGS製造のために使われる乾燥エネルギー量が多いため，液体の飼料や肥料としての利用性について検討されています．ただし，水分がある状態では保存性が悪いこと，流通コストがかかることから，エタノール生産工場に近い消費地（畜産農家，耕作地）で使用される体制の構築が重要となります．

17・4　セルロース系バイオマスの前処理・酵素糖化法

セルロース系バイオマスからの酵素糖化法によるエタノール生産の研究開発がさかんに行われていますが，経済性の観点から，糖化工程で使用される酵素のコストが最大の問題とされています．**リグニンやヘミセルロース**（15章参照）が複雑に絡み合った構造をしているバイオマス中のセルロースを酵素で糖化しようとする場合には，何らかの物理的・化学的方法による前処理が必須とされています．このため，エタノール製造コスト低減化の観点からは，前処理方法の最適化と糖化性能の高い高機能酵素の開発という両面からの検討が進められています．小林らは**水熱処理，水酸化ナトリウム処理，希硫酸処理**という一般的な前処理方法でバイオマス前処理標品を調製し，次いで，これら各種前処理標品に各種市販糖化酵素を作用させ，糖化パターンを比較評価しました（小林，2010）．

(1) 前処理の概要

草本系バイオマスとして**稲わら，エリアンサス**（イネ科多年草の一種）を，木本系バイオマスとして**ユーカリ，スギ**を取り上げ，水熱，水酸化ナトリウム，希硫酸による前処理を行いました．前処理の効果については，残存する残渣画分のそれぞれについて評価を行いました．

① **希硫酸処理**：希硫酸処理で特徴的な現象は，120℃程度の比較的低い温度

でもヘミセルロースのほとんどが選択的に溶出・分解されることです．どのバイオマス種でも，処理温度170℃前後でほぼすべてのヘミセルロースが溶出・分解され，残存固形物については高い糖化率が得られています．また，一般的にヘミセルロース含量と糖化率には相関性があり，希硫酸処理においてはヘミセルロースの溶出・分解が糖化率に対して直接的に影響していることがわかりました．一方，可溶画分の分析から，溶出・分解されたヘミセルロースはほとんどが単糖として存在するため，発酵工程への糖原料として利用が可能です．

② **水酸化ナトリウム処理**：水酸化ナトリウム処理では，**セルロース**および**ヘミセルロース**が保持され，リグニンや灰分が溶出するという特徴があります．リグニンが溶出することで，ヘミセルロース，次いでセルロースが糖化を受け易くなり，高い糖化率が得られました．この処理ではリグニン含量と糖化率に相関性が認められました．もともとリグニン含量の少ない稲わらやエリアンサスでは，処理温度100〜120℃でも高い糖化率を示しましたが，リグニン含量の多いユーカリでは処理温度180℃前後にならないとリグニンの溶出が起こらず糖化率は上がりませんでした．一般的に水酸化ナトリウム処理では溶出・可溶化した糖の回収には種々の困難が伴うため，いかに固形物としてヘミセルロースを高収率で回収しつつ糖化率を上げるかがポイントです．

③ **水熱処理**：水熱処理では，条件が過酷になるにつれヘミセルロースの溶出が見られ，200℃以上の高温では糖化率が高くなります．化学薬品を使用していないため，溶液中に溶出した糖成分は比較的容易に回収・利用できますが，溶出したヘミセルロース成分は溶液中でおもにオリゴ糖として存在していました．

④ **そのほかの処理**：今回対象としたバイオマスのなかで，最も前処理が難しいのはスギでした．そこで，スギについては**水蒸気爆砕処理**を試みました．圧力2.8〜4.0 MPaの範囲で爆砕サンプルを調製し，爆砕物の糖化率を測定したところ，3.35 MPa (240℃)，20分処理でセルロース回収率が約

70％，糖化率が80％まで向上しました．

(2) 前処理物の糖化パターン

稲わら，エリアンサス，ユーカリを水熱，水酸化ナトリウム，希硫酸の各種前処理方法・条件で処理した前処理物に，市販酵素4種類（Accellerase 1500，Cellic CTec，メイセラーゼ，アクレモニウムセルラーゼ）を添加し，糖化パターンを解析しました．1gの前処理物に対して酵素を3mg添加し，50℃で反応したときの糖化率を図17-2に示しました．

希硫酸処理物に対しては，BGL（β-グルコシダーゼ；セロビオースをグルコースに分解する酵素）活性が高い酵素であるCellic CTecが高い糖化率を示しました．希硫酸処理物にはヘミセルロースがほとんど含まれていないため，ヘミセルロースの強弱が影響しないことや，希硫酸処理物に多く含まれるリグニンがBGLを吸着しやすいことが影響していると考えられます．

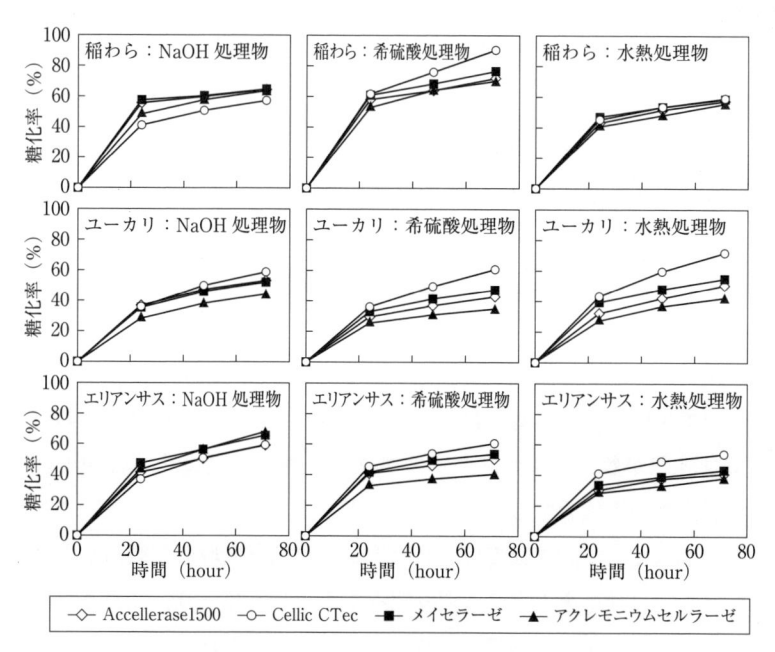

図17-2 前処理物と酵素の組み合わせ
（小林良則：*BIO INDUSTRY*, **27** (11), 13 (2010) より）

水酸化ナトリウム処理物に対しては，**キシラナーゼ**（ヘミセルロースのおもな構成成分であるキシランを分解する）活性の高い酵素であるメイセラーゼが高い糖化率を示しました．キシラナーゼによりヘミセルロース成分が除かれることで，セルロースの糖化が進むといえます．ユーカリの水熱処理物では，ほかのバイオマス種と違いリグニンの残存があることと，ヘミセルロース成分が比較的除かれているため，BGL活性の高い酵素である Cellic CTec が優位に立っています．

これらの検討結果から，高い糖化率を求めるには前処理物の組成に応じて使用する酵素を適切に選択することが重要であることがわかりました．

17・5　バイオディーゼル

バイオディーゼルとは，軽油などディーゼルエンジン用燃料の代替として，生物により生産される**油脂**を利用した燃料のことです．原料としては，菜種油，ヒマワリ油などの**植物油**がメインです．近年ではヤトロファまたはジャトロファ（*Jatropha curcas*）と呼ばれる食用以外の植物や，ボトリオコッカス（*Botryococcus braunii*），オーランチオキトリウム（*Aurantiochytrium limacinum* など）といった**微細藻類**を原料とする製法が注目されています．

これらの原料から抽出した油脂をディーゼル燃料の物性に近づけるため，原料油脂とメタノールを反応させ，生成するグリセリンなどを除去して**脂肪酸メチルエステル**を精製しバイオディーゼルとします．バイオディーゼルの製造工程で生成する，塩基を含むグリセリンや残留するメタノールの処理については課題が残りますが，バイオエタノールの製造に比べて加工が容易で，小規模の加工施設でも製造することができる利点があります．この利点を活かす事例として，家庭で使われた天ぷら廃油を回収して製造したバイオディーゼルで自動車を走らせる取り組みも進められており，注目されています．こうした目に見える形での取り組みは，参加者が地球温暖化防止に貢献している実感がもてるため，環境保持意識の醸成につながります．

17・6　廃棄物系バイオマスのメタン発酵によるサーマルリサイクル

サーマルリサイクルとは，廃棄物（プラスチック・紙）などを単純焼却ではなく，**エネルギー**として再利用し，化石燃料の使用やCO_2排出量を削減することです．

食品リサイクル法により再生利用などの実施率が規定され，また家畜排泄物法により排泄物の処理・保管施設の遵守が義務付けられるなど，昨今廃棄物処理が厳しく規制されるようになりました．木田らはコーヒー粕の有効利用として，**メタン発酵法**によってバイオ燃料をつくる技術を開発しました（木田，2011）．

缶コーヒーの需要の増加に伴い製造工程から排出されるコーヒー粕（水分含量が約65 %，有機物含量が98.5 %/乾物）の処理が大きな問題となっています．そこで，懸濁液状態（20 %）のコーヒー粕を**完全混合型反応槽の液化槽**と**嫌気性流動床型リアクター**である**ガス生成槽**からなる二相式メタン発酵法により回分式で処理試験を行いました．1回の処理が終了した時点で，未分解のコーヒー粕を含む反応液を液化反応槽から引き抜き，固体と液体を分離しました．上澄液は次の新しいコーヒー粕のメークアップ水として利用し，再度20 %のスラリー状態で乾式メタン発酵処理を行ったところ，安定して繰り返し処理することができました．コーヒー粕の消化率は70 %，発生ガス中のメタン含量は60〜70 %，全容積に対するガス発生量は液化槽（pH 6制御）容積2 L，ガス化反応槽0.45 Lのときに1.43 L/日まで向上しました．本条件でのメタンガスの製造収率は，消化されたコーヒー粕1 gあたり451 mLであり，コーヒー粕中の脂質，ホロセルロース（セルロースとヘミセルロースを合わせたもの）およびリグニンの分解率は，それぞれ91，70，45 %でした．

〔酒井重男・田村 巧〕

より進んだ学習のための参考書

アルコール協会 編（2007）『図解バイオエタノール製造技術』工業調査会

18. バイオプラスチック

18・1 プラスチックの転換期

プラスチックとは可塑性を有する樹脂のことを指します．化石資源から合成されるプラスチックは1900年頃に商業化され，日本においても1950年代以降，その生産量を飛躍的に増加させながら我々の暮らしを支えてくれています．たとえばスーパーの袋，ペットボトル，車のバンパー，CDやDVDなどのメディア，パソコンの筐体(きょうたい)など，私たちの身のまわりには多くのプラスチックが利用されており，2008年度の世界のプラスチック生産量は約2.5億トン，日本では1300万トンに上ります．とくに世界生産量は年々増加傾向にあり，今後人口増加が見込まれる新興国，発展途上国ではその生産量は飛躍的に増加する見込みです．しかしながら，プラスチック製品は使用後に焼却，または埋め立て廃棄されており，焼却時に排出されるガスによる大気汚染，廃棄物の埋め立て処分場の不足などの問題が生じています．また，正しく処分されずに廃棄されたプラスチックによる海洋汚染も深刻であり，野生動物の誤食による死亡などが後を絶ちません．このようなプラスチックによる環境問題が1980年代以降，社会的な問題となったことから，生分解性プラスチックの研究，生産が活発化しました．さらに2000年代に入ると，地球温暖化問題が取りざたされ，焼却によって排出される炭酸ガスなどの温室効果ガス削減の観点から，炭酸ガスを固定して生育する植物を原料に生産されるバイオマスプラスチックが，生分解性プラスチックと同様に環境調和型プラスチックとして評価されるようになりました．

18・2 バイオプラスチックの分類

図18-1にバイオプラスチックという視点からプラスチックの分類をまとめました．バイオプラスチックという言葉は生分解性プラスチック，および

バイオマスプラスチックの総称として使用されています．生分解性プラスチックは，使用後に自然環境中で分解し，最終的には微生物の働きによって二酸化炭素と水にまで分解が進むので環境中に蓄積されず，環境汚染の低減が期待できます．誤解を招きやすいので補足しますが，石油資源か

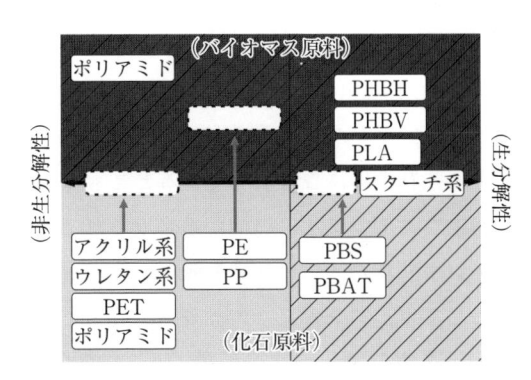

図 18-1 おもなプラスチックの種類と分類
バイオマス原料（上段左右）：バイオマスプラスチック
生分解性（右側）　　　　　：生分解性プラスチック
斜線　　　　　　　　　　　：バイオプラスチック

ら合成されたプラスチックであっても生分解性を示すものはバイオプラスチックに分類されます．バイオマスプラスチックとは，植物由来の循環可能資源から製造され，生分解性の有無は問いません．

日本においては，1989 年に日本バイオプラスチック協会（JBPA）が設立され，生分解性プラスチック，および，バイオマスプラスチックの普及促進などを目的に活動しています．

18・3　おもな生分解性プラスチックの種類と特徴

① PBS（poly-butylene-succinate）：1,4-ブタンジオールとコハク酸が共重合した脂肪族ポリエステルです．高い結晶性を有するため成形加工性に優れ，また柔軟性を有し，フィルムやシートとしての利用が多いのが特徴です．三菱化学社「GS-Pla」，昭和電工社「ビオノーレ」等が商業生産されています．

従来は石油から合成されたモノマー[*1]を利用していましたが，モノマーを微生物発酵によって植物から生産する技術開発が活発化しており，植物由来のモノマーへの転換が今後進むと考えられています．

一般的には，Ti^{4+} を触媒として 1,4-ブタンジオールとコハク酸を重縮

[*1] ポリマー（高分子）を構成する単位物質のこと．

合*2することで化学合成されています.

② **PBAT（poly-butylene-adipate-terphtalate）**：1,4-ブタンジオール，アジピン酸，テレフタル酸が共重合した芳香族-脂肪族ポリエステルです．柔軟性，強靭性に富む特徴を有するとともに，芳香環を導入することで耐熱性を向上させています．石油から合成されていますが，PBSと同様に，1,4-ブタンジオール，アジピン酸を植物から製造する技術開発が進んでいます．用途としては，コンポストバッグ（compost bag）*3や，農業用資材などでスターチ系ポリマーやポリ乳酸（PLA）の改質剤としての利用が進んでいます．BASF社「エコフレックス」などが商業生産されています．

③ **スターチ系**：デンプンのヒドロキシ基をアセチル基などに置換して生産されます．高い生分解性を有することが特徴です．変性デンプンとしてはNOVAMONT社「マタービ」などが商業生産されており，コンポストバッグなどでの利用が進んでいます．

④ **ポリ乳酸（PLA）**：微生物発酵によりでんぷんやショ糖などから生産された乳酸を原料にして生産される脂肪族ポリエステルです．L-乳酸を重合したPLLA〔poly（L-lactic acid）〕が主流であり，ネイチャーワークス社「ingeo」などが商業生産されています．PLLAは，高い透明性や，加工技術開発の進展に伴う加工性改善により広く普及していますが，耐熱性，および耐加水分解性が弱いという問題を有しています．

しかしながら，耐熱性に関してはD-乳酸を重合したPDLA〔poly（D-lactic acid）〕との複合体が開発され，sc-PLA（stereo complex-PLA）として，帝人「バイオフロント」などの実用化が始まっています．

PLLAの合成方法としては，加熱脱水重合などの方法で合成された乳酸オリゴマーから環状二量体（3,6-dimethyl-1,4-dioxane-2,5-dione；ラクチド）を生産し，そのラクチドを開環重合する方法が用いられていますが，近年，

[*2] 複数の化合物が連鎖的に結合して高分子を生成する反応．PBSの場合は，酸とアルコールから水を放出しながらエステル結合を生成する反応を指す．
[*3] 有機廃棄物（食品残渣や庭ゴミなど）を入れ，微生物処理（発酵）によって堆肥化させる目的で利用される袋．

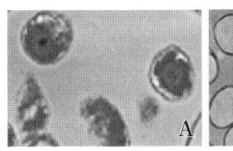

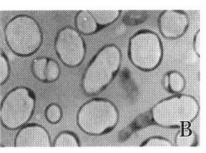

図 18-2 PHBH を蓄積した微生物の電子顕微鏡（TEM）写真
図中菌体写真の黒い部分が細胞質，白い部分が PHBH．
A：菌体増殖期の菌体，B：PHBH 蓄積期の菌体

図 18-3 PHBH の構造

より高分子量の PLLA を合成する方法として直接脱水重合法が開発されています．

⑤ **PHA 系**：PHA（poly-hydroxy-alkanoate）は，微生物によって合成されて細胞内に蓄積する脂肪族ポリエステル（図 18-2）です．1925 年にパスツール研究所（フランス）の Lemoigne らにより発見された PHB（poly-3-hydroxy-butyrate）以降，実用化への研究が重ねられてきました．古くは 1980 年代にイギリスの ICI 社が PHBV（poly（3-hydroxybutyrate-co-valerate））「バイオポール」の商業生産を行いましたが，価格が高いことや，物性面，加工性で化石原料由来のプラスチックに劣っていたことなどが理由で生産は中止されました．

しかしながら近年，バイオプロセスの進歩や，2 成分以上のモノマーからなる共重合体の生産技術開発が進み，PHBV（Tianan 社「エンマト」）や PHBH（カネカ社「アオニレックス」）などの商業生産が始まっています．

PHBH は (R)-3-hydroxy-butyrate（3HB），および (R)-3-hydroxy-hexanoate（3HH）からなる共重合ポリエステル（図 18-3）であり，その 3HH モル分率によって結晶性が変化することにより，硬い性質から柔軟な性質まで物性をコントロールすることが可能です．たとえば 3HH：7 mol％の PHBH は引張破断伸び 10 ％程度とほとんど柔軟性を示しませんが，3HH：11 mol％では引張破断伸び 300 ％程度と高い柔軟性を示し，軟質プラスチックであるポリプロピレンやポリエチレンに近い物性を示します（図 18-4）．ま

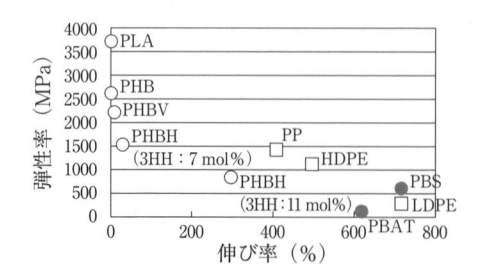

図18-4 代表的なプラスチックの伸び物性と伸び率
PP：ポリプロピレン，HDPE：高密度ポリエチレン
LDPE：低密度ポリエチレン

18・4 おもな非生分解性バイオプラスチックの種類と特徴

た，PHA系のバイオプラスチックは高い生分解性を示すことも特徴です．このような性質から，今後さまざまな用途での普及が期待されています．

① **ポリアミド系**：植物油脂を原料にして化学合成されたエンジニアリングプラスチック[*4]です．非食用植物由来の原料（ひまし油）を原料に用いたポリアミド11がアルケマ社「リルサン」などとして商業生産されています．高い耐熱性（130℃），柔軟性，優れた加工性を有することから，携帯電話やPCの筐体，スキーブーツ，めがねフレームなどに利用されています．製造方法は，ひまし油から抽出した脂肪酸をもとに11-アミノウンデカン酸を化学合成し，それを重合させています．

② **バイオPE**：でんぷんやショ糖などの原料からアルコール発酵により生産されたバイオエタノールを脱水して得られるエチレンから製造されるポリエチレンで，ブラジルのBraskem社が2009年より量産を開始しています．

③ **バイオPET**：バイオエタノール由来のモノエチレングリコールと石油由来のテレフタル酸からなる共重合ポリエステルです．最近では，テレフタル酸を植物由来の発酵イソブタノールから合成したキシレンを用いて合成する植物由来バイオPETの開発が進行しています．

18・5 バイオプラスチックの用途

バイオプラスチックの用途は，大きく生分解性用途と耐久材用途（非生分

[*4] 構造用および機械部材に適合している高性能プラスチックで，おもに工業用途に使用されるもので，耐熱性が100℃以上のもの．

解性用途）に分けられます．前者は使用後に微生物によって分解されることにより，環境負荷を低減させる目的での利用が期待されており，コンポストバッグや農業用マルチフィルム，漁業用資材などがおもな用途としてあげられます．また，将来的には嫌気発酵処理によって分解させることでメタンガスに変換し，エネルギー回収を行うことでさらに環境負荷を低減することが可能だと考えられています．一方後者は，従来の化石資源由来のプラスチックと同様の用途での利用が想定され，生分解性は求められず高い耐久性（耐熱性，耐加水分解性，耐光性など）が求められます．

プラスチックの成形体は製造する製品の形態（たとえば，シート，フィルム，ボトルなど）や用途，および，成形方法（たとえば，インジェクション成形[*5]，カレンダー成形[*6]，インフレーション成形[*7]など）によって要求される物性が異なることから，目的に応じて物性の異なる数種類のプラスチックを混合使用する必要があります．

バイオプラスチック製品にも同じことが当てはめられることから，物性の異なる多種類のバイオプラスチックが開発されることで使用可能範囲は広がります．PHA系の商業化やPLAの物性改善，バイオPE，PETの登場，また，本書で紹介しきれていない多くのバイオプラスチックの開発（ポリカーボネート樹脂，ウレタン樹脂など）も進んでおり，今後は加工成形の際の選択肢が増え，生分解性用途から耐久材用途まで幅広い用途展開が可能になると期待されています．

18・6　バイオプラスチックの普及に向けた課題

　PLA，PHAなどの近年開発されたバイオプラスチックは，加工技術や物性改質技術の開発が普及に向けた課題となりますが，上述したようなsc-

---

[*5]　プラスチックを加熱溶融させ，所望の形状をした金型内に流し込み，冷却・固化させる事によって，所望の形状をした成形体を得る方法．
[*6]　プラスチックを加熱したロールの間で溶融させつつ圧延し，その後，数本のロールで固化させつつ圧延して，所定の厚さのシート状の成形体を得る方法．
[*7]　プラスチックを加熱溶融させ，円筒状に押し出し，そのなかに空気を吹き込んで膨張させた後，冷却し，薄いフィルム状の成形体を得る方法．

PLAやPHBHのような共重合PHAの開発により技術改良が進展しています．とくにPEやPETなど，従来のプラスチックと同様の構造のものが植物資源から製造された場合は，成形加工技術やリサイクルシステムなどの技術蓄積がそのまま利用できるため，普及は比較的速いと推測されます．また，これらの普及に向けた別の課題として，章のはじめでも言及した温室効果ガス削減に対する評価方法の確立があげられます．評価基準としては国際的にLCA[*8]という考え方が普及しています．とくにバイオプラスチックの分野では，LCAの評価としてカーボンフットプリントが用いられています．カーボンフットプリントでは，原料（生産過程も含む）からプラスチックが製造され，使用後に廃棄される全過程において，温暖化ガスの出入りを定量評価します．しかしながら，現在は評価基準が統一されておらず，製品のLCA評価としては不十分な状態です．今後は，カーボンフットプリントの評価を適切に行う国際的に統一された評価方法としてISO14067の発行，運用を進めることが重要です．評価基準が統一されることで，省エネルギー，低コストでバイオプラスチックを生産することが評価され，プロセス改良が進むことが期待できます．石油化学によるプラスチック生産は約50年の技術改良を経て，現在のような効率的，かつ低コストで生産できるプロセスができあがっています．バイオプラスチック産業もその道をたどることで，目的に応じた物性の製品を安価に，そして環境負荷低減可能なプロセスで世の中に提供する技術開発を進める必要があります．

〔佐藤俊輔〕

より進んだ学習のための参考書

望月政嗣・大島一史 監修（2009）『バイオプラスチックの素材・技術最前線』地球環境シリーズ，シーエムシー出版
木村良晴 他（2006）『天然素材プラスチック』高分子先端材料 One Point 5，共立出版
土肥義治 編（1991）『生分解性プラスチックのおはなし —環境にやさしい新素材』日本規格協会

[*8] life cycle assessment の略．製品の製造から廃棄までの一連の環境負荷を明らかにし，その改善を促すために算出される値．原料の製造過程における環境負荷も加味される．

19. バイオリアクター

19・1 はじめに

バイオリアクター（bioreactor）は，微生物などの細胞や酵素を生体触媒として用いて生化学反応を行う装置です．扱う生体触媒も遺伝子工学や培養技術の発達に伴い多種多様に発展しています．バイオリアクターは，通常の触媒反応器による化学反応に比べて，穏和な条件で反応が行えるほか，副生成物が少ない，工程が少ない，収率がよいなど多くの利点があります．しかし，雑菌汚染や生体触媒自体の失活など，問題点も多くあります．バイオリアクターを広い意味で捉えると，味噌や酒を造るための樽や桶を含めることができます．また，廃水の生物処理施設や水族館の水質浄化施設も好気性細菌や嫌気性細菌の力で有機物を分解することから，バイオリアクターの一種といえます．さらに，グルコースや有機酸を固定化酵素で計測する酵素バイオセンサーも広義のバイオリアクターに含まれます．ここではそれらのうち，生体触媒を担体に結合させて不溶化した**「固定化生体触媒」**を利用して有用物を生産する反応槽を（狭義の）バイオリアクターとして，以下に解説します．

バイオリアクターの最初の工業化例は，1969年，酵素アミノアシラーゼを固定化して用いた L-アミノ酸の製造であり，これは日本が世界に先駆けて行ったものです（図19-1 上）．酵素の抽出や精製にはコストや時間がかかることから，酵素を有する微生物をそのまま固定化してバイオリアクターに用いることも多く，この工業化例としては，アスパルターゼを有する微生物を固定化して用いた L-アスパラギン酸の製造があげられます（図19-1 下）．現在ではさまざまな形状のバイオリアクターや生体触媒の固定化方法が開発されており，多くの工業化例があります．生体触媒についても，酵素以外に，微生物や動物細胞，さらに細胞内小器官を利用しているものもあります．

第Ⅲ編　ホワイトバイオ

固定化アミノアシラーゼによる L-アミノ酸の製造過程

$$CH_3CONHCHRCOOH \xrightarrow{\text{アミノアシラーゼ}} NH_2CHRCOOH + CH_3CONHCHRCOOH$$

N-アセチル-DL-アミノ酸　　　　　　　　　L-アミノ酸　　　N-アセチル-DL-アミノ酸

　　　　　　　　　　　　　　↑―――――ラセミ化―――――↓

固定化微生物による L-アスパラギン酸および L-アラニンの製造過程

```
COOH              COOH                     
 |                 |                       
CH                CH                      CO_3 + CO_2
 |    アスパルターゼ  |    脱炭酸酵素           |
CH       →        CH - NH_2    →         CH - NH_2
 |                 |                       |
COOH              COOH                    COOH
フマル酸          L-アスパラギン酸           L-アラニン
```

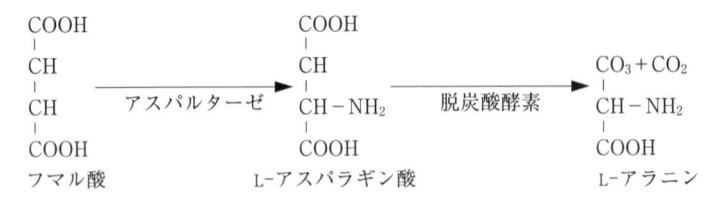

図 19-1　固定化生体触媒による最初の工業化例（製造過程）

　通常の培養や発酵の工程は，図 19-2 に示すように大きく回分式と連続式に分類することができます．従来の培養や発酵の多くは回分式であり，培養中に菌体量が変化します．しかし，バイオリアクターでは，菌体（＝生体触媒）が最初から高濃度の状態で固定化されており，そのため再利用も可能なため，運転形態としては多くの場合反復回分式や連続式が採用されています．
　反復回分式と連続式はいずれも生成液を抜いた分と等量の基質や培地を加えて反応を続ける方法ですが，固定化生体触媒は排出する生成液とは分離してバイオリアクター中に残すことができます．しかしこれらの方式は連続的な運転により効率がよい反面，多くの課題もあります．

19・2　バイオリアクターの利点と課題

　1980 年代に酵素や微生物の固定化技術が大きく進歩したことで，酵素や微生物を高濃度で不溶化することができ，また繰り返し再利用できるようになりました．そして現在，生物反応器「バイオリアクター」は飛躍的に普及しています．固定化生体触媒を用いるバイオリアクターでは，反応終了後に簡単な操作で固液分離ができます．そのため生産効率が高く，また運転の効

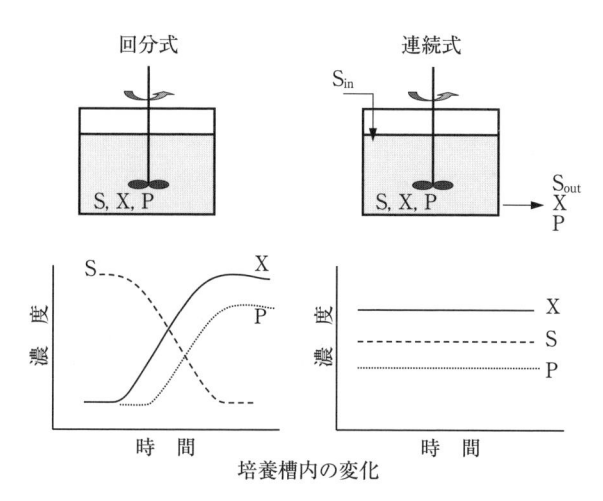

図 19-2 回分式と連続式との相違（モデル図）
S：培地基質濃度，X：微生物菌体濃度，P：生産物濃度

率も高くなるため，これらの結果として設備コストを小さくできる利点があります．そして均一状態で操作することにより，培養や酵素反応の環境を常に一定に保ちやすく，生産性が安定し，運転の自動化と省力化がしやすいことも利点です．

微生物や酵素を固定化せずに用いた反応に比べると，槽内の洗浄や殺菌操作の頻度を小さくできますが，その反面，運転中の雑菌汚染の発生リスクや使用株の変異発生リスクが増大するといった課題があります．

19・3 液の流れによるリアクターの分類

バイオリアクター内の流体の流れには，リアクター内の液の状態が均一な状態である完全混合流れと，不均一な状態である押し出し流れの2つに大きく分けられます．これらを図19-3に模式的に示します．

完全混合流れは，バイオリアクター内の液の成分が完全に均一であり，供給した基質や培地成分が，均一な生産物を含んだバイオリアクター内の液と瞬時に混合される反応系です．図19-2の連続式と同様に，出口流体の組成

第Ⅲ編　ホワイトバイオ

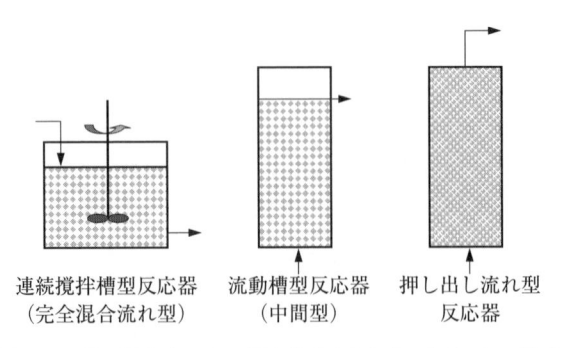

図19-3　液の流れ方による反応器（バイオリアクター）の形式

連続撹拌槽型反応器
（完全混合流れ型）

流動槽型反応器
（中間型）

押し出し流れ型
反応器

と反応器内部の物質の組成が等しい状態です．装置としては連続撹拌槽型反応器に対応します．

　押し出し流れは，供給された培地が，それ以前や以後に供給された基質や培地と交わることなく，反応液がまるでピストンで押し出されていくように流れる反応器です．そのため，押し出し流れはピストン流れともいわれています．リアクター内の反応はむしろ回分式に似ているといえるでしょう．この両者の中間型に位置づけられるのが流動槽になります．流動槽では上向きに流体を噴出させることによって，生体触媒固定化粒子を流体中に懸濁浮遊させた状態になり，全体が均一流体のような挙動を示します．このため生体触媒と流体の接触面積が比較的大きくなり，完全混合流れよりも高い反応効率が得られる傾向にあります．

　完全混合流れと押し出し流れを比較した場合，押し出し流れの方が多くの場合に高い原料濃度を保持でき，高い生産効率が得られ，副生成物が少なく，また工程数も少なくなるため，反応器として有利な点が多いといえます．また装置のサイズを小さくでき，設備コストやランニングコストを小さくできるので，連続式では押し出し流れ型のバイオリアクターが比較的多く採用されています．

152

19・4　固定化技術

　生体触媒の固定化はバイオリアクターの重要な構成技術です．固定化することにより，生体触媒を連続的に，繰り返して使用できるばかりでなく，生体触媒の欠点である不安定性を改善することができます．

　生体触媒の固定化では，生産目的にあった酵素や微生物菌株などの選択と，それを固定化するための方法の種類と組み合わせが大切です．固定化に用いられる担体は，機械的強度が大きく，物理的，化学的に安定であり，無害であるとともに，生体触媒を固定化するのに必要な官能基があるか，官能基を導入できるものでなければなりません．さらに固定化生体触媒はリアクターの設計に合わせて形状や大きさを変える必要があるので，加工成形が容易であることも重要であり，これらを加味した経済性も考慮しなくてはなりません．以下に紹介する固定化法にはそれぞれ長所と短所があり，その特徴を把握する必要があります．各固定化法の概念図を図 19-4 に示します．

(1) 担体結合法

　酵素の固定化によく用いられる方法です．表 19-1 の酵素の固定化のほとんどがこの方法です．酵素表面にある反応性に富んだアミノ酸残基，イオン

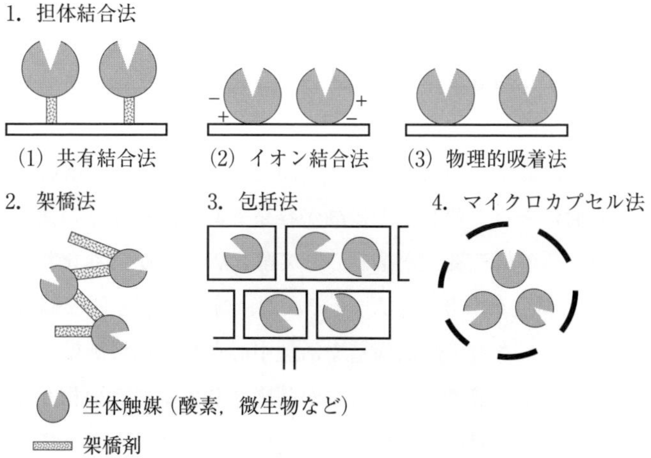

1. 担体結合法
　(1) 共有結合法　　(2) イオン結合法　　(3) 物理的吸着法
2. 架橋法　　3. 包括法　　4. マイクロカプセル法

　● 生体触媒（酵素，微生物など）
　▨ 架橋剤

図 19-4　固定化方法の分類

表19-1 バイオリアクターの工業化例

生成物	固定化生体触媒	基質
(酵素)		
L-アミノ酸	アミノアシラーゼ	アセチル-DL-アミノ酸
異性化糖	グルコースイソメラーゼ	グルコース
6-アミノペニシラン酸	ペニシリンアミダーゼ	ペニシリンG
低乳糖乳	ラクターゼ	牛乳
カカオバター油脂	リパーゼ	植物油
調味料	ホスホジエステラーゼ	酵母核酸
低苦味ジュース	ナリンギナーゼ	オレンジ果汁
(微生物)		
L-アスパラギン酸	アスパルターゼ	フマル酸
L-リンゴ酸	フマラーゼ	フマル酸
L-アラニン	脱炭酸酵素	L-アスパラギン酸
アクリルアミド	ニトリルヒドラターゼ	アクリルニトリル
パラチノース	α-グルコシルトランスフェラーゼ	スクロース
フラクトオリゴ糖	β-フルクトフラノシダーゼ	スクロース
D-アスパラギン酸	脱炭酸酵素	DL-アスパラギン酸
ビール	ビール酵母	麦汁
ワイン	ワイン酵母	果汁
酢酸	酢酸菌	エタノール
クエン酸	黒カビ	グルコース

性のアミノ酸残基，あるいは疎水性の領域を利用し，酵素活性の発現にできるだけ悪影響を与えない結合方法と担体を選んで，酵素を不溶性の担体に結合させる方法です．おもな結合方法としては共有結合法，イオン結合法，物理的吸着法などがあります．

　共有結合法は，酵素が担体にしっかり固定されているため離脱がなく，酵素が担体の表面にあって基質との接触が容易であり，担体との強固な結合によってタンパク質の構造変化が抑制されて酵素の寿命が長くなり，熱安定性も増すといった利点があります．　その反面，酵素が部分的な修飾を受けることにより，タンパク質の高次構造や活性中心が部分的に破壊される可能性があり，固定化により酵素分子の運動が制限されて基質との相互作用が起こりにくくなり，その結果活性が低下するといった可能性もあります．また，担体の再生ができないことも欠点としてあげられます．

イオン結合法は，簡単に酵素や微生物と結合させることができ，担体の再生が可能なことから，有用な固定化法の一つとして用いられてきましたが，その反面担体との結合力が弱いことが欠点としてあげられます．最初の固定化酵素の利用例である固定化アミノアシラーゼによる L-アミノ酸製造ではこの方法が用いられました．

物理的吸着法は，酵素を修飾することなしに固定化できますが，担体と酵素の結合は一般に弱く，温度や共存物質などの影響により，酵素が容易に離脱することがあるのが欠点です．むしろ最近では微生物菌体など細胞の固定化によく用いられています．代表的な例として，多孔質ガラスに酵母を吸着固定化し，ビール醸造に用いた例があります．

(2) 架橋法

担体を使用せずに酵素を2個もしくはそれ以上の官能基をもつ試薬と架橋反応させて巨大分子にして不溶化する方法です．よく用いられる架橋剤としては，グルタールアルデヒド，トルエンジイソシアネートなどがあります．簡単に酵素を不溶化できる反面，酵素が多量に必要なことや，架橋剤そのものの作用によって酵素が失活する可能性もあります．最近ではあまり利用されなくなっているようです．

(3) 包括法

包括法は，高分子ゲルを用い，一つの酵素だけでなく複数の酵素や微生物菌体，動植物細胞など幅広い対象を同じ手法で固定化できること，固定化操作中に酵素の修飾が起こりにくく，自然な状態を保ったまま固定化できることなどが大きな特徴です．

しかし，固定化条件によっては酵素の変性失活が生じることもあり，また基質が高分子である場合には酵素の作用を受けにくく，担体の再利用ができないなどの短所もあります．固定化方法は，網目構造をもつ高分子ゲルの格子のなかに生体触媒を閉じ込めます．とくに微生物を固定化する場合には，本法がよく用いられます．代表的な方法には，ポリアクリルアミドによる包括，海藻から得られる多糖類のアルギン酸をゲル化したアルギン酸カルシウ

ムや κ-カラギーナンによる包括,光架橋性樹脂プレポリマーやウレタンプレポリマーなどの合成プレポリマーを使った包括法などがあります.とくに光架橋性樹脂プレポリマーやウレタンプレポリマーは,酵素だけでなく微生物菌体や細胞内小器官の固定化に用いられており,酵母の固定化による工業用エタノールの製造が代表例です.

(4) マイクロカプセル法

生体触媒を天然高分子や合成高分子の膜で包み込む方法です.これには,相分離法,界面重合法,水中乾燥法などがあります.水溶液系から相分離させるゼラチンで生体触媒を包み込んだり,あるいは有機溶液系からエチルセルロースのカプセルをつくったりする方法が相分離法の代表的な方法です.

界面重合法は,酵素を,乳化剤を含む有機溶媒中に乳化させ,これにたとえば疎水性のセバコイルクロリドを加えて重合させ,生成したナイロンによって酵素溶液を包括する方法です.

水中乾燥法は,ポリマーの有機溶媒溶液に酵素水溶液を加えて撹拌し,一次乳化液をつくらせます.これをさらに非イオン性界面活性剤を加えて二次乳化液とし,撹拌をしていくとポリマーを溶解している有機溶媒が徐々に水に溶けます.さらに有機溶媒を蒸発させると,次第にポリマーの膜が酵素溶液のまわりに形成されて,マイクロカプセルを生成する方法です.

以上のように,固定化には種々の方法がありますが,一つの生体触媒に適した方法が,必ずしもほかの生体触媒の固定化に適用できるとは限らないので,生体触媒の種類や使用目的などに応じて,適宜,担体や方法を選択し,また改良する必要があります.

〔中西弘一〕

より進んだ学習のための参考書

山根恒夫(2002)『生物反応工学』第3版,産業図書
シーエムシー編集部 編(2001)『バイオリアクター技術』CMC テクニカルライブラリー,シーエムシー

20. 酵素プロセス

20・1 はじめに

生体内でさまざまの化学反応を触媒する酵素は，基質特異性や立体選択性が高く，食品や化学製品の製造に幅広く利用されています．本章では，酵素反応を利用したもの作り「酵素プロセス」の利点や工業利用例を紹介します．

20・2 酵素反応の利点

酵素反応および有機合成反応の一般的な特徴を表20-1に示します．酵素反応は常温・常圧で実施できるためエネルギー使用量が少なく，その上，水系反応であるため有害な廃棄物も少ない，環境配慮型のプロセスです．また，基質特異性や立体選択性が高いため，副生成物が少なく，目的生成物を高い収率で得ることが可能です．その一方で，有機合成反応に比べると反応時間が長く，また高濃度の基質／生成物の存在下では酵素の失活や反応阻害が起きて，生産性が低下するという難点があります．この問題を解決するために，目的の反応に適した反応性と安定性の高い酵素を自然界から探索する試みが続けられています．すぐれた酵素が取得できれば，有機合成に劣らない製造プロセスが確立でき，工業生産への応用が可能になります．

表20-1 有機合成反応と酵素反応の比較

		有機合成反応*	酵素反応
反応条件	温度	高温	常温
	圧力	常圧～高圧	常圧
	溶媒	有機溶媒	水
反応特性	速度	速い	遅い
	濃度	高濃度	低濃度
	基質特異性	低い	高い
	立体選択性	低い（ラセミ体）	高い
	副生成物	多い	少ない

* ここでは触媒を利用しない有機合成反応を示している．

20・3　酵素の利用形態

　工業用酵素は，一般的に微生物や細胞の培養により生産されます．最近では遺伝子組換えや高生産株の育種方法の技術革新により，酵素の安価な大量生産が以前に比べ容易になっています．生産された酵素は，酵素を含む細胞（菌体など）そのもの，その処理物（細胞破砕物，乾燥物など），もしくは細胞（菌体）から単離・精製した精製酵素など，さまざまな形態で利用されます．食品の製造には，細胞（菌体）由来の不純物が少なく，安全性の高い精製酵素が適しています．しかし，酵素の単離・精製には各種クロマトグラフィーを使った操作が必要で，製造コストが高くなります．一方，化学製品の場合は，食品に比べ安全基準が低く，かつ，酵素反応後の工程で不純物が除去できる場合が多いため，比較的安価な細胞（菌体）やその処理物を利用できます．また，酵素を含む細胞もしくは単離した酵素を樹脂などに固定化することも可能です（19章参照）．酵素の固定化操作にはコストがかかりますが，反応液からの酵素の分離・回収が容易になる利点があります．また，回収した酵素を次の反応に繰り返し使用できる場合は，結果的に製造コストの削減につながります．酵素を工業利用する際は，基質や生成物の性質，反応条件，酵素の能力，製品に求められる品質やコストに合わせて，最適な酵素の利用形態が検討されます．次項からは実際に工業利用されている酵素プロセスについて述べます．

20・4　工業利用例 ①　食品添加物 アスパルテーム

　食品分野では，古くから発酵という形で生物の酵素が間接的に利用されてきました．現在では糖や油脂，タンパク質などの加工や食品添加物の製造に多種多様な酵素が利用されています．

　食品添加物である人工甘味料アスパルテームは砂糖の約200倍の甘味をもち，低カロリー甘味料として飲料や食品に利用されています．アスパルテームはL-アスパラギン酸（L-Asp）とL-フェニルアラニン（L-Phe）から成るジペプチドのメチルエステル体です．D体のアミノ酸が含まれると異なる味

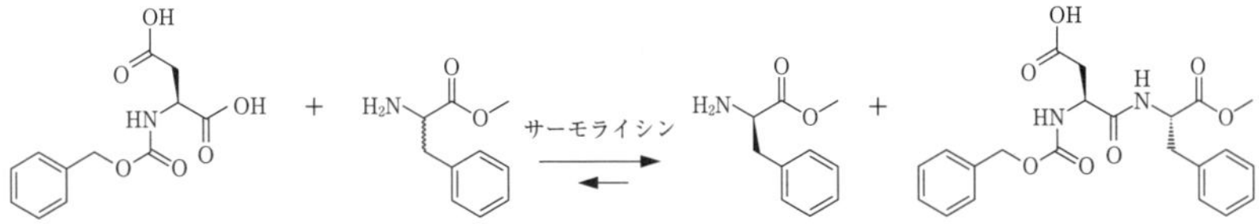

N-Z-L-アスパラギン酸（Z＝ベンジルオキシカルボニル基）　ラセミ体フェニルアラニンメチルエステル　D-フェニルアラニンメチルエステル（未反応物）　Z-アスパルテーム

図 20-1　酵素法によるアスパルテームの合成

を呈することから，光学異性体[*1]を含まない低コストの製造プロセスが求められおり，これまでにさまざまな製法が開発されてきました．その一つにプロテアーゼを利用した酵素法があります（図 20-1）．

本法には好熱菌 *Bacillus* 属細菌由来のサーモライシンと呼ばれるプロテアーゼ[*2]の脱水縮合反応が利用されます．ベンジルオキシカルボニル基（Z 基）でアミノ基を保護した L-Asp とラセミ体のフェニルアラニンメチルエステル（Phe-OMe）を原料とし，サーモライシンの基質特異性により L 体のみが縮合されます．その上，化学的な縮合反応では L-Asp の側鎖のカルボキシ基に Phe-OMe が付加した異性体が副生しますが，酵素法では目的物のみが得られます．酵素反応の生成物である Z-アスパルテームは残存する D-Phe-OMe と反応液中で付加体を形成して沈殿し，酵素と接触しにくい状態になります．このため酵素による生成物の加水分解が抑制され，高収率で生成物が得られます．本プロセスでは単離されたサーモライシンを水に溶解した状態で使用するため，沈殿した生成物と分離して再利用できます．沈殿物は酸処理によって Z-アスパルテームと D-Phe-OMe に分離し，さらに触媒を使った反応で Z 基を外すことでアスパルテームが得られます．また，残

*1　立体構造が互いに重ね合わせることができない鏡像関係にある立体異性体を光学異性体と呼ぶ．光学異性体のうち，一つの立体の割合が高い場合，光学活性体と呼び，置換基の命名上の優先順位により *S* または *R* を化合物名の頭に付けて表記する（アミノ酸など，慣例的に D，L で表記する場合もある）．また，光学異性体がほぼ等量ずつ存在する混合物をラセミ体と呼ぶ．

*2　タンパク質やペプチド（アミノ酸が複数結合したもの）のペプチド結合を加水分解する酵素．

存した D-Phe-OMe はアルカリ処理によりラセミ化し，原料として再利用されます．このような無駄のないプロセスにより，1987年に東ソー社とDSM社（オランダ）の合弁会社であるホーランド・スイートナー社は，オランダでアスパルテームの製造を開始しました．

アスパルテーム以外にも有用なペプチドは多数知られており，現在も，より安価で効率的なプロセスを求めて，さまざまな酵素を利用したペプチド合成法の研究が進められています．

20・5　工業利用例 ②　汎用化学品 アクリルアミド

汎用化学品は石油化学製品が中心であり，ほとんどの化合物が水に溶けにくいため，水溶性の酵素を用いたプロセスでは生産性が低くなりがちです．また，大部分の製品はすでに安価な化学的大量生産法が確立されているため，酵素プロセスの実用化の難易度が高い分野だといえます．

アクリルアミドはさまざまな化学製品（ポリアクリルアミド樹脂など）の原料として重要であり，世界で年間約50万トン以上の需要があります．アクリルアミドはアクリロニトリルの水和反応により工業生産が可能であり，古くから銅触媒を用いた方法で製造されていました．しかし，触媒の調製や反応後の脱銅イオン処理が煩雑であり，副反応（基質や生成物の部分的重合や，アクリルアミドがさらに加水分解されたアクリル酸の副生成）により低品質の製品しか得られませんでした．そこで，京都大学と日東化学工業社（現在のダイヤニトリックス社）が開発したのが，酵素（ニトリルヒドラターゼ）を用いたアクリロニトリルの水和法です（図20-2）．

アクリロニトリルをアクリルアミドへ変換するニトリルヒドラターゼは，

アクリロニトリル　→（ニトリルヒドラターゼ）→　アクリルアミド（目的生成物）　—×→　アクリル酸（副生成物）

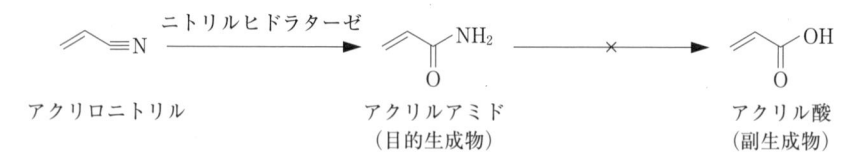

図20-2　ニトリルヒドラターゼによるアクリルアミドの合成

アクリロニトリル以外にはほとんど反応しないため，基質を完全に消費するまで反応してもアクリル酸の副生成量がきわめて少なく，銅を触媒とした方法に比べて高品質の製品を提供できます．本法では，ニトリルヒドラターゼを生産する微生物菌体をそのまま固定化して反応に用いることができます．アクリルアミドは水への溶解度が非常に高く，反応液から固定化菌体を除去すると高濃度のアクリルアミド水溶液が得られ，濃縮せずに簡単な精製操作を経て水溶液のまま出荷されます．*Pseudomonas* 属細菌 B23 株を使用した場合，7.5 時間の反応で 400 g/L の高濃度のアクリルアミドが合成され，収率はほぼ 100 %，アクリル酸の副生は 0.1 % 以下です．現在では，より能力の高い酵素を有する微生物が探索されるなか，一部では遺伝子組換え技術も活用されており，さらに生産性の高いプロセスになっています．酵素利用によって簡便なプロセスを確立できたアクリルアミドは，汎用化学品で酵素反応が実用化に至った例の一つです．

20·6　工業利用例 ③　精密化学品

精密化学品[*3]には医薬品や農薬の中間体など複雑な化学構造や立体構造をもつ化合物が多く，その合成においては酵素の基質特異性や立体選択性がとくに重宝される分野です．とくに医薬品では，光学異性体のうち一つの立体のみに生理活性がある場合に，目的としない立体が含まれると副作用を示すことがあります．そのため，光学異性体のうち，一つの立体（光学活性体）だけを効率よく合成することが求められる場合が多く，酵素を使ったプロセスが注目されています．

(1) 加水分解酵素を用いた D-アミノ酸の合成

生物のタンパク質を構成する L-アミノ酸とは逆の立体である D-アミノ酸は，医薬品や農薬の合成中間体として重要な化合物です．従来，ラセミ体アミノ酸の結晶化による光学分割法[*4]（脚注次頁）により D-アミノ酸は製造さ

[*3]　化学製品のうち，汎用化学製品に比べて複雑な構造で，少量多品種生産で付加価値の高い化合物群（医薬品，農薬，香料など）．

れていました．しかし，分割法では高純度の製品を得るのが困難で，収率も低く，高コストでした．

非天然型 D-アミノ酸の一つである D-p-ヒドロキシフェニルグリシン（D-HPG）は，抗生物質アモキシシリンの合成原料として用いられています．カネカ社は，5-置換ヒダントインの D 体選択的加水分解酵素を用いる D-HPG の製法（図 20-3）を京都大学と共同で開発し，1995 年から年間約 2000 トンの規模で生産しています．本法の原料である p-ヒドロキシフェニルグリシンヒダントインはアルカリ条件において容易にラセミ化するため，D 体のみを選択的に加水分解するヒダントイナーゼを作用させると，ラセミ体原料から全量を D-N-カルバモイル体に変換できます．当初は得られた D-N-カルバモイル体を化学反応により D-HPG へ変換していましたが，大量の廃棄物が発生するという問題がありました．そこで，さらに製法革新の研究が進められ，N-カルバモイル-D-アミノ酸を加水分解する酵素デカルバミラーゼが自然界より見出されました．さらにヒダントイナーゼとデカルバミラーゼの両酵素をそれぞれ樹脂に固定化し，長期間繰り返し使用可能な固定化酵素も開発され，経済的かつ廃棄物の少ないプロセスが確立されました．このヒダントインの二段階の酵素加水分解による D-アミノ酸の製法は，D-HPG に限らず，各種 D-アミノ酸の製造に応用することができます．

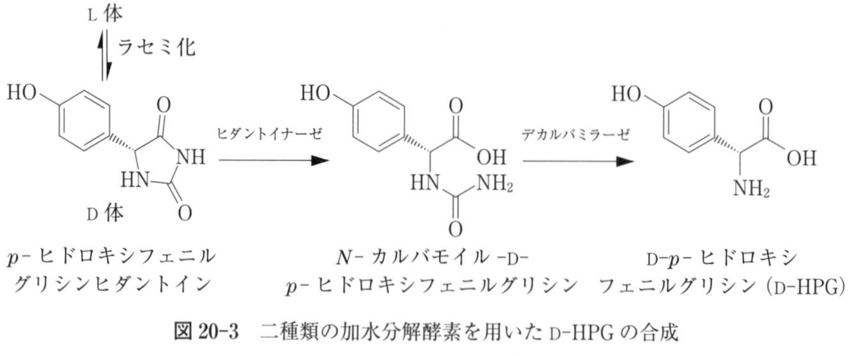

図 20-3 二種類の加水分解酵素を用いた D-HPG の合成

[*4] ラセミ体をそれぞれの光学異性体に分離する方法．結晶化による方法，クロマトグラフィーによる方法などがある．

(2) カルボニル還元酵素を用いた光学活性アルコール化合物の合成

　光学活性アルコール化合物[*5]は，ヒドロキシ基を種々の官能基に変換できるため医薬品を合成する際の鍵中間体として有用な化合物群です．光学活性アルコールの製造法には，ラセミ体アルコールの光学分割法がありますが，収率が50％を超えないため，経済的な製法とはいえません．一方，不斉炭素のないカルボニル化合物（C＝Oをもつ化合物）を立体選択的に還元する手法（不斉還元）は，光学分割法に比べて高収率であるため，経済的かつ効率的な製法です．有機化学的な不斉還元では2001年にノーベル化学賞の授賞対象となった野依触媒（金属錯体触媒）を用いた反応が有名ですが，酵素でも同様の反応が可能です．さらに酵素の場合は高価で資源量が有限な貴金属を用いずに済むという利点があります．京都大学とカネカ社は，多様な微生物から各種カルボニル化合物を立体選択的に還元する酵素を多数見出し，さまざまな光学活性アルコール化合物の製法を開発してきました．この酵素不斉還元反応では，カルボニル化合物を1分子還元するために1分子の還元型補酵素（NADPHもしくはNADH）が必要です．しかし，この還元型補酵素は非常に高価であるため，光学活性アルコール化合物の安価な合成には還元型補酵素の再生が不可欠です．この問題を解決するために，安価なグルコースを基質として，グルコース脱水素酵素（GDH）により酸化型補酵素

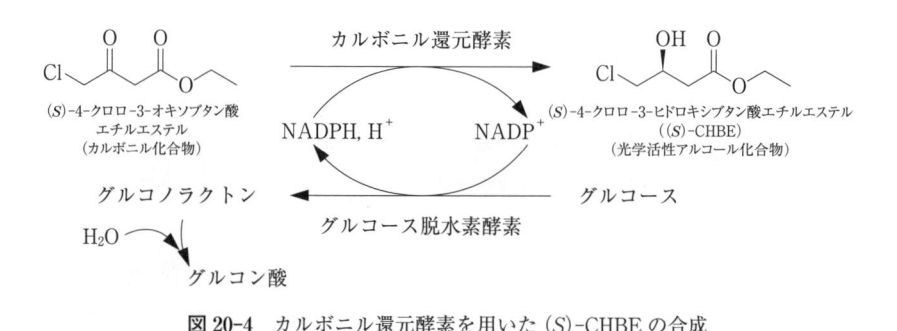

図20-4 カルボニル還元酵素を用いた(S)-CHBEの合成

[*5] 炭化水素の水素をヒドロキシ基で置き換えた化合物の総称を示す（飲料のアルコール（エタノール）ではない）．

を還元型に変換する手法が採用され，2種類の酵素を同時に使用する合理的な反応システムが構築されました．本法によって合成できる光学活性アルコール化合物には，たとえば高脂血症薬アトルバスタチンカルシウムなどの合成原料として有用な(S)-4-クロロ-3-ヒドロキシ酪酸エチル((S)-CHBE)があります．*Candida* 属酵母由来のカルボニル還元酵素とGDHを同時生産する遺伝子組換え大腸菌の菌体をそのまま触媒として用いることにより，一晩の反応で光学異性体(R)-CHBEをほとんど含まない(S)-CHBEが350 g/L以上の高い生産性で合成できます（図20-4）．本反応の基質・生成物はどちらも水に溶けにくいオイル状の化合物ですが，高い生産性を達成しており，酵素反応が水に溶けにくい化合物にも適用できることを示しています．現在，このような酵素的不斉還元は光学活性アルコール化合物を製造する汎用技術として，世界のさまざまな化学メーカーで利用されています．

20・7 今後の展望

酵素反応を工業レベルで利用するには，化学反応に匹敵する生産性が求められます．その実現には，反応性が高く，高濃度の基質・生成物存在下でも安定で，かつ反応阻害を受けない酵素が必要です．従来はこのような実用的な酵素を多大な時間と労力をかけて自然界より探索していましたが，近年ではゲノム情報の蓄積により，データベースから目的の酵素を探すことも可能です．また，酵素の結晶構造解析とコンピューターモデリングによって得られる立体構造情報の利用や，進化分子工学（27章参照）に基づいたスクリーニングにより，工業利用に適した変異酵素の迅速な開発が可能になってきています．今後もすぐれた工業用酵素と革新的な酵素プロセスが開発され，産業の発展に貢献することが期待されます．

〔西八條正克〕

より進んだ学習のための参考書

藤本大三郎（1988）『酵素の科学』生命科学シリーズ，裳華房
上島孝之（1999）『酵素テクノロジー』バイオテクノロジーシリーズ2，幸書房

第Ⅲ編

21. バイオ医薬品の生産

21・1　バイオ医薬品製造の現状

　大腸菌，酵母のような微生物や，CHO（チャイニーズハムスター卵巣）細胞のような**動物細胞**[*1]などを使って生産されるバイオ医薬品は近年大きく注目されています．その理由は，これらのバイオ医薬品が細胞内の複雑なタンパク質合成や修飾機能を活用しているため，触媒や酵素を単独で用いる化学合成と比べて多くの機能を医薬品分子にもたせることができ，副作用のないすぐれた薬効の医薬品を開発できる可能性が高いことによります．図21-1にバイオ医薬品生産で用いられる各種細胞の写真を示します．このような特長のあるバイオ医薬品ですが，その生産には下記の点を克服しなければなりません．

・細胞内のタンパク質合成，修飾は複雑であるため，単一の酵素反応で得られる化合物と比べて分子の構造が均一でないものが多く，最新の分析技術を用いても同一性を検証することは極めて困難である．

大腸菌　　　　　酵母　　　　　CHO

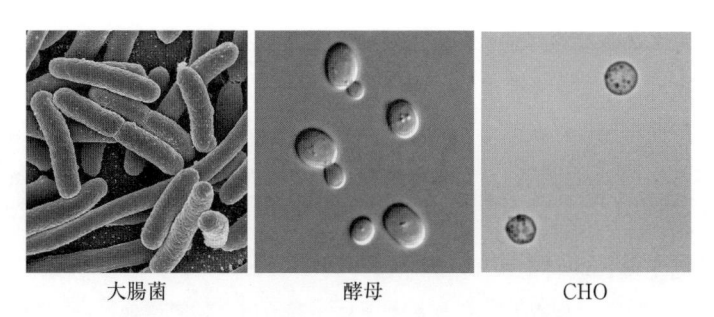

図 21-1　バイオ医薬品生産で用いられる各種細胞
（大腸菌：NIAID ホームページより，酵母：Wikipedia より）

[*1]　バイオ医薬品の生産に用いられる動物細胞は動物体内から得られたものに由来するが，生体外で培養することにより，大量に増殖させることができる．

・医薬品を生産させるための組換え細胞に由来する不純物を十分除去しないと，アレルギーなどの免疫原性の問題を起こすことがある．
・生産工程におけるわずかな変更によって，得られる製品の品質や不純物などが変化する可能性がある．
・製造設備の建設に膨大な費用がかかる．

　これらの課題を解決するため，多くの会社が生産プロセスや品質検査の技術，経験，ノウハウを蓄積してきました．最近ではこれらの技術の一部を公開して共通化することで業界全体としての開発効率の向上をはかることも行われ始めています．

21・2　バイオ医薬品生産プロセスの概要

　バイオ医薬品生産は，(1) 生産用細胞の作製工程，(2) 生物反応により目的物を生産する培養工程，(3) 夾雑物を除去し，目的物の純度を上げる回収・精製工程，(4) 最終的に医薬品として製品とするための製剤工程，から構成されます．

(1) 生産用細胞の作製工程

　微生物には遺伝子組換えが容易であり増殖が速いという特長がありますが，高分子タンパク質の生産や糖鎖修飾の機能が限られているため，動物細胞によってのみ生産可能な医薬品（**抗体医薬**など）が多く存在します．動物細胞は複雑な栄養素を要求し，物理的に脆弱でしかも成長速度が遅いため，高い生産性を保った状態で大容量培養させるためには多くの問題を解決する必要があります．以下おもに動物細胞を用いた医薬品生産工程について説明します．

　医薬品生産に最適化された細胞はマスターセルバンクとして液体窒素中（-196℃以下）で保存し，それをもとに一部溶解，培養増殖させて生産用のワーキングセルバンクを調製し，再度液体窒素中で保存します．

(2) 培養工程

　ワーキングセルバンクから取り出した凍結保存細胞を溶解し，数段階の種

培養工程を経て生産培養を行い，目的生産物を含む培養液を得ます．

a. 培養方法

一般に行われている培養方法には，**回分式，流加式，連続式（灌流培養）**があります[*2]．医薬品生産に用いられる場合の特徴としては下記のようなことがあげられます．

ⅰ）回分式

培養を始める際に必要な栄養成分をすべて培地中に入れておく方法です．開発初期段階の小スケール培養や，数 mL の凍結保存状態から数 10 〜 数 100 m^3 の生産培養に至るまでの準備工程において一般的に行われているものであり，設備としてはもっとも簡単です．しかしながら，培養初期において栄養成分である糖やグルタミンの量が多すぎるため，乳酸やアンモニアといった有害成分が余分に産生される傾向にあります．さらに培養可能期間が短い，到達細胞密度や目的とするタンパク質の生産性が低いといった問題があります．

ⅱ）流加式

培養中に栄養成分を加えていくため，培養初期の糖やグルタミンの濃度を低くすることができ，乳酸やアンモニアなど有害成分の過剰な蓄積を防止できます．高価な培地成分をもっとも有効に使い尽くす方法であるとともに，回分式から比較的容易に装置改造できるため，現在のバイオ医薬品生産ではもっとも多く用いられています．

ⅲ）連続式（灌流培養）

この方法では老廃物を連続的に除去できるため，培養槽内の細胞密度，タンパク質生産速度をさらに向上させることができます．細胞を槽内に残したまま培養液だけを抜き出す方法としては，膜，網，遠心分離，重力沈降などの各種方法が考え出されています．しかしながら老廃物とともに培地成分や生産物も抜き出されるため，抜き出した液から回収される生産物濃度が低くなり，また培地中の栄養成分も未使用のままで廃棄される割合が高く，培地

[*2] 各培養方法については 19 章を参照．

図 21-2　大容量細胞培養槽

コスト，精製コストが割高になるというデメリットがあります．このような課題のある連続式ですが，長期間にわたって安定生産できるという魅力は捨てがたく，実用化に向けた課題解決の努力が続けられています．

b. スケールアップ

医薬品生産用の培養槽は，組換え微生物の場合 80 m^3，組換え動物細胞の場合 25 m^3 までのものがつくられています．図 21-2 に大容量細胞培養槽を示します．**スケールアップ**に伴い培養環境が変化するため，スケールアップ後も生産性を維持するためには生産プラントにおいて実験室レベルと同じ環境を維持するか，あらかじめ大量生産時の環境を把握した上でのプロセス開発が必要になります．

生産性に影響する培養環境としては，とくに槽内のガス交換，撹拌による激しい流動によって細胞が受けるダメージ，混合，および発泡をそれぞれ適正範囲内に収める必要があります．これらを考慮した設計には実験により求められた計算式が多く用いられますが，この計算式は実験装置と相似形の場合にのみ使用可能であるため，注意が必要です．実験装置形状に制限され

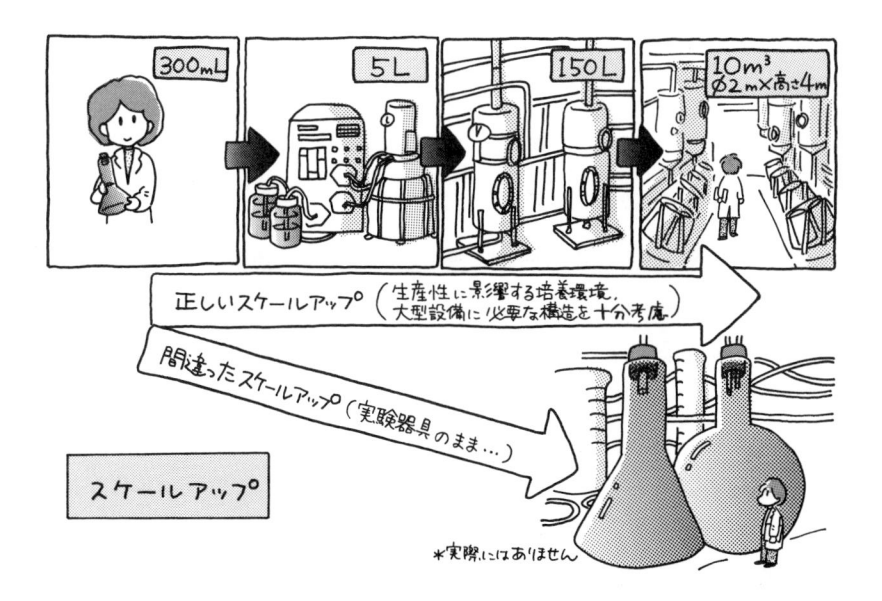

ず，任意の形状，運転条件で設計するため，数値流体力学（computational fluid dynamics；CFD）[*3] による培養槽の性能計算が多用されるようになってきました．実験による細胞への乱流の影響と組み合わせて用いる事により，細胞ダメージが少なく，酸素供給がすぐれた培養槽の設計が可能になります．

21·3 回収・精製工程

バイオ医薬品の回収工程において，生産様式が細胞内生産である場合には細胞を，分泌生産である場合には培養液を回収します（表21-1）．宿主として酵母や動物細胞を用いる場合には細胞内生産と分泌生産の2つのケースがありますが，大腸菌は一般にタンパク質を大量に分泌しないので細胞内生産に限定されます．バイオ医薬品の回収工程には多くの場合遠心分離と膜分離が，単独あるいは組み合わせて用いられています．細胞内生産の場合には細胞を集めることで生産物を濃縮できますが，宿主由来のタンパク質（および

[*3] 章末参考書『コンピュータによる流体力学』を参照．

表 21-1　宿主細胞による生産様式と糖鎖修飾の違い

宿主細胞	生産様式	糖鎖修飾
大腸菌	細胞内生産	なし
酵母	細胞内生産あるいは分泌生産	あり（酵母型）
動物細胞	細胞内生産あるいは分泌生産	あり（動物型）

そのほかの細胞由来成分）も同時に濃縮されるので，精製工程の負荷が大きくなります．分泌生産の場合はその逆であり，回収工程で細胞を除去することによる濃縮効果はわずかですが，宿主細胞に由来する成分の混入が少なく精製工程の負荷が少なくて済みます．バイオ医薬品にはきわめて高い純度が要求されるため，抗体医薬をはじめ多くのものが分泌生産で製造されていますが，① インスリンに代表される初期のバイオ医薬品，② 糖鎖修飾が薬理活性に必要でないタンパク質，③ 細胞外に分泌されないタンパク質，などには細胞内生産が適用されています．

バイオ医薬品の精製工程は生化学実験室で行われている一般的なタンパク質精製と原理的には同じですが，① プロセスの経済性，② プロセスの頑健性・再現性，③ 医薬品製造に要求される管理された作業環境，などを考慮したプロセス設計がなされています．主要な単位操作として，① **硫安沈殿** のような濃縮，② **膜分離**，③ **カラムクロマトグラフィー**，をあげることができますが，このなかでも精密な分離を可能にするカラムクロマトグラフィーが精製工程における中心的な役割を担っています．ここではバイオ医薬品の代表格ともいえる抗体医薬を例にとって現在確立されている精製工程を説明します（図 21-3）．

上で述べた細胞除去（回収）工程の後，培養液は**プロテイン A 固定化ゲル**を充填したカラム（プロテイン A カラム）に通液されます．抗体はこのカラムにほぼ 100 % 捕捉され，その後酸性（pH 3～4）の緩衝液を用いて溶出されます．次に陽イオン交換カラムや陰イオン交換カラムなどによる精製，最後に限外ろ過／透析ろ過（UF/DF）によるウイルス除去操作を経て製剤化されます．このように抗体医薬の精製工程はかなりの程度共通化されています

21. バイオ医薬品の生産

```
細胞培養
  ↓
遠心分離・膜分離
  ↓
プロテイン A カラム
  ↓
┌ - - - - - - - - - - - ┐
│ 陽イオン交換カラム      │
│    ↓                │
│ 陰イオン交換カラム      │
└ - - - - - - - - - - - ┘
  ↓
限外ろ過／透析ろ過
  ↓
製剤化
```

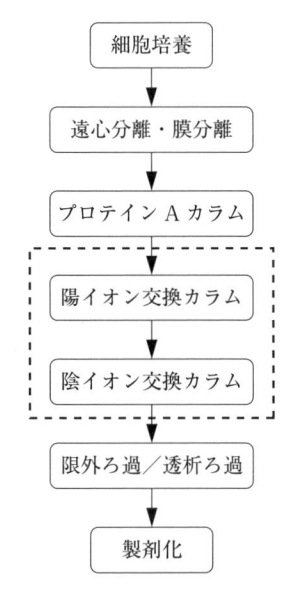

図 21-3　抗体医薬の精製スキーム

が，図 21-3 の破線で囲んだ部分には疎水クロマトカラムやマルチモードクロマトカラム[*4]などを組み合わせたバリエーションがあります．

21・4　プロテイン A アフィニティークロマトグラフィー

プロテイン A は黄色ブドウ球菌由来のタンパク質ですが，抗体の Fc 領域[*5]に特異的に結合する性質があり，1970 年代にはすでに抗体の精製に利用できることが報告されています．しかしながらこれが工業的に利用されるようになったのは 1990 年以降であり，現在では代表的な**アフィニティークロマトグラフィー**（親和性クロマトグラフィー）として大規模に利用されています．その陰には，大腸菌を用いた組換えプロテイン A の大量発現が可

[*4]　イオン的な相互作用，疎水性相互作用，弱い特異性をもった相互作用など複数の原理を組み合わせて分離を行うカラム．
[*5]　抗体分子（とくに IgG）をパパインで消化すると，可変領域を含む Fab と定常領域のみを含む Fc という 2 種類の断片が得られる（第 4 章参照）．Fc という名前は結晶化しやすい断片（fragment, crystallable）という意味に由来する．Fab の機能は抗原との結合であるが，Fc は抗体の「エフェクター機能」と呼ばれる種々の機能を担っている．

171

能になったことや，繰り返しのアルカリ洗浄にも耐える改変体が開発されたことなど，いくつものブレークスルーがありました．しかしながらプロテインAゲルは低分子をリガンド[*6]とする一般の分離基材と比較すると高価であり，抗体医薬の製造コストが高いことの一因であるともいわれています．

21·5 製剤工程

抗体医薬を含むバイオ医薬品はほとんどの場合，原薬と製剤の組成が同じであり，錠剤などの固形剤では流通していないといった特徴（低分子医薬品との違い）があります．投与形態はほとんどの場合，静脈注射あるいは皮下注射であり，それに適した液剤あるいは凍結乾燥品が最終形態になっています．したがって，バイオ医薬品の製剤工程は精製工程の最後段階に続く緩衝液交換，保存剤の添加，凍結乾燥といった比較的単純な操作で完結することが多いのですが，一方では血液製剤と同じように，ウイルス混入の可能性を常に意識する必要があります．このためウイルス除去の度合い（ウイルスクリアランス）は極めて重要な管理項目になっており，製剤はもちろんのこと，精製の各工程でのウイルス不活化／除去が厳しくチェックされています．ちなみに厚生労働省は2つ以上の異なる原理のウイルス不活化／除去工程を含むプロセス設計（たとえば低pH処理＋イオン交換クロマト＋ウイルス除去膜の使用）を推奨しています．

21·6 まとめと展望

抗体医薬に関連した技術はこの10年余りの間に飛躍的な進展を遂げましたが，そのなかでもCHO細胞を宿主とした抗体生産能の向上は特筆に値します．その結果，生産現場において培養液1Lあたり数gの抗体が得られるようになっています．精製工程も含め，抗体医薬で蓄積された生産技術はほかのバイオ医薬品にも応用できることから，将来バイオ医薬品の製造コストが下がり，結果として国全体の医療費の低減につながることが期待できます．

[*6] 分離基材上の機能性原子団あるいは分離基材に固定化された機能性分子．

バイオ医薬品の生産においては低分子医薬に比べて煩雑な洗浄バリデーション[*7]が必要とされ，これが作業員の大きな負担になっています．これを解消するための試みとしてシステムの「**ディスポーザブル化**（ディスポ化）」あるいは「**シングルユース化**」と呼ばれる動きがあります．とくに培養容器のディスポーザブル化が先行しており，培養液の入ったプラスチックバッグを台の上で揺らす様子はそれまでの細胞培養のイメージを変えるものとして話題になりました．さらに最近では1000 Lスケールの樹脂製シングルユース培養装置も市販されています．臨床試験に供するスケールであれば，プロセス全体にわたってかなりの部分がディスポーザブル化できるという意見もあり，こうした動きが今後広がっていくのかどうか注目されるところです．

〔村上 聖・柿谷 均〕

より進んだ学習のための参考書

J. H. ファーツィガー・M. ペリッチ（2003）『コンピュータによる流体力学』シュプリンガー・フェアラーク東京

『抗体医薬品における規格試験法・製造と承認申請』サイエンス＆テクノロジー（2009）

Uwe Gottschalk 編（2009）『Process Scale Purification of Antibodies』Wiley

---

[*7] 承認された洗浄手順を用いることにより実際に十分な洗浄がなされていることを確認して文書化すること．

22. オミックス解析

22・1 オミックスとは

　バイオを勉強していると，ゲノム（genome）やプロテオーム（proteome）という言葉をよく聞くでしょう．ゲノムは，遺伝子「gene」に「総体」を表す接尾語「ome」を付けたもので，生物の遺伝情報全体を示しています．プロテオームであれば，「protein + ome」で，タンパク質全体のことです．この ome（オーム）に，「学問」を表す接尾語の ics を付けた言葉が"オミックス"で，生体内の個々の分子や現象にとどまらず，生体システム全体を網羅的に調べようとする研究分野のことです．具体的には，遺伝子の構造や機能解析（ゲノミクス），遺伝子の転写発現解析（トランスクリプトミクス），タンパク質の構造や機能解析（プロテオミクス），糖質の構造と機能解析（グライコミクス），脂質の構造と機能解析（リピドミクス），代謝産物の網羅的な解析（メタボロミクス），そして形質や表現型の解析（フェノミクス）などが含まれます．では，なぜこのような言い方をするようになったのでしょうか？

　それは，生命科学の解明のためには，ひとつの学問領域だけでは話が済まなくなってきたからです．図 22-1 は，生命現象を階層的に表したオミックスの階層構造を示してあり，ゲノミクス（DNA）から始まって，フェノミクス（個体の表現型）まで，それぞれのオミックスが生命現象の階層的概念を形成しています．それぞれの階層の解析がオミックス解析で，いくつかを連関させて解析するのを統合的オミックス解析といいます．統合的オミックス解析を行うと，ひとつのオミックスではつかみきれない生命現象をより広く理解することができます．がんを例にとり，「がんのオミックス」を図 22-1 に沿って説明します．

　「がん」とは，まず，正常な細胞の中で遺伝子が変異を起こし（ゲノミク

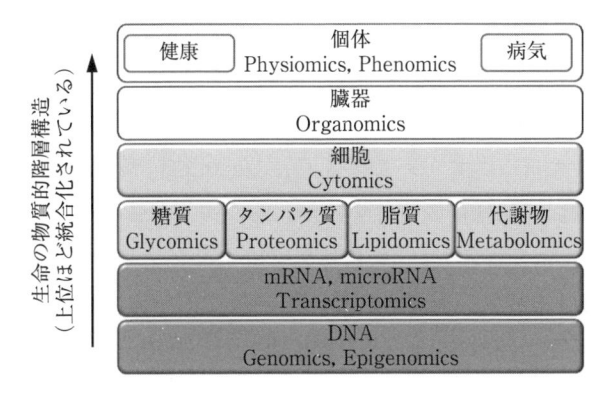

```
          個体
    健康  Physiomics, Phenomics  病気
          臓器
          Organomics
          細胞
          Cytomics
  糖質      タンパク質    脂質        代謝物
  Glycomics Proteomics  Lipidomics  Metabolomics
          mRNA, microRNA
          Transcriptomics
          DNA
          Genomics, Epigenomics
```

生命の物質的階層構造（上位ほど統合化されている）

図 22-1　オミックスの階層構造

ス，エピゲノミクス）→ その変異遺伝子が持続的に発現され（トランスクリプトミクス）→ そこから細胞の増殖を引き起こすタンパク質（増殖因子）が持続的に合成され（プロテオミクス）→ そのタンパク質の機能によって細胞が合成する細胞表面の糖鎖に異常が現れ（グライコミクス）→ 持続的な増殖因子と異常な細胞表面の糖鎖の作用で細胞同士のコントロールが壊れて細胞がどんどん増えだし（サイトミクス）→ 体内の臓器に「がん」という異常な細胞の塊ができ（オルガノミクス）→ 個体として「がん」を発症する（フェノミクス），というように，オミックスの階層で説明することができます．

　オミックスの各階層の特徴は，同種の物質レベルにそろえていることおよび，各階層で用いられる解析技術が同種であることです．ですから，階層ごとの物質的比較が可能で，縦に階層をつなげると個体から分子レベルまでの関連性がわかります．

　オミックスの考え方は生命現象の解明や病気の原因を調べるのに非常によい方法です．なぜなら，生命現象や生体反応はいつも全体の流れで営まれているからです．また，この方法は，病気の治療法を開発していくことにも威力を発揮します．たとえば，がんの治療戦略を考えるとき，遺伝子レベル，細胞レベル，臓器レベルというように，三段戦略でそれぞれ治療手段をつくることができ，三段すべて組み合わせた総合戦略の治療法もつくることがで

きるからです．

　オミックス解析ではゲノム解析が一番進んでおり，従来の古典的なDNAとmRNAのほかに，21世紀に入って新たに重要な解析対象が注目されだしました．一つめは，エピゲノミクス(epigenomics)という分野です．エピゲノムとは遺伝子配列は変化せずに後天的に修飾を受けた状態のことで，DNAのメチル化やヒストン(染色体を構成するタンパク質)のアセチル化など，遺伝子が化学的に修飾された状態を指しています．DNAが修飾されて機能発現が変化すると，がんや精神疾患の引き金になることもわかってきました．

　次に，遺伝子分野で大きな注目を浴びているのが，マイクロRNA (microRNA)です．microRNAは，タンパク質へ翻訳されずに意味のないRNAと思われていたノンコーディングRNAの一種で，20～25塩基の短いRNAからなり，特定のmRNAに結合して抑制や分解などの調節機能を発揮することがわかりました．mRNAはタンパク質合成の最終設計図で，合成されたタンパク質が細胞の機能を調節するのですから，mRNAを制御するmicroRNAというのは，結果的に細胞機能の調節に重要な役割を果たしていることになります．実際，がん細胞ではmicroRNAが病気の発症に大きく関与していることがわかってきました．さらにmicroRNAは，エクソソームという直径30～100 nmのリン脂質二重膜の粒子の中に入って，血流や乳汁を介してほかの細胞にも伝播していくこともわかりました．それゆえ，名前は「マイクロ」とついていますが，生命現象の中の「小さな巨人」ともいうべき存在です．このmicroRNAを制御して治療薬をつくろうという動きも出てきています．

22・2　オミックス解析の代表的手法

　次に，代表的なオミックスの解析手法を紹介しましょう．
　一番有名なのは，ゲノム解析に使うDNAチップ(遺伝子チップ)です．一般名でマイクロアレイということもあります．DNAチップには，ガラス

やプラスチックの板に DNA や RNA に結合するプローブと呼ばれる多種類の塩基のポリマーをあらかじめ貼り付けてあります．これに細胞から抽出した遺伝子群を接触させると，対応するプローブに抽出した遺伝子が存在量に応じて結合しますので，それらの遺伝子を蛍光で検出して測定することができます．正常細胞とがん細胞の遺伝子を比較すると，がん化に関係する遺伝子がわかりますし，ES 細胞や iPS 細胞などの幹細胞と分化した細胞の遺伝子を比較しますと，分化に関係する遺伝子がわかります．簡単かつ迅速に遺伝子を網羅的に検出することができますので，病気に関連する遺伝子検査のほか，汚染細菌の種類の同定や食品の品種の特定（トレーサビリティといいます）など，ライフサイエンス分野で広く利用され始めています．

　図 22-2 には実用化されている DNA チップの例をあげました．大きさは 5 cm 四方に収まる小さなものです．DNA チップは，搭載する遺伝子プローブ（どのような種類の遺伝子を検出するか）と信号の検出方法（蛍光あるいは電流）でいくつか種類があり，Affymetrix 社，Agilent Technologies 社，東レ，東芝，三菱レイヨンなどの企業が製品化しています．

　次に遺伝子解析に絶大な威力を発揮しているのが DNA シーケンサーです（23 章参照）．

　プロテオーム解析では，質量分析（マススペクトロメトリー）の手法が主流になっています．この方法は，2002 年にノーベル化学賞を受賞した田中耕一と米国のジョン・B.フェンによって開発されました．この 2 人によって質量分析装置がタンパク質の分析に使えるようになったのです．測定原理は，タンパク質を消化酵素で短く切断したペプチドにレーザーでエネルギーを当ててイオン化し，イオンになって飛び出したペプチドイオンの飛行距離

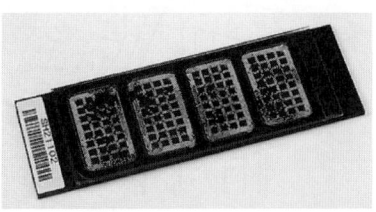

図 22-2 実用化されている DNA チップの例
（東レ社製 3D-Gene®，同社の写真提供による）

第Ⅳ編　バイオ・ア・ラ・カルト

を計測して質量を決定するというものです．イオン化には，マトリックスという支持体を混ぜて行う方法と溶液のままイオン化する方法の2通りがあります．質量分析装置では，超微量のサンプルを超高速で，膨大な数のイオンを一気に計測することができるので，タンパク質解析における質量分析の威力は絶大です．たとえば，1990年代，液体クロマトグラフィーと電気泳動という定番の分析方法では血液1mLから1か月で100種類程度のタンパク質を決めることができましたが，質量分析法では，1週間で1万種類もの成分を決めることができます．

　質量分析装置は原理的にイオン化できる物質を計測できますが，低分子の方が分析しやすく，代謝物を解析するメタボロミクスにもよく使われています．また，タンパク質の修飾（糖鎖付加，リン酸化，ユビキチン化など）や糖鎖や脂質の分析にも利用され始めています．

　遺伝子解析の牽引車はDNAチップと次世代シーケンサーですが，タンパク質解析の牽引車は質量分析装置といってよいでしょう．こうしたブレークスルー技術が開発されると，科学の飛躍的な発展が可能となります．

22・3　オミックス解析データの処理と「見える化」

　前項に述べてきたように，遺伝子でもタンパク質でも数万種の分析データが短時間に取得できる時代になりました．次に求められるのは，こうした膨大なデータをどのようにまとめて，どのようにオミックスの全体像を描いていくかということです．この手法について簡単に述べましょう．

　ヒトの遺伝子には約 24000 のタンパク質の設計図があるとされていますが，一部変化したものや，microRNA なども含めると，もっと多くのデータが分析で得られることになります．実際の DNA チップによる遺伝子解析でも，数千～数万種の分析データが得られます．このなかから重要なものを選び出すのは容易なことではありません．これに威力を発揮するのが，バイオインフォマティクス (生物情報科学) と呼ばれる手法です．これは，遺伝子やタンパク質などのデータベースをつくり，ある法則性 (ソフトウェア) を使いながら，目的因子の絞り込み，目的因子の特性や構造，ほかの因子との相互関連性を導き出すのです．作業はコンピューター上で行うケースがほとんどで，データベース上でいくつかのソフトウェアを動かし，条件を吟味しながら，解析を行っていきます (25 章参照)．

　この手法をうまく使うと，健康な人の血液と病気の人の血液の比較から，病気の原因となるタンパク質を見出し，そのタンパク質の構造を調べて，それをターゲットにした医薬品の設計まで行うことも不可能ではありません．また，細胞に発現している遺伝子群の中で，一つの重要遺伝子に着目して，ほかの関連する遺伝子との関係を調べることもできます．

　その解析の一例を示しましょう．乳がんの原因遺伝子のひとつに *HER2* (*ErbB2* ともいう) という遺伝子があり，この遺伝子は細胞の表面に HER2 という増殖因子の受容体タンパク質をつくっています．もともと乳がん患者から見つかったタンパク質で，この受容体タンパク質が多く発現すると，細胞はいつも増殖のシグナルを受けることになり，どんどん増えてしまい，いわゆるがんの状態になってしまうのです．細胞の中では遺伝子やタンパク質がほかの因子と何らかの関係をもって機能していますので，HER2 に関係す

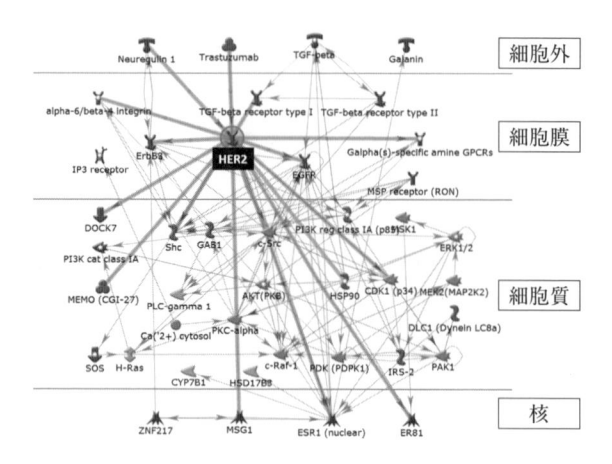

図22-3 MetaCoreを用いたHER2の細胞内のパスウェイ

る因子をバイオインフォマティクスの手法を使って解析し，細胞内の存在場所とほかの因子との相互関係を図示（「見える化」）すると，図22-3のようになります（見える化や図示の方法は，用いるソフトウェアによって異なります．ここでは，Thomson Reuters社のMetaCoreを用いました）．

　このネットワークのなかでは，シグナルの流れに沿って細胞内因子の関連経路（パスウェイ）も示されていますので，この場合はパスウェイ解析を行ったということになります．HER2は細胞膜にあって，EGFRやErbB3などのほかの増殖因子受容体と連動して機能しているほか，c-Srcというがん遺伝子を活性化していることもわかります．これらが持続的な細胞増殖のメカニズムになっていることが推察できます．

　HER2の場合は，この受容体に結合する抗体（trastuzumab＝商品名「ハーセプチン」）が治療薬となって開発されており，世界中で乳がんの抗体治療薬として使われており，HER2のパスウェイ解析にもそれが示されています．

　このように，バイオインフォマティクスの手法を用いて「見える化」という処理を行うと，目的因子が細胞のなかで多くのほかの因子とネットワークを形成して機能していることが一目で理解できるようにできます．遺伝子や

タンパク質の分析だけでなく，適切なバイオインフォマティクスでデータ解析することもとても重要であることがわかると思います．

　バイオインフォマティクスのもとになっているデータベースは，世界の研究者が発表した遺伝子・タンパク質・代謝物・細胞などの研究論文などで作成されていますから，いろいろなレベルのオミックス解析の結果を統合化して調べることができます．うまく使えば，一つの遺伝子の情報から，関係するタンパク質や細胞が産生する代謝物，さらには細胞機能の情報までをまとめて調べることができ，大変効率的です．世界最大のバイオデータベースは，米国国立医学図書館のNCBI (national center for biotechnology information) であり，遺伝子分野（ゲノミクス）に詳しく，日夜アップデートされています．タンパク質分野（プロテオミクス）ではスイスのUniProtが有名です．日本は糖鎖分野（グライコミクス）の研究が世界でも進んでおり，JCGGDB（日本糖鎖科学統合データベース）として公開しています．いずれも，データベースの名称で検索してインターネットでアクセスできますので，自分のオミックス分析の結果を，こうしたデータベースの上で，バイオインフォマティクスの手法を使って解析ができることは，先人達の研究遺産のおかげであり，感謝せずにはいられません．

　バイオインフォマティクスの研究者は少ないので需要が高く，もっと多くの研究者の参加が待たれる分野です．バイオに関心があって，コンピューターも好きだという方は，ぜひバイオインフォマティクスの解析手法も身に付け，効率的にオミックス解析研究を進めてみてはいかがでしょうか．

〔内海 潤〕

より進んだ学習のための参考書

児玉龍彦・仁科博道 (2005)『システム生物医学入門 ―生命を遺伝子・タンパク質・細胞の統合ネットワークとして捉える次世代バイオロジー』羊土社
服部成介・水島-菅野純子 著，菅野純夫 監修 (2011)『よくわかるゲノム医学 ―ヒトゲノムの基本からテーラーメード医療まで』羊土社

第Ⅳ編

23. 次世代シーケンサー

23・1 次世代シーケンサーとは

　DNAの配列を分析する方法としては，蛍光標識したヌクレオチド基質を酵素によって反応させ，電気泳動で分析するサンガー法と呼ばれる方法が用いられてきました．とくに，キャピラリー電気泳動装置を用いたDNA自動解析装置は，キャピラリー型シーケンサーと呼ばれヒトゲノム解析などで大いに利用されました．しかし，2005年頃から次世代シーケンサーと呼ばれる，従来の自動シーケンサーであるサンガー法によらない新しい原理に基づいたDNA塩基配列決定装置が発売され実用化されました．とくに，DNAポリメラーゼ（DNA合成酵素）やDNAリガーゼ（DNA結合酵素）などによる逐次的DNA合成法を用いて得られた反応産物を，蛍光や発光などの検出器で超並列的に検出する超並列型DNA自動解析装置が実用化されてきました．

　次世代シーケンサーは1台で，従来のキャピラリー型シーケンサーの200～1000台分のデータ産生能を有しており，これらの機器によりDNA解析技術の飛躍的・革命的な進歩がなされました．ヒトゲノムを数日で解析することも可能になり，1000人のヒトゲノムの解析が行われ（1000人ゲノムプロジェクト），1000ドル（約10万円）でヒトゲノム解析を行うということも実現されつつあります．

23・2 次世代シーケンサーの種類

　次世代シーケンサーはその原理により，反応産物の蛍光や発光などを光学的に同時並列的に検出する第2世代シーケンサー，DNAの一分子を蛍光化学反応で分析する第3世代シーケンサー，半導体チップなど光学的方法によらない方法で分析する第4世代シーケンサーなどに分類されます．

182

(1) 第2世代シーケンサー

次世代シーケンサーの実用化により，数十〜数百塩基の長さのDNA断片の配列データを数日のうちに，数千万〜数億断片解析することが可能になりました．このうち第2世代シーケンサーと呼ばれるDNA解析機器は，断片化したDNAに蛍光標識したヌクレオチドなどを，DNAポリメラーゼまたはDNAリガーゼなどで反応させ，生成した固相化蛍光分子を同時並行的に蛍光カメラで検出します．反応ごとに撮られた写真をコンピュータによる画像処理により配列データを得る仕組みです．2005年〜2007年にかけて実用化された代表的な製品には，次のようなものがあります．

a. 454シーケンンシングシステム（ロシュ社）

DNAポリメラーゼ反応により生じたピロリン酸をATPに変化させて発光反応で検出するパイロシーケンス法という方法が用いられます（図23-1）．

b. SBS (sequence by synthesis) 法による並列型解析システム（イルミナ社）

4つのヌクレオチドを酵素反応により個別に合成して伸長させ，その塩基を蛍光により検出する方法で，GAIIxやHiSeq，MiSeqなどの製品群があります．

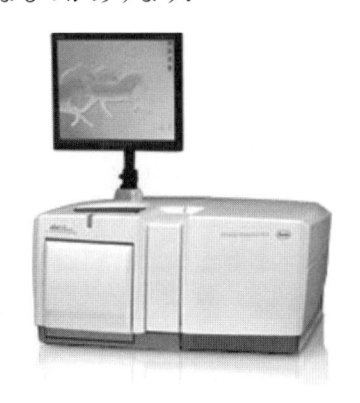

図23-1 最初に実用化された次世代シーケンサー454シーケンシングシステム（ロシュ社資料より）

c. SOLiDシステム（ライフテクノロジーズ社）

蛍光標識したDNA断片を段階的にDNAリガーゼにより連結させることにより配列決定を行う方法を利用しています．

(2) 第3世代シーケンサー

第2世代シーケンサーに続き，1分子のDNAを鋳型としDNAポリメラーゼによりDNA合成を行い，1塩基ごとの反応を蛍光・発光などの光学機器で検出することにより，リアルタイムで塩基配列を決定する1分子リア

第Ⅳ編　バイオ・ア・ラ・カルト

ルタイム・シーケンシングシステムが開発されました．これは，いままでの次世代シーケンサーとは異なる原理によるものであるため第3世代シーケンサーと呼ばれることがあります．この種の代表的な機器は Pacific Biosciences 社から PacBio という名前で発売されました（図23-2）．数千塩基長の比較的長い塩基配列を解読することが可能で，データ解析を簡潔に行うことが可能であることから，新規ゲノム解析や，微生物群を丸ごと解析するメタゲノムと呼ばれる方法への応用が期待できます．

図23-2　第3世代シーケンサー PacBio（Pacific Biosciences 社資料より）

(3) 第4世代シーケンサー

2011年には，蛍光による検出器を用いずに，断片化した DNA を半導体基板上で反応させ，生じたプロトンイオンを検出する半導体シーケンサー Ion PGM がライフテクノロジーズ社より発売されました（図23-3）．これは，数時間で塩基配列解読反応が終了し，しかも，半導体チップも安価なため，非常に安価かつ高速な解析が可能です．この半導体シーケンサーは第4世代シーケンサーと呼ばれることもあります．

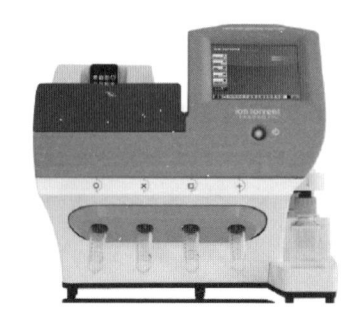

図23-3　半導体シーケンサー Ion PGM（ライフテクノロジーズ社資料より）

次世代シーケンサーをその特徴や性能でおおまかにまとめると表23-1のようになります（2012年現在）．しかし，技術革新や，各社の競争，買収，合併などが激しく，数年後にはまったく異なった新しい技術による製品が存在しているかもしれません．

表 23-1　次世代シーケンサーの分類

分類	第2世代シーケンサー	第3世代シーケンサー	第4世代シーケンサー
原理	逐次合成・蛍光検出による超並列型シーケンサー	1分子リアルタイムシーケンサー	光学的検出器によらない超並列型シーケンサー
解読塩基の長さ	25〜400塩基	2000〜10000塩基	100〜400塩基
解読塩基数	数十万〜数億リード／サンプル	数十万リード／サンプル	数十万〜数千万リード／サンプル
解析時間	10時間〜2週間	4〜6時間	1〜3時間
製品	454 GS FLX（ロシュ社）GAIIx, HiSeq, MiSeq（イルミナ社）SOLiDシステム（ライフテクノロジーズ社）	PacBio RS（Pacific Biosciences社）	Ion PGM, Ion Proton（ライフテクノロジーズ社）

23・3　次世代シーケンサーの応用

　従来のサンガー法による方法は主としてDNAの塩基配列を解読するという目的に使われることが多かったのに対し，次世代シーケンサーは，非常にハイスループットな（大量データ生産による）塩基配列決定が可能なため，新規のゲノム配列決定のほかに，図23-4に示すようないろいろな用途に用いられます．以下，各方法について解説します．

(1) 新規ゲノム解析

　次世代シーケンサーにより，ウイルス，細菌のようなサイズの小さなゲノムだけでなく，植物や動物に至るまでさまざまな生物のゲノムが非常に高速で解読されるようになっています．次世代シーケンサーを用いた新規のゲノム解析としては，北京ゲノム研究所BGIによる2009年のキュウリゲノムや2010年のパンダゲノム，2011年の独立行政法人沖縄科学技術研究基盤整備機構（OIST）によるサンゴ「コユビミドリイシ」のゲノム，2012年のかずさDNA研究所など10数以上の研究機関からなる国際研究チーム（tomato genome consortium，トマトゲノム財団）によるトマトのゲノムなどの解析があります．今後も新規生物のゲノム解読結果はどんどん増えていくでしょう．

第Ⅳ編　バイオ・ア・ラ・カルト

```
    DNAの解析              |       RNAの解析
                           |
        新規ゲノム解析           mRNAの
                              発現定量解析
   多型解析／
   リシーケンシング                     新規の遺伝子の探索
   ターゲット
   リシーケンシング         次世代シーケンサーの
                          応用
   メタゲノム解析
                                     small RNAの定量
        エピゲノム解析
          ChIP-Seq
          メチル化            新規のsmall RNAの探索
          部位の解析
```

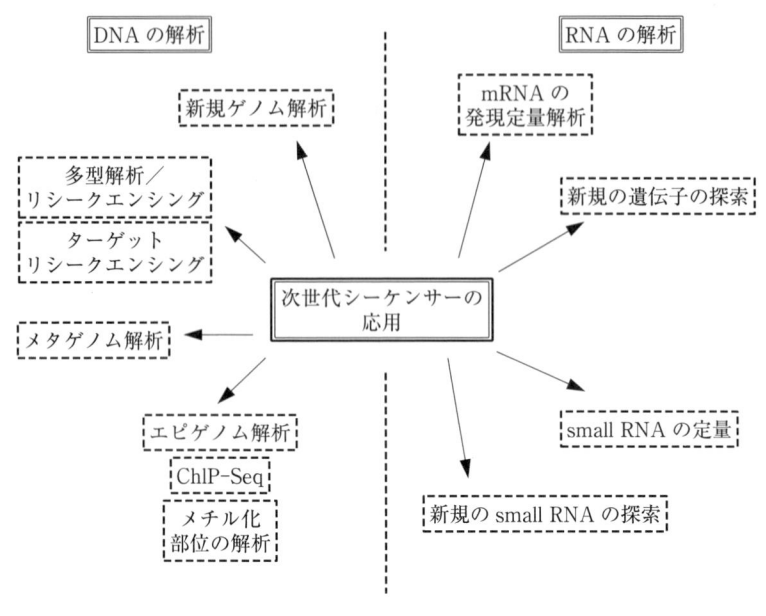

図 23-4　次世代シーケンサーの応用

(2) 多型解析（リシーケンシング）

ヒト全ゲノムの既知配列を多数の個体で解読し多型解析を行う"リシーケンシング"による解析の成果として，2010 年に 1000 人ゲノムプロジェクトの結果がネイチャー誌に掲載されました．このプロジェクトは，ヒトの遺伝子型と表現型との関係を調べるための基盤として，ヒトゲノム配列の多様性の特徴を詳細に明らかにすることを目標にしていました．

また，タンパク質をコードしている領域やゲノムの特定の領域だけの配列解析を行うターゲットリシーケンシングなども行われています．これらは，ヒトの疾患の原因遺伝子の解明や，農作物の育種の研究に用いられます．2007 年に，米国立衛生研究所（NIH）の一機関である NCI（米国立癌研究所）と米国立ヒトゲノム研究所（NHGRI；National Human Genome Research Institute）の資金援助によるがんゲノムアトラス（TCGA；The Cancer Genome Atlas）計画が開始され，発がんにつながる重要な遺伝子変異の同定が

行われました.

(3) メタゲノム

腸内細菌叢（腸内フローラ）（3章参照）や土壌や海水など環境中の細菌叢のゲノムを，微生物集団ごと解析することをメタゲノム解析と呼びます．地球上に生息する細菌の99％以上は単独では培養できないといわれています．メタゲノム解析では，このような難培養性の細菌のゲノムを，単一菌種の分離や培養過程を行わずに，細菌叢から直接そのゲノムDNAを調製し，そのままシーケンシングを行います．次世代シーケンサーにより，複雑多様な細菌叢のゲノム配列情報を大量に取得し，ゲノム配列情報を解析することで，構成菌種や遺伝子組成などを明らかにすることができます．細菌叢の細菌の組成を解析するために，細菌の種や属により特異的な配列をもつ16S rRNAの超可変部領域をPCRで増幅し，大量に配列決定を行う方法がよく用いられます．

(4) 発現定量解析・トランスクリプトーム解析（RNA-Seq）

次世代シーケンサーを用いたRNAの網羅的発現解析（トランスクリプトーム解析），はRNA-Seqと呼ばれます．転写産物のリード（解読塩基断片）数を計数し，網羅的な発現プロファイルが得られます．マイクロアレイ法（DNAチップ法）（22章参照）によるRNA発現解析と比較して，比較的低発現の遺伝子でも検出が可能で，広い定量範囲が得られることが特徴です．ゲノム配列解析が行われておらず，マイクロアレイ（DNAチップ）のプローブを入手できない生物種であっても，遺伝子発現データを得ることが可能です．すべてのリードを参照となる染色体上の既知の遺伝子上に整列化し（マッピング），遺伝子上に特異的にマッピングされたリードを計数することで定量を行います．

(5) 低分子量RNAまたはmicroRNAの網羅的シーケンシング（small RNA-Seq）

次世代シーケンサーは，低分子量RNAまたはmicroRNAの網羅的シーケンシングにも用いられます．RNA-Seqと同様にマイクロアレイ法よりも

広いダイナミックレンジを期待でき,発現量の低分子量 RNA の定量も行えます.あらゆる生物の低分子量 RNA の配列決定を行うことができ,新規の低分子量 RNA の同定も行われます.シーケンサーから得られた解読塩基配列を,参照となる既知のゲノム配列上にマッピングし,既知の microRNA に該当する配列リード数を計数し,その数を計数することで発現量を求めます.

(6) エピゲノム

次世代シーケンサーにより,ゲノムの塩基配列だけでなくゲノム DNA のメチル化や,ヒストンタンパク質や転写開始に必要な塩基配列領域であるプロモーター,転写活性化に必要な塩基配列領域であるエンハンサーなどの結合部位を網羅的に調べることができます.これをエピゲノムと呼びます.

a. ChIP-Seq

ChIP-Seq は,クロマチン免疫沈降(ChIP)により採取した DNA 断片を次世代シーケンサーで配列解析し,DNA 結合タンパク質の結合部位を同定します.これにより,ゲノム全体のヒストンタンパク質の結合パターンや,プロモーターやエンハンサーの結合部位を調べることが可能になります.

b. 網羅的なメチル化部位の分析

次世代シーケンサーによる DNA メチル化部位の解析には,以下のような方法が用いられます.
① メチル化シトシン抗体を用いた ChIP-Seq 法
② バイサルファイトシーケンシング法
③ メチル化部位を PCR などで特異的に増幅してシーケンシングする方法

上記のうち,バイサルファイトシーケンシング法の原理は次の通りです.バイサルファイトという化学物質でゲノム DNA を処理すると,メチル化されていないシトシン塩基は,ウラシルに変換されます.変換されたウラシルは,DNA ポリメラーゼによってチミンとして読まれます.メチル化されたシトシン塩基は,このような変換が起こりません.したがって,バイサルファイトを処理した後に,シトシンからウラシルに変換が起こらない部分が

メチル化シトシンとわかります．この変化を検出することにより，メチル化シトシンの部位を検出できます．

23・4　データ解析

次世代シーケンサーのデータ解析には，情報解析手法を用いたバイオインフォマティクスの技術が必須です．これについての詳細は，24章のバイオインフォマティクスで解説します．

23・5　まとめ

以上，次世代シーケンサーの概要と主要な機器，その応用に関して解説しました．次世代シーケンサーの発展と普及により，非常に高速かつ安価な値段でヒトゲノムや各種生物のゲノム解析が可能になりつつあり，実験室や病院のレベルでゲノム解析が日常的に行われるようになってきています．これらの機器による解析成果が，医療の進歩や医薬品開発，食料生産，育種などの効率化に貢献することが期待されます．

〔石井一夫〕

より進んだ学習のための参考書

特集　次世代シークエンサーを使いこなす ―目的別解析法からデータ処理まで，細胞工学，30, No. 8 (2011)

第Ⅳ編

24. バイオインフォマティクス

24・1 はじめに

バイオインフォマティクスは，おもに情報科学的技術を用いて生物現象を解明する技術・学問です．ゲノムプロジェクトが進展し，大量のゲノム塩基配列情報が日常的に得られるようになり，医学，薬学，農学，環境科学などへの適用の可能性が広がり，その重要性が再認識されています．

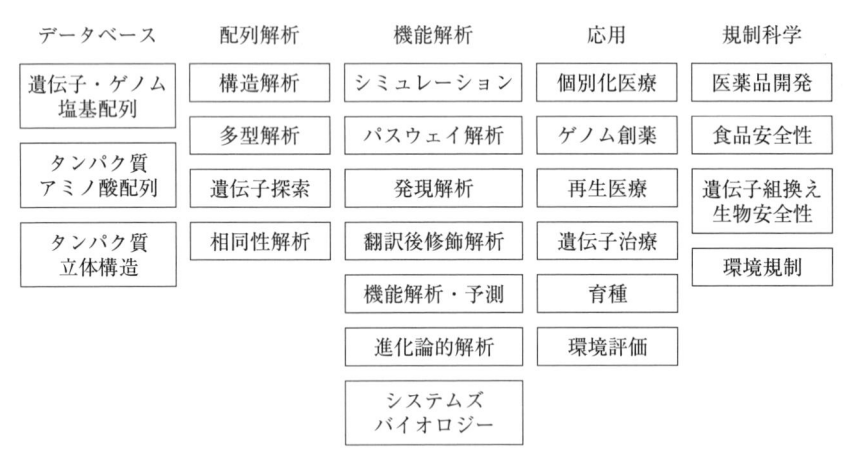

(1) バイオインフォマティクスの研究対象・研究分野

バイオインフォマティクスは，以下のように個々の要素技術の開発からそれらの技術を用いた応用分野，各種規制への対応にまで広がっています（図24-1）．

バイオインフォマティクスを，データ解析方法に着目して分類すると以下

データベース	配列解析	機能解析	応用	規制科学
遺伝子・ゲノム塩基配列	構造解析	シミュレーション	個別化医療	医薬品開発
タンパク質アミノ酸配列	多型解析	パスウェイ解析	ゲノム創薬	食品安全性
タンパク質立体構造	遺伝子探索	発現解析	再生医療	遺伝子組換え生物安全性
	相同性解析	翻訳後修飾解析	遺伝子治療	環境規制
		機能解析・予測	育種	
		進化論的解析	環境評価	
		システムズバイオロジー		

図24-1 バイオインフォマティクスの研究対象・研究分野

のようになります.
　① 立体構造解析：タンパク質の構造解析・構造予測.
　② データベース：タンパク質や遺伝子の配列情報などのデータベースの構築・検索.
　③ 配列解析：遺伝子やゲノム配列を用いた遺伝子予測，遺伝子機能予測，遺伝子分類，配列アラインメント，進化系統解析．あるいは，タンパク質アミノ酸配列を用いた構造予測，機能予測，構造・機能分類および進化学的解析．
　④ ゲノミクスデータの解析：ゲノム配列データの再構築（アセンブリ），マイクロアレイや次世代シーケンサーなどによる遺伝子発現解析．ゲノムのメチル化やヒストンタンパク質の結合パターン解析などのエピゲノミクス解析．

(2) 最近の研究対象として

　マイクロアレイなどの網羅的な解析技術の発展により，遺伝子発現パターン（遺伝子発現プロフィールともいいます），統計解析，大量データの視覚化などの技術が重要になってきています．また，次世代シーケンサー（23章参照）の普及により，配列データからの新規ゲノム配列の解析（ゲノミクス）のほか，ゲノムレベルの網羅的発現定量解析（トランスクリプトミクス）や遺伝子多型解析（リシークエンシング），ゲノムの修飾パターンの解析（エピゲノミクス）など多様なデータ解析手法が用いられるようになってきています．

　また，これらのデータを統合し生物をシステムとして理解するシステムズバイオロジー（systems biology）が提唱されています．さらに，個々の解析に限定されず，個別化医療や，ゲノム創薬，育種，環境アセスメントなどの応用分野や，医薬品開発に伴う申請資料の作成，医薬品・食品の安全性確保のための評価法など，法的規制への対応を含むレギュラトリーサイエンス（規制科学）も関係します．

(3) バイオインフォマティクスの基盤技術

バイオインフォマティクスは，データベース，ネットワーキング，プログラミングの技術が基盤になって研究が進められます．なかでも，バイオインフォマティクス研究では，プログラミングが欠かせません．

X線結晶解析などによるタンパク質の構造解析，タンパク質の二次・三次構造予測など，いわゆる「重い」計算には，ほかの科学技術計算と同様に，FortranやCなどの低水準言語が用いられます．一方，ゲノム解析など配列データを扱う分野では，文字列（テキスト）処理を行う局面が多いためテキスト処理を得意とするPerlなどのスクリプト言語が頻繁に用いられています．

得られた大量の生物データから有用な情報を抽出するために，統計解析や機械学習，データマイニングなどの手法が注目されています．このような技術は，ゲノム情報に基づいた個別化医療の基盤になるものです．

本章では，とくにこれらバイオインフォマティクスのうち，テキスト処理を中心とした配列解析，配列データベース，プログラミングなどを中心に述べていきます．

24・2 データベース

タンパク質，遺伝子，代謝産物，糖鎖などの生物情報は，データベースとして収集され，研究者などが必要に応じてアクセスできるように整備されています．

おもなデータベースには，以下のようなものがあります．

① 配列データベース：GenBank，EMBL，DDBJ
② タンパク質データベース：PIR，UniProtKB/Swiss-Plot
③ パスウェイ・ネットワークデータベース：KEGG
④ 発現解析データのデータベース：GEO
⑤ 配列解析データベース：SRA
⑥ 文献データベース：PubMed

ゲノムデータベースにアクセスしたい場合には，Ensembl（URL，http://

asia.ensembl.org/index.html) がよく利用されます．Ensembl では，ゲノムの配列データや，cDNA データ，タンパク質データ，アノテーション（注釈付け）データが，動物種ごとにまとめられており，FTP を介したダウンロードや，BioMart と呼ばれるウェブからデータベースにアクセスする方法でデータを入手できます．

個々の生物や，解析の目的に特化したデータベースも整備されています．たとえば，北京ゲノム研究所（BGI）のイネゲノムデータベース Rice Information System（BGI-RIS；URL，http://rice.genomics.org.cn/rice/index2.jsp）やシロイヌナズナの総括的データベース TAIR（URL，http://www.arabidopsis.org）などがあります．これらの個別のデータベースや商用のデータベースには，GenBank などの公共データベースと比較して高品質のものも存在し，目的に応じて使い分けます．

24・3 配列解析とフリーソフトウェア

バイオインフォマティクス，とくに塩基配列解析においては，OS として UNIX（Linux）を利用したフリーソフトが多く用いられます．バイオインフォマティクスで UNIX 系の OS がよく使われる理由は，grep や awk，sed など文字列処理や文字列検索が簡単にできるコマンド群が豊富にあり，Perl や Ruby などの文字列処理に適したスクリプト言語が扱いやすいためです．バイオインフォマティクスで用いられるおもなソフトウェアには以下のよう

表 24-1　バイオインフォマティクスで用いられるおもなソフトウェア群

プログラミング言語	C, C++, Java
スクリプト言語	Perl, Python, Ruby
各種言語のライブラリ	BioPerl, BioPython, BioRuby, NumPy, SciPy
データベース管理システム	MySQL, PostgreSQL
統計解析ソフト	R, Bioconductor, Octave, Scilab
相同性解析	BLAST
マルチプルアラインメント	ClustalW, HMMER, MUMmer
総合遺伝子解析ソフト	EMBOSS
系統樹解析	MEGA, PHYLIP, MOLPHY, PAML, phyML, MrBayes

なものがあります（表24-1）.

24・4 バイオインフォマティクスによる次世代シーケンサーのデータ解析

2005年に商品化，実用化された次世代シーケンサーの普及により，大量の塩基配列データが産生されるようになりました（23章参照）．これらのデータ解析には，バイオインフォマティクスの技術が欠かせません．

(1) 次世代シーケンサーのデータ解析の全体像

次世代シーケンサーのデータ解析は，① 塩基配列データの産生（一次解析），② 塩基配列データの再構築，集計，アノテーション（二次解析），③ 配列データの統計解析，視覚化など（三次解析）に分けられます（図24-2）.

① 一次解析（塩基配列データの産生）：シーケンサーから出力された画像データから，塩基配列データを産生する塩基の抽出（ベースコーリング）．

② 二次解析（塩基配列データの再構築，集計，アノテーション）：データ

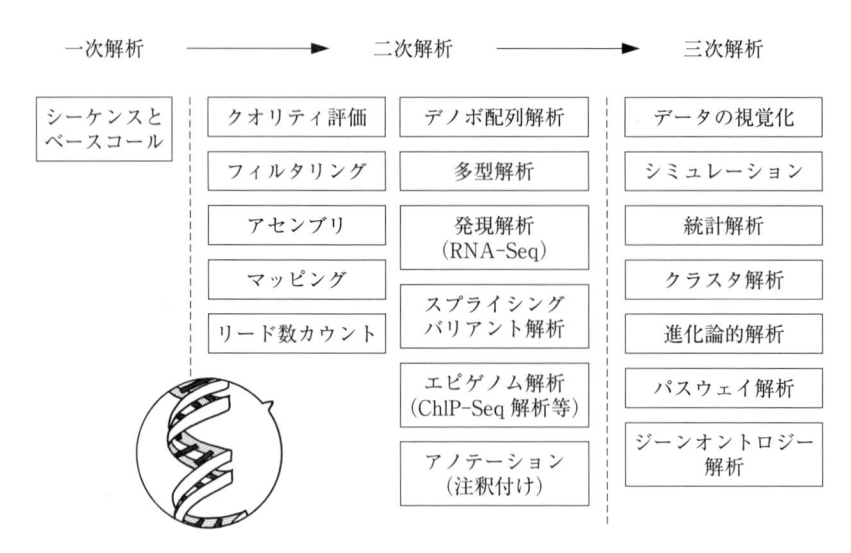

図24-2 次世代シーケンサーのデータ解析工程

表 24-2　次世代シーケンサーのデータ解析で用いられるおもなソフトウェア

配列データの品質評価	FastQC
データアセンブリ	Velvet, ABySS, SOAPdenovo
マッピング	Maq, Bowtie, BWA
RNA-Seq	Tophat, Cufflinks
新規 RNA-Seq	Trans-ABySS, Trinity, Oases, Rnnotator
ChIP-Seq	MACS, Quest
ビューア	Tablet, IGV
統計解析	R, Bioconductor

のクオリティ評価や不良データの除去，アセンブリ，参照配列へのマッピング，マップされた配列データの計数，多型解析，スプライシングバリアントの解析，ChIP-Seq のデータにおけるタンパク質の結合部位（ピークと呼ばれる）の検出，アノテーションなど．

③ 三次解析（塩基配列データの統計解析，視覚化など）：二次解析で得られたデータを用いたグラフ作成などの視覚化，シミュレーション，統計解析，クラスタ解析，進化系統解析，パスウェイ解析，ジーンオントロジー解析などの機能解析．

一次解析はシーケンサーにより自動的に行われ，実際のデータ解析として実施するのは，二次解析と三次解析です．

次世代シーケンサーの各解析について，表 24-2 に示すようなさまざまなソフトウェアが開発されています．

これらを組み合わせて特定の目的（RNA-Seq，ChIP-Seq，新規 DNA 解析，リシーケンシングなど）に特化したシステムがつくられ解析が行われます．これをとくにデータ解析パイプラインと呼ぶ場合もあります．しかし，実際の次世代シーケンサーのデータ解析は個々の解析で終わることなく，プロテオミクスやメタボロミクスを組み合わせた統合的な解析も必要となり，パイプラインにとらわれない柔軟な解析が必要とされる例が多いのが現状です．以下に，RNA 発現定量解析における二次解析・三次解析の例を示します．

(2) RNA 発現定量解析における二次解析（マッピング）の例

以下は，次世代シーケンサーの配列データをマッピング用ソフトの Bow-

第Ⅳ編　バイオ・ア・ラ・カルト

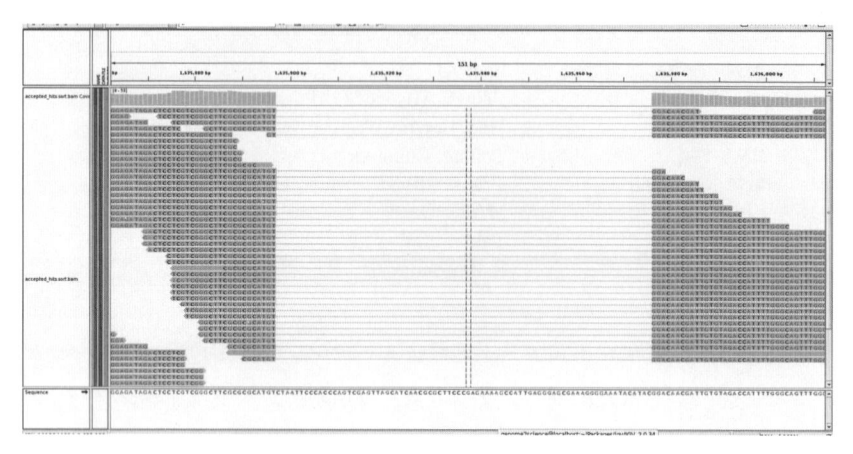

図 24-3 Bowtie および TopHat を用いてマッピングしたデータを IGV で表示
両側の濃い色の部分はエクソン部分で，ACGT（それぞれ，緑，青，黄，赤で示される）を表し，真ん中の色の薄い点線はイントロンを表す．

tie と RNA-Seq ソフトの TopHat を用いて参照配列へのマッピングを行った結果をビューア（視覚化ソフト）IGV を用いて表示した例（図 24-3）です．

(3) RNA 発現定量解析における三次解析の例

以下に，上記で得られた網羅的な RNA 発現差解析の結果を，統計解析ソフト R を用いて箱ヒゲ図，散布図，MA プロットで視覚化した例（図 24-4）を示します．

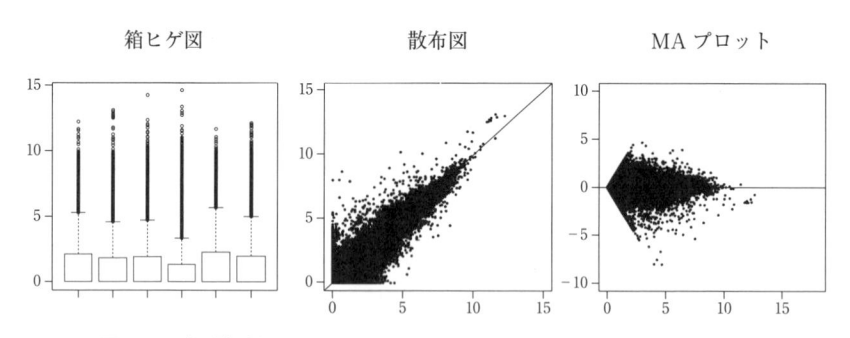

図 24-4 統計解析ソフト R を用いてグラフ化した RNA-Seq の解析結果

24・5　バイオインフォマティクスの人材育成

　バイオインフォマティクスは，生物分野と情報分野にまたがった複合分野ですが，生物分野で情報科学や統計学に精通した人材は，欧米や中国などに比較して少ないのが現状です．とくに次世代シーケンサーなどの大量データを用いてバイオインフォマティクスを駆使した高度な解析ができる人材の不足が問題になっています．今後この分野に新しい人材が参入してくることが望まれます．

〔石井一夫〕

より進んだ学習のための参考書

特集 次世代シークエンサーを使いこなす ―目的別解析法からデータ処理まで，細胞工学，30，No. 8 (2011)

第Ⅳ編

25. ナノバイオテクノロジー

25・1　ナノバイオテクノロジーの概要

　ナノバイオテクノロジー（以下ナノバイオ）で使われる大きさの単位ナノメートルは，1ミリメートルの100万分の1の大きさのレベルです．普通の細胞の大きさは1ミリメートルの千分の1のミクロン（マイクロメートル）の単位ですが，そのさらに千分の1の大きさで，原子や分子レベルの大きさに相当します．ナノバイオは，ナノレベルの解析技術を用いて生命現象を解明し，さらにその成果を医薬品，計測，物質生産などへ応用する基礎生物学と先端科学技術の複合した新たなバイオ領域です（図25-1）．

　物質を原子レベルの大きさで制御し，デバイス（装置）として使うという概念は，リチャードP.ファインマンが1959年に行った講演 "There's Plenty of Room at the Bottom（小さい領域にはたっぷりと余地がある）" ですでに

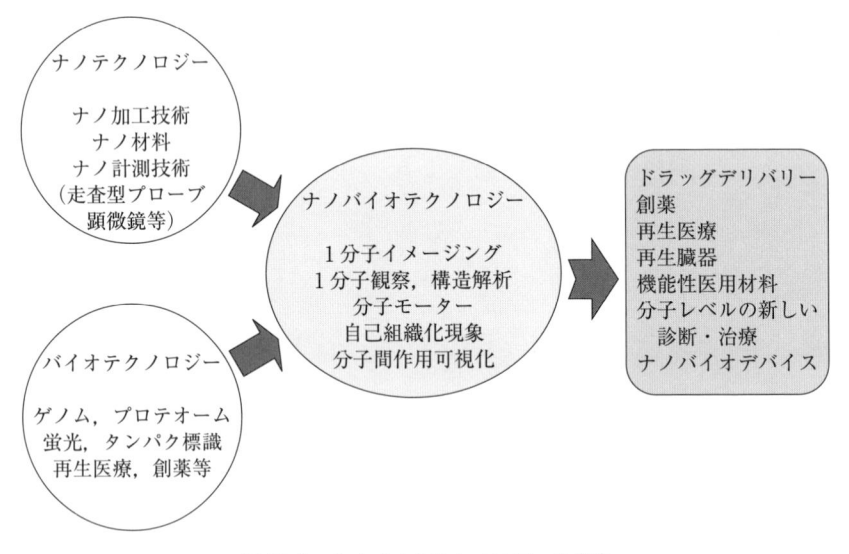

図25-1　ナノバイオテクノロジーの概念

25. ナノバイオテクノロジー

生まれていました.

　ナノテクノロジーは，ナノレベルの超微小な装置や機械をつくる技術や，原子や分子を操作し，まったく新しい機能を有する化学素材をつくる技術の総称ですが，ナノバイオは，DNA やタンパク質などの原子や分子を操作して，まったく新しい機能を有する生体高分子を創出したり，その分子がさらに成長した分子モーターやナノマシンを作製したり，ナノレベルでそれらを操作，あるいは検出する技術などの総称になります．ナノバイオの対象は，生命現象を担っている幅約 2 ナノの DNA 分子や，大きさが 10 ナノ程度のタンパク質分子などのバイオ分子 (生体高分子) です．これらは集合して小さな機械のような機能的な行動をとることからナノマシンとも呼ばれています．たとえば細菌の運動性を担う鞭毛は，人工モーターの構造によく似たタンパク質集合体で動かされています．細胞内で ATP の加水分解で得られるエネルギーから細胞運動に関与するこのようなタンパク質は分子モーターとも呼ばれています (26 章参照)．ナノマシンそのものの行動は単純ですが，複数のナノマシンを組み合わせて集合体を生み出し，より複雑な行動を行うこともできます．

　ナノテクノロジー分野では，物質を原子・分子レベルから見た集団的変化の方法論を利用し，微細にこれを再編成する技術で，研究対象も明確である場合が多く，シリコンなどの半導体の研究はトップダウン方式で行われています．一方，ボトムアップ方式はまだ多くが研究レベルであり，多様な材料が使用されています．なかでも，さまざまなユニークな性質を示すことが知られているフラーレンや，導電性・機械強度に優れているカーボンナノチューブやカーボンナノホーン，まったく新しい発光材料である量子ドットなどがさかんに研究されており，これらのナノバイオへの応用研究も行われています．

　ナノバイオでも同様に，微細加工技術などのナノテクノロジーを利用して生命現象や生体分子解析を行うトップダウン方式と，原子から分子を合成し，個々に正確に組み合わせることで，そのバイオ分子が自己集合して新し

い機能をもった超分子のナノマシンを作製するボトムアップ方式があります．このバイオ分子は精巧な認識能力，均質性，自己集合性などの特徴を有しています．これまでのバイオは既知の生物を試行錯誤に基づき改良・変換し，生体のあるがままで利用したり，さらには分子生物学のように生体のもつ機能をコントロールしてきたのに対し，ナノバイオは生体分子やその集合体を，物理・化学的な基盤に基づき，人工的に新しいシステムを設計し構築するところが異なります．

2001年にアメリカのクリントン大統領がナノテクやナノバイオを国家的戦略研究目標としたことを皮切りに，世界の主要な国で活発に研究・開発が行われています．この分野は日本でも多くの予算が配分されるようになり，産官学の連携でその強みを生かし世界と競い合っているもっとも活発な科学技術研究分野の一つとなっています．ナノバイオは個人に適した病気の診断や治療，治療薬の開発などの医療分野や，環境の汚染モニターやその改善などの環境分野，バイオ素子による電子工学の素材分野で，工学，医学そして生命工学の各分野を超えた協力体制で開発が進められています．

図25-2に示すように，ナノバイオ分野としては，ナノバイオマテリアル，ナノバイオデバイス（ナノ生体分子計測・分析装置），ナノバイオ加工やナノバイオ操作などに分けられます．

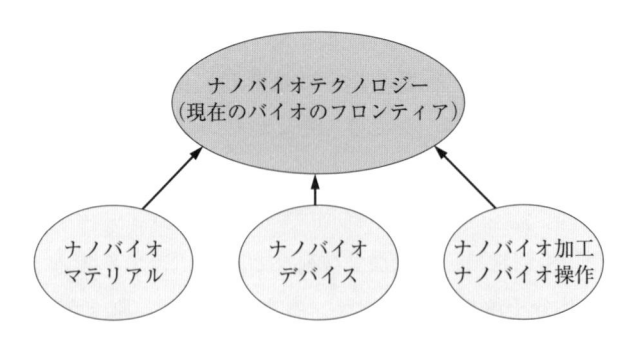

図25-2 ナノバイオテクノロジーの構成技術要素

25·2 ナノバイオマテリアル

ナノバイオマテリアルには機能性超分子，バイオコンジュゲート材料，バイオマトリックスなどがあります．

機能性超分子は，複数の異なる分子が集合し，新たな化学的・物理的機能を発現している分子複合体です．図25-3にその概念を示しますが，いわゆる通常の分子が，共有結合された官能基によって物性を発現しているのに対し，超分子は非共有結合的な相互作用（たとえば，水素結合，ファンデルワールス力，疎水性相互作用など）によって互いの分子を認識しながら集合体を形成し，その結果として構成分子単独では見られない物性を発現しています．数十ナノから2～3ミクロンの大きさをもつ巨大な超分子も得られており，機能性材料として期待されています．超分子同士が集まって高度な機能を発現しているものは超分子複合体と呼ばれ，生体内にも多く見ることができます．シクロデキストリンやクラウンエーテルなど包接化合物の研究に端を発して，1980年代以降は，コンピュータの著しい能力向上と計算化学の発展に相応して，生体機能を天然物由来に求めることなく，分子構造から想定される物理学的作用に基づいた機能の設計により，新規の機能性超分子として生体高分子化合物が生み出されるようになっています（図25-3）．これらを利用したナノバイオ創薬や診断薬の創出も図られています．

バイオコンジュゲート材料は，DNA，タンパク質そして細胞由来の生体高分子をその機能を維持したまま，人工的な材料，有機物，無機物，金属，

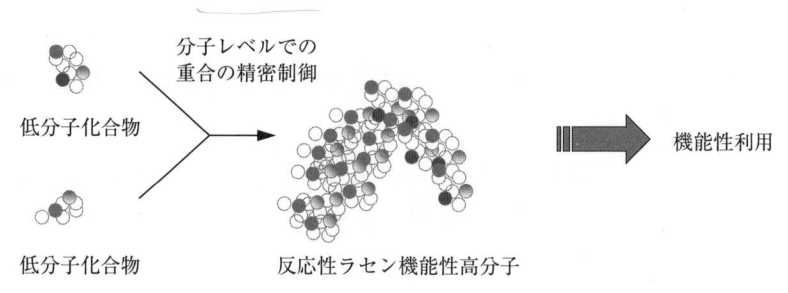

図25-3 機能性超分子の創出概念図（バイオナノマテリアルの例）

酸化物，半導体などと融合させたもので，その機能は高感度で高い選択性を有することを特徴としています．短時間で高感度な診断や分析を行うナノバイオデバイスなどへの利用が考えられています．

バイオマトリックス材料は，生物に存在する細胞内外のマトリックス（基質）で，おもにコラーゲンが対象となっています．研究例としては，肝細胞や皮膚の再生用にシート状にした表皮細胞を利用した再生医療，たとえば胚性幹細胞と表皮細胞を用いた人工皮膚の開発があります（7章参照）．また実用化されている例として，ナノ粒子状にして浸透性を高めた化粧品への利用などがあげられます．

25・3 ナノバイオデバイス

ナノバイオデバイスはさまざまな呼称で開発されています．高感度バイオセンサー，バイオチップ，lab on a chip などで，各種医療診断・検査デバイスとしての開発や環境モニター用途の開発が行われています．

図25-4に模式的に示すように，ナノバイオデバイスは，2～3センチ四方の大きさのプラスチックやガラスなどをベース表面に，半導体の微細加工技術を応用してナノ単位の柱（ピラー）やポールから構成されるチップを作製し，生体物質を高速で分析・計測することを目指しています．これらはlab on a chip（マイクロ流体デバイスとも呼ばれる）あるいは μ-total analysis system（集積化学分析システム）とも呼ばれ，半導体微細加工技術や精密合成技術，微小流体制御技術を応用したマイクロ，ナノバイオデバイスです．これまで実験室規模で行われていた，生化学分野における酵素や基質の混合，反応，分離，検出の操作を，小さなチップ上に集積化，微細流路でそれぞれを統合，一連の操作を自動化する技術です．

チップを構成する機能性生体物質としては，タンパク質を中心とした生体素子やその集合体を利用した計測デバイスが，おもにナノバイオデバイスの主流になると考えられています．ナノバイオデバイス技術として，将来のさまざまな解析行程をこの一枚のチップで行える非常に高感度なバイオセン

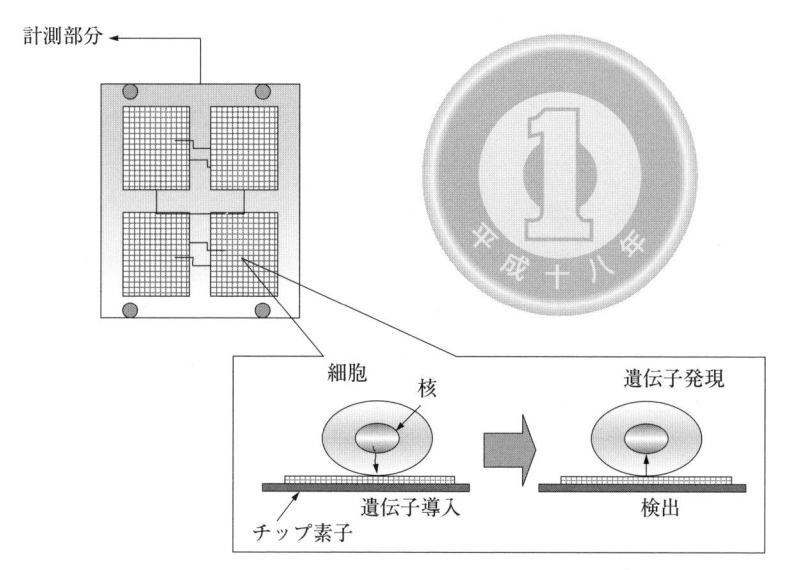

図 25-4　ナノバイオデバイス概念図（細胞チップの例）
一つのチップ素子上で，ある特定遺伝子を検出して細胞の識別検出を行う．一つのチップ素子の大きさは1円玉くらいの大きさである．

サーの開発が行われており，細胞や酵素チップ，ゲノム医療のための疾患マーカーセンサー，がんなどの予知診断チップ，病原菌検出，ストレス診断など医療分野のほか，環境汚染物質や汚染微生物の迅速検出の環境分野で，広い応用対象で研究が進められています．

　その最先端の研究例として，DNA解析の医療分野で利用され，DNA断片の分離や分析に従来用いられてきたゲルの代わりに，プラスチック製のチップの溝に数十～数百ナノサイズの柱（ピラー）やポールを構築する研究があげられます．このナノピラーおよびナノポールは100ナノリットルという極少量のサンプルで解析が可能であり，通常のキャピラリー電気泳動でのDNA解析に比べて約10000倍のスピードで解析を行うことができるといわれています．将来は，DNA解析の行程すべてを一枚のチップで高速に行うことができるでしょう．

　これらナノバイオデバイスは従来型のアッセイ法とは異なる精度と感度の

高い化合物評価が可能になり，これまで見逃していた弱い活性の化合物の再発見（新規リード化合物（新薬候補化合物）の創出）にもつながる可能性を秘めています．

25・4　ナノバイオ操作，ナノバイオ加工

ナノバイオのナノ操作やナノ加工の研究ツールで重要な位置を占めている機器に**走査型プローブ顕微鏡**（scanning probe microscopy；SPM）があります．近年では，図 25-5 に示すように，SPM の探針（プローブ）を利用して，原子や分子を人の意図するように操作することが可能となっています．ナノレベルの大きさをもつ物質を「見る」手段としては，走査型および透過型の電子顕微鏡が広く用いられていますが，SPM も物質の表面を分子レベルで観察する手段に用いられています．しかし，これに留まらずさらに進化を遂げ，ナノレベルで局所的なさまざまの表面物性を評価したり，原子や分子操作ができる SPM が開発されています．

SPM の起源は，走査型トンネル顕微鏡（scanning tunneling microscope；

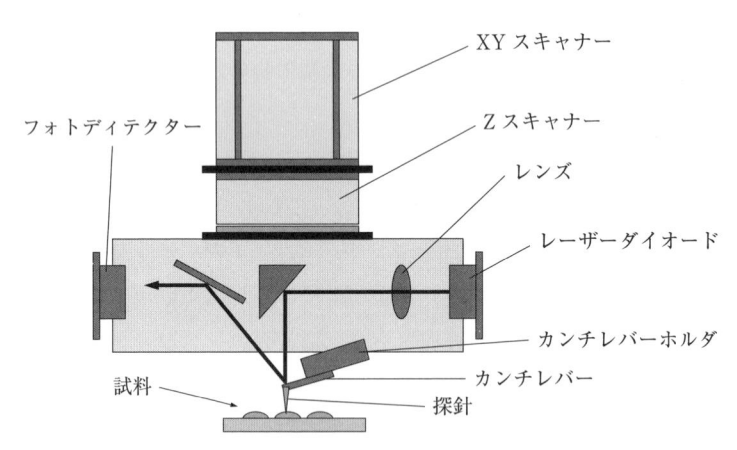

図 25-5　走査型プローブ顕微鏡（SPM）の原理図（ナノバイオ操作の例）
微小な探針先端を試料表面に近づけ，試料‒探針間の力学的・電磁気的相互作用を検出しながら走査することで，試料表面の拡大像や物性の情報を得ることができる．

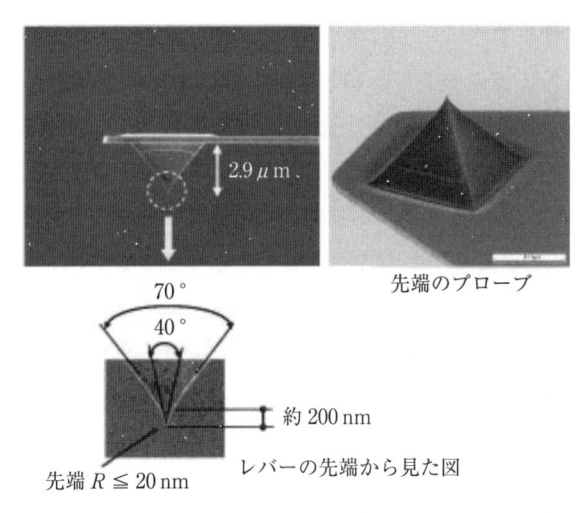

図 25-6 実際のカンチレバー写真（島津製作所資料より）
先端の R は鋭さを示す．

STM）です．1982 年に IBM のチューリッヒ研究所のゲルト・ビーニッヒとハインリッヒ・ローラーは，非常に近いナノレベルの距離では探針と試料の間にトンネル効果と呼ばれる有意な力が働くことを発見しました．この力を利用する事により，さらにビーニッヒは STM では不可能な絶縁体の測定を実現しようと考え，同研究所で 1985 年に**原子間力顕微鏡**（atomic force microscope；AFM）を開発しました．後に，彼らは開発した功績でノーベル物理学賞（1986 年）を受賞します．

　最初の STM は，金ホイルを貼ったダイヤモンド製カンチレバーの背面に探針を設置し，そのトンネル電流によってカンチレバーの変位を測定するものでした．「カンチレバー」は日本語に直すと「片持はり」となり，基本的にはてこの原理で動かされ，装置の心臓部を占めます．初期の STM の装置は，巨大な防振設備で覆われており，測定部は超伝導磁気浮上させているため，大型で高価でした．その後，装置は AFM といわれ，カンチレバーとしてシリコンなどが用いられ始めました．また光てこなどの方式（カンチレバーの先端にレーザーなどの光源を照射させ，レバーの変位を拡大する方

式）で変位を検出できるようにもなりました．現在ではAFMはSPMと総称され，システムは安価で普及型になり，測定対象も絶縁性の試料から生物試料まで広がりました．現在これまでのAFMよりさらに進んだ，力学的，熱力学的，電子工学的そして磁力など，さまざまな物理的な機能をもったSPMが開発されています．SPMの基本原理は図25-5に示すようなもので操作され，図25-6に示すようなプローブをもつカンチレバーで表面計測を行います．

現在研究開発が進展しているものとして，SPMに併せて使用されるナノマニピュレーターと光ピンセットがあります．これらは離れた場所から，人間の手と似た動作でナノレベルの操作ができる装置もしくは機構のことです．ナノマニピュレーションはSPMの使用により，物質の原子や分子に物理的操作を加える作業を意味し，ナノマニピュレーターはその作業装置です．

同様に光ピンセットは，レーザー光を集光してより（おもに，細胞などを含む透明な誘電体物質である）微小な物体をその焦点位置の近傍に捕捉して，さらにはさまざまな操作ができる装置および技術です．その捕捉するための力は屈折率の違いにより生じ，一般的にはピコニュートン程度の微小な力で操作します（ピコ；$p = 10^{-12}$）．

〔中西弘一〕

より進んだ学習のための参考書

Chad A. Mirkin・Christof M. Niemeyer 編，丸山 厚 監訳 (2008)『ナノバイオテクノロジー —未来を拓く概念と応用』エヌ・ティー・エス

東京大学ナノバイオ・インテグレーション研究拠点 編 (2010)『医薬理工の異分野融合研究から見えたナノバイオの未来』エクスナレッジ

植田充美 監修 (2009)『ナノバイオテクノロジー —新しいマテリアル，プロセスとデバイス』バイオテクノロジーシリーズ，シーエムシー出版

26. ATP, 生命のエネルギー通貨

第Ⅳ編

26・1　生命のエネルギー通貨 ATP

私たちは，運動しているときはもちろん，勉強しているときや寝ているときでもエネルギーを消費しています．このエネルギーをヒトは食物を摂取することによって，植物は太陽光を使って光合成をすることによって得ています．こうした一連のエネルギーの仲立ちをしているのが ATP です．

ATP とはアデノシン三リン酸の略称で，エネルギー代謝の過程でエネルギーの受け渡しをする，いわば生物における「エネルギーの通貨」として，ヒト・植物から細菌まで地球上のあらゆる生物で使われています．図 26-1 は，ATP の分子構造です．ATP のエネルギーはリボースと呼ばれる糖の後につながった 3 つのリン酸基どうしの結合部分 (高エネルギーリン酸結合という) に蓄えられています．リン酸基の部分は，水に溶けた状態では，マイナスの電荷を帯びています．リン酸が 3 個つながるとマイナス電荷が 4 個も近いところに押し込められるので，負荷がかかります．たとえるなら，伸びようとするバネを無理やり縮めて固定したときのような状態です．反発するものどうしを無理やりつなげると，その結合部分はエネルギーが蓄えられた状態になります．この ATP の末端にある 1 つのリン酸の結合が加水分解され，ADP とリン酸にかわるとき，ATP 1 mol あたり約 30 kJ ものエネルギーが発生します．このエネルギーが筋収縮，解糖，能動輸送，生体物質の生合成など，生物のさまざまな生命活動に利用されています．

図 26-1　ATP の構造

26・2　ATP合成酵素：回転する分子モーター

ATPは，生物の体内では酸素を使った呼吸（好気呼吸）によって，大部分がつくられています．呼吸に伴って，細胞内のミトコンドリアでは水素イオンが輸送され，膜内外に水素イオンの濃度勾配ができます．また，水素イオンH^+はプラスイオンなので，同時に電位勾配も発生します．この勾配に従って水素イオンを流し，そのエネルギーでADPとリン酸からATPを合成するのが**ATP合成酵素**です．ATP合成酵素は，2つの回転するモーターが連なってできた構造をとっています．一つは，H^+の流れのエネルギーで回転するF_oモーターで，もう一つはATPの加水分解のエネルギーで回転するF_1モーターです．これらが，共通のシャフト（$\gamma\varepsilon$-cリング）を共有しています（図 26-2）．F_oモーターは水素イオンの流れにより，cリングをab_2に対して回転させます．するとF_1モーターの中で，$\gamma\varepsilon$がATPの加水分解とは逆方向に強制的に回転し，βサブユニットでADPとリン酸からATPが合成されます．

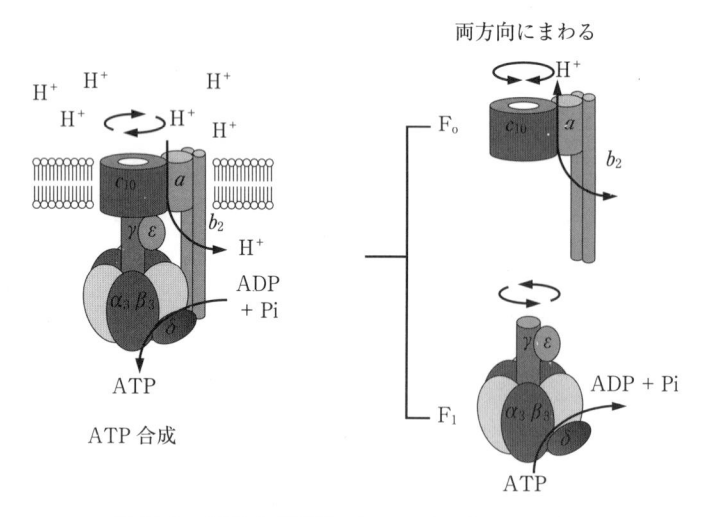

図 26-2　ATP合成酵素のF_oモーターとF_1モーター

26・3　ATP合成酵素は回転するナノマシン

　このATP合成酵素が具体的にどのようにして膜の内外の水素イオン濃度差からATPを合成するのかについては，長い間謎でした．いまから約30年前の1982年，アメリカの生化学者P. D. Boyerは，自分の実験結果を合理的に説明する説として，ATPを合成する酵素はモーター状になっていて，構成するタンパク質の一部が回転することによってATPを合成する，という仮説を発表しました．しかし，当時の学者たちは誰もこの仮説を相手にしませんでした．ところが1994年，イギリスのJ. E. Walkerの研究チームがウシのミトコンドリアのATP合成酵素の部分構造をX線結晶構造解析した結果，中心にある棒状のタンパク質とそれを取り巻くタンパク質から構成されていることが明らかになりました．この構造は，まさに中心のシャフトが回転しそうな構造で，**回転触媒説**を支持する構造をしていました．

26・4　1分子観察技術とATP合成酵素の回転の実証

　本当にサブユニットが回転するのかという問いかけに答えたのが，1997年の吉田賢右のグループの実験です．ATP合成酵素はADPからATPを合成する正反応とともに，ATPをADPに分解する逆反応も行います．この逆反応を利用して回転の観察に取り組みました．ATP合成酵素は直径が10 nm程度の大きさの分子なので，その回転を光学顕微鏡で観察することはできません．そこで吉田らは，長さ1μm程度のアクチン繊維を目印としてシャフトになりそうなγサブユニットの先に取り付けました（図26-3）．このアクチン繊維は蛍光色素でラベルされているので，ナノサイズの小さな軸の回転も蛍光顕微鏡で明瞭に観察することができます．ATP合成酵素をガラス基板に固定して酵素にATPを加えて観察すると，回転しているアクチン繊維が見つかりました．この繊維はどれも反時計まわりに回転していました．こうしてATP合成酵素が回転していることが実証されたのです．この年の11月にBoyerとWalkerにノーベル賞が授与されることが発表されました．

第Ⅳ編　バイオ・ア・ラ・カルト

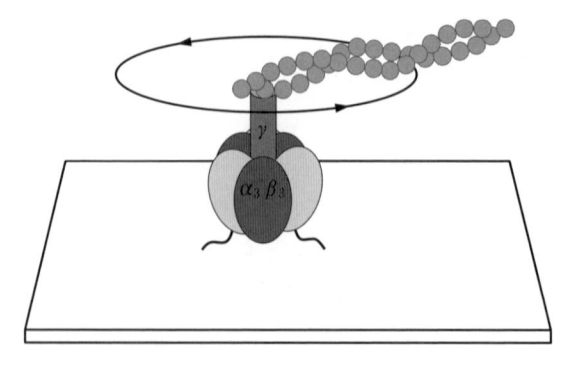

図 26-3　1 分子回転観察の模式図
F_1 モーターをガラス基板に固定し，シャフトと予想される γ サブユニットの先にアクチン繊維を結合し，顕微鏡下でその動きを観察した．すると，アクチン繊維は反時計まわりに連続的に回転しているのが観察された．

　その後 ATP 合成酵素の回転機構は，この 1 分子回転観察技術と新しい顕微鏡観察技術の開発により詳細に解析が進み，1 つの ATP で 120 度回転すること，その 120 度の動きは 80 度と 40 度の動きからなることなど，ATP の分解によって酵素がどのような動きをするのか細部まで明らかになってきました．

26・5　F_1 モーターの回転制御

　このように，ATP 合成酵素は回転運動をする分子モーターとして利用価値があります．この回転運動を制御する方法を開発することができれば，応用の可能性が広がります．この F_1-ATPase の回転を制御する方法が東京工業大学の久堀によって開発されました．葉緑体や光合成生物の ATP 合成酵素の γ サブユニット（シャフト）には 2 つのチオール基が含まれています．この 2 つのチオール基が酸化されてジスルフィド結合を形成すると酵素は不活性化し，還元されると活性化するというスイッチになっています．久堀は，F_1-ATPase の回転運動を外部から制御する機能を付加することを目的として，この光合成生物特有の酸化還元スイッチを細菌の ATP 合成酵素に

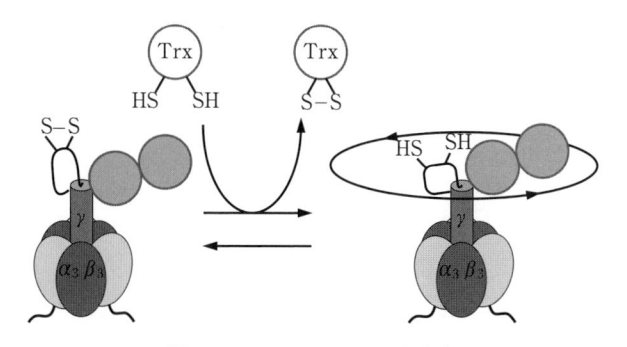

図 26-4 F_1 モーターの回転制御
葉緑体の γ サブユニットの調節領域を好熱菌の γ に導入した F_1 モーター．チオール基が酸化されているときは酵素は不活性化し，還元されると活性化して γ が回転する．

導入しました（図 26-4）．この酸化還元スイッチを導入した F_1-ATPase の回転を，酸化状態と還元状態で比較したところ，酸化状態で頻繁に停止することが示され，酸化還元により回転を制御することに成功しました．

26・6　ATPの高感度定量法：生物発光タンパク質（ルシフェラーゼ）

　ホタルは，**ルシフェラーゼ**という酵素の働きによって，ATP の加水分解のエネルギーを利用して発光しています．この反応はルシフェリンを基質として，ATP，Mg^{2+} および酸素存在下で，550 nm の発光極大を有する可視光を発します（化学発光）．ルシフェラーゼを利用したときの最大のメリットは，検出下限がフェムトモルまで測定できることです（フェムト；f = 10^{-15}）．これは，蛍光とは異なりルシフェラーゼの発光検出には励起光を必要とせず，暗箱の中で測定できるため，バックグラウンドを極力抑えることができるためです．

$$\text{ATP} + \text{D-ルシフェリン} + O_2 \xrightarrow{\text{ルシフェラーゼ}}$$

$$\text{オキシルシフェリン} + \text{PPi} + \text{AMP} + CO_2 + \text{光}$$

　Photon（光子）の測定は市販のルミノメーターを使用して，既知濃度の ATP を用いて検量線を描けば，発光量を ATP の絶対量に換算できます．

　ルシフェラーゼによる発光を利用した微生物の汚染検査法があります．生

物の細胞内にはATPが存在するので，ATPが存在すれば生物あるいは生物の痕跡がある証拠となります．その性質を利用して，ATPを感度よく測定することで，目に見えない生物由来の汚れを検出する方法が開発され，食品加工現場や医療現場などで器具の汚染調査，清掃度調査に利用されています．

検査の方法としては，まず，手や包丁などの表面をふき取った試料に，細胞内のATPを抽出するための試薬を加えます．次に，ホタルなどがもっている酵素のルシフェラーゼと発光物質のルシフェリンを反応させると，試料に含まれているATP量に応じて光が発生します．この発光量を測定することで，汚れの度合いを測定することが可能となります．

26・7 細胞内のATPの定量

ミトコンドリアのATP合成活性を調べる場合，ウシなどの動物であれば，肝臓や心臓などの組織から比較的容易にミトコンドリアを精製して調べることができます．しかし，精製ミトコンドリアは時間とともに活性が低下するし，ヒト培養細胞などでは十分な量を調製することが難しいのです．この問題を解決するために，細胞中のミトコンドリアのATP合成活性を測定するMASCアッセイを藤川 誠が開発しました（2010）．この方法では，培養皿に培養細胞を接着させ，SLO（streptolysin O）という，ブドウ球菌が分泌し細胞膜を透過させる生理活性があるタンパク質により，培養細胞の細胞膜の透過性を上げます．ここにADPとリン酸，ルシフェリン，ルシフェラーゼを添加すると，培養細胞中のミトコンドリアのATP合成活性を発光量から測定できます．この方法では，大量の細胞からミトコンドリアを精製する必要がなく，培養皿として96個のウェルがあるプレートを使うことで複数の試料を迅速に計測できるメリットがあります．

近年，生きている細胞中のATP濃度を計測するための技術が開発され，ATPの役割の研究に活用されています．今村博臣らは，細菌のATP合成酵素のεサブユニット（ATP合成酵素の活性を制御するタンパク質）がATPと特異的に結合して大きな構造変化をもたらしていることに注目しま

した．そして，このタンパク質の両末端に水色および黄色蛍光タンパク質をつなげることで，ATP 濃度に応じて蛍光色が変化するタンパク質 ATeam を作製しました (2009)．この ATeam の遺伝子を細胞に導入することで，ATeam タンパク質が細胞内で合成されます．その蛍光色から生きた細胞の ATP 濃度を顕微鏡下でリアルタイムに観察することができます．この新しい手法によって，生きた細胞1個1個の ATP 濃度を知ることが可能となり，ATP の役割の研究に活用されています．

26・8　ATP 再生系による物質生産

微生物に有用物質を生産させる場合，微生物の代謝を利用して生産する発酵法があります．しかし，発酵法で有用物質を蓄積できない場合には，生合成酵素を用いて，酵素的に物質生産する方法が考えられます．多くの生合成酵素は反応を進めるために ATP を必要としますが，ATP は高価な物質であるため，目的の生産物の付加価値が低い場合，ATP 添加して物質を合成することは，経済的に成り立たないことが多くあります．この問題を解決する方法として，細菌の ATP 再合成能と ATP を必要とする生合成酵素を共役させることにより，ATP の代わりにグルコースを用いて有用物質を生産する技術が協和発酵の藤尾によって開発されました (図 26-5)．

藤尾は，細菌の細胞膜を破壊する処理の条件を検討し，ATP 生合成能を保持しつつ，生成した ATP がその細胞膜を自由に透過するという性質を備えた静止菌体を得ることに成功しました．この技術を利用したグアニル酸 (GMP) の工業的な製造について紹介します．

グアニル酸 (GMP) の工業的な製造では，発酵法で 5′-キサンチル酸をつくり，これに別の微生物を作用させて 5′-グアニル酸に変換する方法が多く用いられています．異種菌体間共役反応では，キサンチル酸発酵菌 (*C. ammoniagenes*) の ATP 再生系と，大腸菌 (*E. coli*) の GMP 合成酵素との共役反応によって，グアニル酸を合成します．両菌体の細胞膜を界面活性剤と有機溶剤で処理し ATP と AMP を透過する性質を付与します．これにより，

第Ⅳ編　バイオ・ア・ラ・カルト

```
前駆物質 ─────┐  E. coli  ┌───── 生産物
         │  ATP   AMP  │
         │   ATP   AMP    │
  CO₂    │   ATP   AMP    │
  H₂O    │                │
  酸     └── C. ammoniagenes ──── グルコース
```

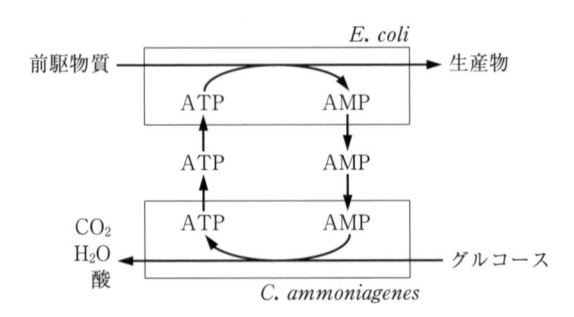

図 26-5　ATP 再生系を用いた物質生産（藤尾達郎ら：バイオサイエンスとバイオインダストリー，56, No.11 (1998) より）
E. coli（生合成菌）は，前駆物質から ATP のエネルギーを利用して生産物を合成する生合成の役割を担う．*C. ammoniagenes*（ATP 再生菌）は，グルコース代謝によって ATP を再生する．この 2 つの菌体の細胞膜を処理して，ATP や AMP を透過するが生合成能を保持した *E. coli* と ATP 再生能を保持した *C. ammoniagenes* を組み合わせて物質生産を行う．

　大腸菌がキサンチル酸をグアニル酸に変換するときに ATP が消費され AMP となりますが，その AMP は *C. ammoniagenes* の ATP 再生能によって ATP に再合成され，また反応に利用されます．こうして共役反応により，経済的に GMP を生産することができるのです．

〔三留規誉〕

より進んだ学習のための参考図書

D. サダヴァ 他著，石崎泰樹・丸山 敬 監訳・訳 (2010)『カラー図解 アメリカ版 大学生物学の教科書 —第 1 巻』講談社
化学同人編集部 編 (2008)『最新分子マシン —ナノで働く"高度な機械"を目指して』化学同人

第Ⅳ編

27. 進化分子工学

27・1 進化とは

　ダーウィンは，1859年著書『種の起源』のなかで進化の概念を初めて示しました．彼はガラパゴス諸島に生息する動物とほかの地域に生息する動物の形態的特徴を比較するなかで，生物種は不変のものではなく環境に適応して長い時間をかけて変化することを推測しました．現在では，環境に適している個体が多くの子孫を残し繁栄する一方で，環境に適していない個体は淘汰されるという生存競争を繰り返し生物が進化したと考えられています．

　もし，まったく異なった環境において生物が進化したならば，現在の地球上の生物とは異なった生物種になるということも考えられます．そのように考えると，地球上の生物は，「あり得た」ことのうちの一例にすぎず，環境を操作することで進化を人為的に誘導することも可能と考えられます．この発想に基づいたものが進化工学です．

27・2 進化工学

　植物や畜産の品種改良などのように，人間の好みに合わせて選別することを人為選択といいます．ジャレド・ダイアモンドの著書『鉄・銃・病原菌』によると，現在世界中で栽培されている野菜や穀物の原種は，実が小さかったり，味がよくなかったりしたそうです．食糧としてより適した特徴をもつものを我々の祖先が人為的に選択して栽培するという過程を繰り返し，現在の野菜や穀物の品種になったということです．

　この手法を核酸やタンパク質などの生体高分子に適用して，実験室内で人工的な進化を誘導することが現在では可能となりました．この実験手法を進化分子工学と呼びます．

27・3　進化分子工学の技術的な背景

進化分子工学は (1) 多様性の創出，(2) 人為選択（淘汰）の 2 つの技術的な要素から成り立っています．多様性の創出のためには遺伝子工学の技術が，機能選択には表現型と遺伝子型との対応付け技術が開発される必要がありました．

(1) 多様性の創出

進化分子工学では遺伝子が異なる多様な集団のことをライブラリーと呼びます．このライブラリーという言葉は図書館のようにたくさんの蔵書があるということが由来です．進化分子工学とはたくさんの蔵書のなかから自分の好みの書籍を探す作業と類似していると思えばイメージしやすいでしょう．ライブラリーの作製は天然ライブラリーを利用する方法と人工的にライブラリーを作製する方法の 2 つに大別できます．

a. 天然ライブラリー

複数のヒトのリンパ球から抗体の可変領域を分離しランダムに組み合わせて提示します．このライブラリーでは提供者の病歴などに左右されやすく均質なライブラリーにはなりません．

b. 人工ライブラリー

ポリメラーゼ連鎖反応（5 章参照）の際に，変異を取り込みやすくするエラー誘導 PCR を用いる方法や，核酸の固相合成法を利用して試験管内でランダムな DNA 配列を作製する方法があります．

(2) 人為選択（淘汰）

せっかく合成したライブラリーですが，残念ながらそのほとんどはガラクタです．そのなかにわずかに存在するダイヤの原石を見つける操作をパニングと呼びます．パニングという呼び名は土砂から比重の差を用いて砂金を分離する操作に由来します．

まず，目的の分子種が残留するように環境条件をデザインします．その条件下で目的に合わない要らない分子を排除します（パニング）．次に，選択された分子種を増幅させます．このサイクルを繰り返すことによって欲しい

27. 進化分子工学

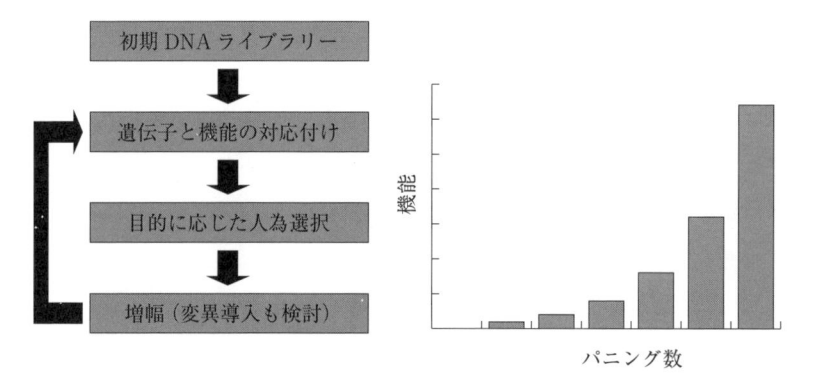

図 27-1　パニングの概要

分子だけが残留することが期待されます（図 27-1）.

　理論生物学者によると分子の進化は山登りにたとえられます．機能がないライブラリー集団を山麓だとすると，山頂が機能のもっとも高い位置に相当します．パニングを繰り返すことによって，より高い機能をもつものが選択され，山を登るというイメージになるそうです．もっとも多い分子数から，特定の集団に選別されるということは，エントロピー的に損なエネルギーが

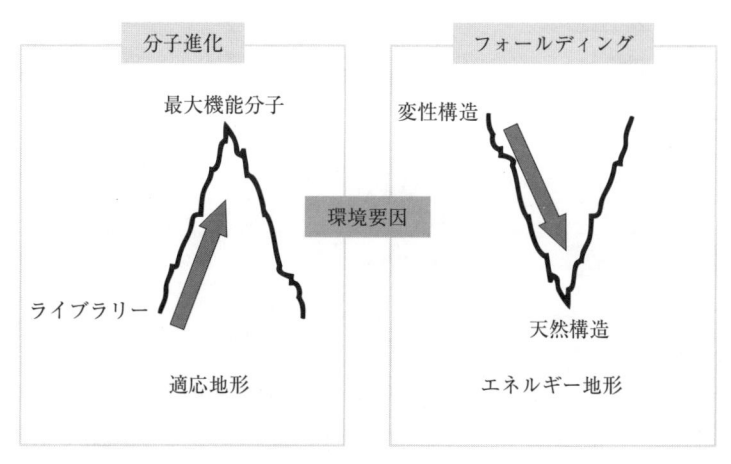

図 27-2　進化の山登りとフォールディングの谷下り

高い状態になるということを意味するからです．一方で，タンパク質に代表される生体高分子が固有の天然構造に折りたたむ現象（フォールディング）は分子鎖にとってエントロピー的に損ですが，水分子の状態を含む系全体としてエネルギー的にもっとも低い状態に落ち着くため谷下りにたとえられることと異なるのが興味深い点です（図27-2）．

27・4　遺伝情報と機能の対応付け技術

　選択と増幅という進化のプロセスで構成されたシステムがあれば進化を誘導することが可能です．多様な分子種が存在するライブラリーから特定の機能をもつ分子種を選択すること（たとえば，より強い結合をする抗体や活性の高い酵素を選択すること）は遺伝情報がなくても原理的には可能ですが，検出は既存の装置では不可能なので，その遺伝情報をもとに選択された分子を増幅することが必要です．そのために遺伝情報と機能が1：1で連結した形を形成する（リンクする）ことが不可欠なのです（イラスト参照）．これまで知られている遺伝情報と機能の連結した形は，リボザイム型とウイルス型・細胞型のおもに2つにまとめることができます．

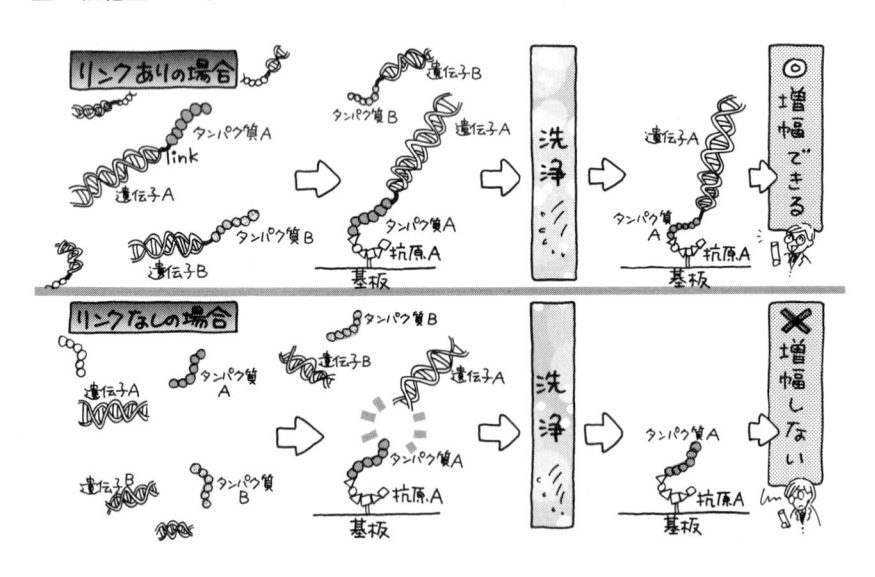

(1) リボザイム型

DNA や RNA の核酸分子は単にタンパク質の配列情報を保持しているだけにとどまらず，ほかのタンパク質に結合したり物質を変換する触媒として働いたりと，タンパク質と同様の機能をもつことが知られています．そのため，核酸分子はそれ自身だけで機能による人為選択と増幅が達成できる分子種なのです．ところが核酸分子は溶液中で分解されやすいという弱点があり，進化分子工学によって取得された核酸分子が医薬や産業に応用された例は少ないのが実情です．

(2) ウイルス型・細胞型

タンパク質は遺伝情報を保持していないので核酸分子を介して増幅しなくてはなりません．そのため，ウイルスや細胞に遺伝子を内包し，翻訳産物であるタンパク質を提示する形が求められます．これまでに，進化分子工学の産物として医薬や産業に応用された例のほとんどはタンパク質なのです．タンパク質と核酸の対応づけについて見ていきましょう．

27・5　核酸とタンパク質の対応づけ（図 27-3，表 27-1）

(1) ファージディスプレイ

バクテリオファージの表面にタンパク質を提示させ，ほかの分子と相互作用によって選別する方法です．よく用いられるバクテリオファージは，M13 などの繊維状ファージ，T7 などの溶菌性ファージの 2 つに大別できます．これらファージを用いた進化分子工学をファージディスプレイと呼びます．

(2) リボソームディスプレイ

終止コドンが欠損した mRNA はリボソームから離れることができません．この現象を利用して，終始コドンを欠損させた mRNA を試験管内で翻訳させることで mRNA-リボソーム-タンパク質の複合体を形成し，ほかの分子と相互作用によって選別する方法です．1994 年のペプチドライブラリーから始まり，一本鎖抗体の選択法としても用いられるようになりました．

第Ⅳ編　バイオ・ア・ラ・カルト

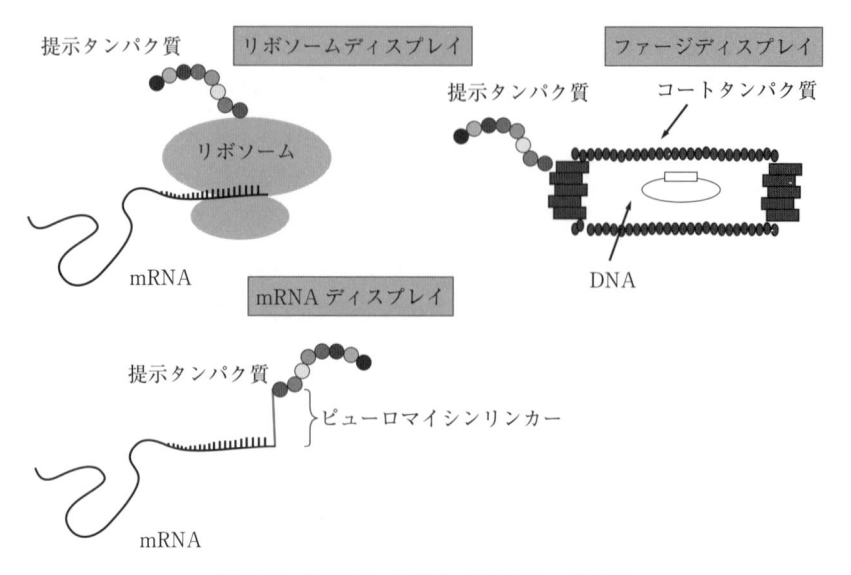

図27-3　遺伝型と表現型の対応付けの模式図

表27-1　遺伝型と表現型の対応付けの特徴

	ファージ	リボソーム	mRNA
翻訳	大腸菌	無細胞	無細胞
ライブラリーサイズ	$\sim 10^8$/mL	$\sim 10^{14}$/mL	$\sim 10^{12}$/mL
対応付け分子間の結合	非共有結合	非共有結合	共有結合
リンカー分子量	$\sim 10^8$（ファージ）	$\sim 10^6$（リボソーム）	$\sim 10^4$

(3) mRNAディスプレイ

　これはリボソームディスプレイの応用型として知られている技術です．タンパク質合成を阻害する抗生物質ピューロマイシンをmRNAの末端に連結させておくと，その翻訳産物であるタンパク質と共有結合するようになります．リボソームの代わりにピューロマイシンで遺伝子とタンパク質が結合されているため，その複合体の分子量が小さい点に特徴があります．この技術は，アメリカの研究グループとほぼ同時の発表であったものの日本初の技術であることを強調したいと思います．

27・6　進化分子工学の応用

　1970年代に遺伝子工学が開発され，その後の技術革新によって，タンパク質の部位特異的な変異導入が自由に行えるようになりましたが，実験者の意図した通りの耐熱性や活性の向上をもたらすことはまれでした．タンパク質の立体構造解析が進んだ現在においても，特異的な変異導入から機能向上が達成された例は多くはありません．なぜなら，タンパク質の変異導入は立体構造の変化を伴うことが多いためです．そのため，立体構造を解析して変異を逐一導入していく手法よりも，進化分子工学から目的の機能を獲得する方法が威力を発揮するのです．進化分子工学の有利な点は，構造情報が乏しいタンパク質でも改変することが可能なことです．これまでに進化分子工学によって熱や有機溶媒に強い産業酵素や抗体医薬の開発が行われてきました．

(1) 産業用酵素

　酵素は基質特異性と温和な条件での活性の高さが最大の長所ですが，産業においてはさまざまな条件（幅広い温度やpH，有機溶媒中など）で活性のある酵素が求められています（20章参照）．これはタンパク質にとって非常に厳しい条件です．タンパク質は，その立体構造を保持することで機能を発揮します．その立体構造は，大雑把にいうと，内部に疎水性の残基を，外部に親水性の残基を配置することで維持されています．温度を高くする，有機溶媒にさらすという操作はタンパク質の構造を破壊することになるのです．そのため，タンパク質はどの程度の溶媒条件に耐えられるのかというサイエンスと密接に関係する領域でもあります．

　産業用の酵素を設計するためには，極限環境生物をはじめとするさまざまな生物がつくる酵素が大いに参考になります．それらの生物がつくる酵素を目的に応じて改良するという補完的な意味で進化分子工学が用いられ始めました．進化分子工学を用いて酵素を改変するためには，もとの酵素遺伝子に変異を導入して宿主に移入し，培養して寒天培地上に生えた宿主のコロニーを拾い上げることを繰り返すという方法が一般的です．

　たとえば，酵素入りの洗剤は現在市販されている多くの家庭用洗剤です

が，この洗剤にはタンパク質を分解するプロテアーゼや，油脂を分解するリパーゼ，糖を分解するアミラーゼ，セルラーゼなどの複数の酵素が含まれています．衣類はタンパク質や糖鎖でできているものもあるので，むやみに酵素活性が高くては汚れだけでなく繊維もボロボロに傷つけてしまいます．また，冬季の洗濯でも効果を失うことなく，共存する界面活性剤の作用にも耐えるものでなくてはなりません．そのような要請に応えるように，進化分子工学によって得られた酵素がいくつか含まれているのです．

人工的にゼロから酵素を設計することは現在でも困難ですが，新規の酵素遺伝子の発見と進化分子工学の両方を組み合わせることによって今後もすぐれた酵素が見出されていくに違いありません．

(2) 抗体医薬

抗体を用いて標的のタンパク質を狙い打ちする治療の概念は1970年代にすでにありました．しかし，実験動物に標的タンパク質を免疫して作製された抗体を医薬品として患者に投与した場合には，その免疫原性のため重篤なショックを与えてしまいます．この重篤なショックを避けるためには免疫原がないヒト抗体が望ましいのです．標的のタンパク質に対するヒト抗体を取得できる手段の一つが進化分子工学なのです．これまでに認可された抗体医薬は進化分子工学によって取得されたものも多いのです．IgG抗体は分子量が約150000と大きいので，可変領域を含む最小単位で構築された一本鎖抗体（scFv：分子量25000）をファージ表面に提示させます．進化分子工学によって作製された自己免疫疾患に対する抗体医薬の例を2つ示しましょう．

a. 関節リウマチ

世界中で約2100万人が罹患している関節リウマチ（RA）は，全身の関節における炎症を特徴とする自己免疫疾患です．RAの炎症反応で中心的役割を担っているサイトカインである抗腫瘍壊死因子（TNF）αを中和する抗体医薬としてはじめて誕生したのが，マウスとヒトのキメラ型モノクローナル抗体（4章参照）のインフリキシマブ（商品名：レミケード）です．マウス抗体の断片を含むインフリキシマブは免疫原性があるため，完全ヒト型抗体が

望まれていました．インフリキシマブと同じく TNFα を中和するヒト抗体アダリムマブ（商品名：ヒュミラ）が進化分子工学によって作製されました．重鎖もしくは軽鎖の一方をマウス抗体由来のまま残して，一方をヒト抗体のライブラリーとした scFv を作製し 2 段階のパニングでヒト抗体に改変しました．こうした技術を用いることにより，抗体医薬の効果の減衰が起こりにくくなりました．

b. 全身性エリテマトーデス

世界中で約 500 万人が罹患している全身性エリテマトーデス（SLE）は，DNA に対する抗体を産生することで炎症が起こる自己免疫疾患です．現在，ステロイドが治療薬として広く用いられていますが，骨粗鬆症などの副作用をおこすリスクがあります．新薬ベリムマブ（商品名：ベンリスタ）は，B 細胞の生存に関与するサイトカイン（BLyS）に対するヒト抗体です．ヒト由来のタンパク質に対するヒト抗体は作製できないため，ヒト抗体ライブラリからファージディスプレイによって作製されました．2011 年，56 年ぶりに SLE 治療薬として FDA から認可されました．ベンリスタの登場でより副作用が少ない治療が今後行われる可能性があります．

〔工藤基徳〕

より進んだ学習のための参考図書

浅島 誠・黒岩常祥・小原雄治 編，柳川弘志ら 著 (2010)『現代生物科学入門 9 合成生物学』岩波書店

伏見 譲 編 (2003)『生命の起源と進化の物理学』シリーズ・ニューバイオフィジックス II-8, 共立出版

熊谷 泉・金谷茂則 編 (2000)『生命工学 —分子から環境まで』共立出版

28. 環境浄化技術

第Ⅳ編

28・1 はじめに

　各種の産業界から排出される環境汚染物質（有機化合物：塩素系溶剤，有機塩素系農薬，揮発性化合物，PCB，石油系炭化水素など，無機化合物：重金属など）は，長い時間をかけて地上から地下深くにしみ込み，土壌や地下水の汚染を引き起こしています．

　図28-1に示すように，汚染土壌や地下水の恒久的対策は，原位置で浄化する方法と，掘削して汚染土壌を別の場所に移動させて処理する方法に大きく分けられます．

　前者は，低濃度の汚染が広範囲に分布しているような汚染サイトに対して，汚染土壌や地下水を原位置で処理する方法です．具体的な処理法としては，非生物学的方法として，原位置で分解させないで汚染物質を抽出して除去する方法（土壌ガス吸引法や地下水揚水曝気法など）が知られていますが，これら以外に汚染物質を原位置で直接分解する方法も考えられており，近年もっとも行われているのが，生物学的な方法，すなわち微生物を利用した浄化工法（バイオレメディエーション）や，植物あるいは植物や根圏微生物を利用した浄化工法（ファイトレメディエーション）です．

　一方，後者は，高濃度の汚染が局所的に分布しているような汚染サイトに対して，汚染土壌を掘削し，別のところへもっていって処理する方法です．具体的な処理法としては，汚染土壌の溶媒洗浄や高圧熱水洗浄，焼却処理等の非生物学的方法以外に，上述の原位置分解よりも微生物による分解条件（酸素や栄養源の供給など）を可能な限り整え，バイオレメディエーション工法の効果を最大限に高めた工法によって分解・浄化することもあります．

　この章では，種々の汚染土壌・地下水の浄化技術のうち，多様な汚染サイトに広く適用可能な生物学的浄化法であるバイオレメディエーションやファ

28. 環境浄化技術

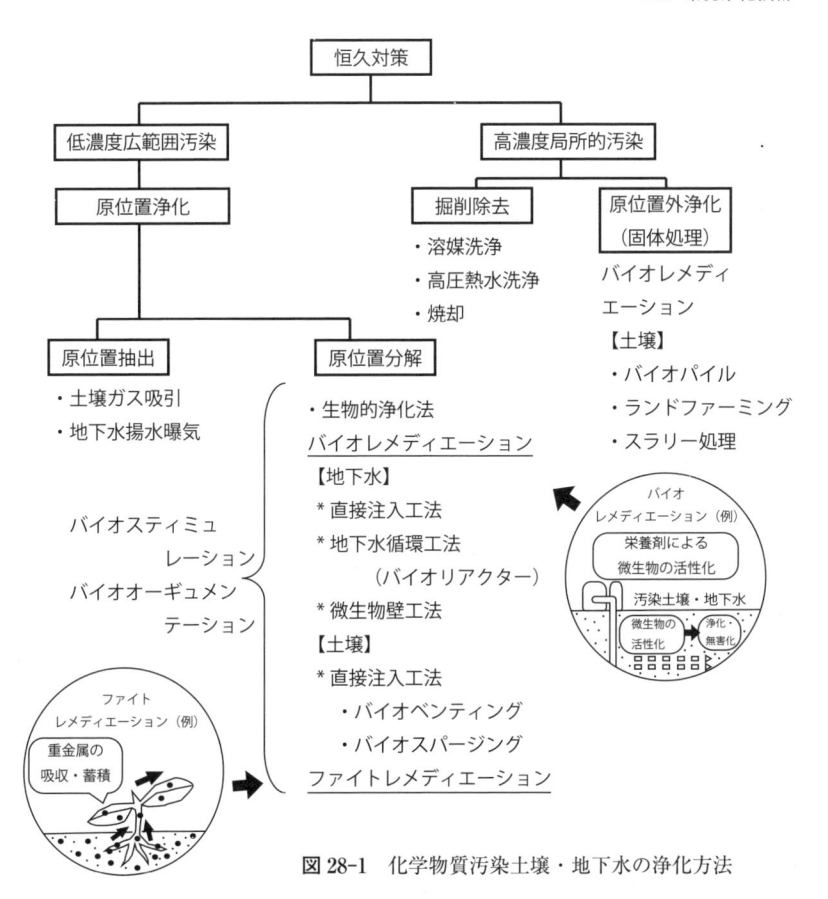

```
                          恒久対策
                             │
              ┌──────────────┴──────────────┐
        低濃度広範囲汚染                  高濃度局所的汚染
              │                             │
          原位置浄化              ┌─────────┼─────────┐
              │                掘削除去            原位置外浄化
                                                   （固体処理）
                              ・溶媒洗浄
                              ・高圧熱水洗浄       バイオレメディ
                              ・焼却               エーション
       ┌──────┴──────┐                            【土壌】
   原位置抽出      原位置分解                       ・バイオパイル
                                                   ・ランドファーミング
  ・土壌ガス吸引   ・生物的浄化法                    ・スラリー処理
  ・地下水揚水曝気  バイオレメディエーション
                   【地下水】
                   ＊直接注入工法
  バイオスティミュ  ＊地下水循環工法
       レーション    （バイオリアクター）
                   ＊微生物壁工法
  バイオオーギュメン 【土壌】
       テーション   ＊直接注入工法
                    ・バイオベンティング
                    ・バイオスパージング
                   ファイトレメディエーション
```

図 28-1 化学物質汚染土壌・地下水の浄化方法

イトレメディエーションの有効性について考えます．

28・2 生物を利用した環境浄化技術の特徴

(1) 微生物を利用した環境浄化技術（バイオレメディエーション）の工法と課題

a. バイオレメディエーション工法の定義

バイオレメディエーションとは，微生物の機能を利用して土壌や地下水の浄化を行う技術で，大きく2つの工法に分けられます．一つは，もともと現

場に棲息する微生物を，栄養源や有機物質の添加により刺激して増殖させ，汚染物質を分解させる工法（バイオスティミュレーション）で，もう一つは，別のところで選定・分離した分解能力のすぐれた微生物を汚染サイトに投入して効果的な分解を促す工法（バイオオーギュメンテーション）です．これまで，国内では上述の2つの工法を用いた浄化が行われていますが，バイオスティミュレーション工法の適用例の方が多く，数々の成功事例が報告されています．バイオスティミュレーション工法が採用されやすい理由は，土着の微生物を利用する工法であるため，バイオオーギュメンテーション工法のように微生物そのものを取り扱う必要が無く，汚染サイトに栄養源のみを注入すればよいことから，浄化工事が容易で抵コストという点があげられます．さらに，バイオオーギュメンテーション工法と異なり外来微生物の注入を伴わないため，土壌生態系に影響を及ぼす可能性が少ないということも利点としてあげられます．

バイオレメディエーション工法に利用される微生物の機能としては，有機化合物を分解・代謝することでエネルギーを得る化学合成従属栄養微生物[*1]による汚染物質の酸化反応（好気的酸化，嫌気的酸化）や共代謝[*2]などがあげられます．したがって，バイオレメディエーション工法により浄化を達成するためには，これらの微生物の機能を工学的に如何にして発揮させるかが重要となります．

b. 低濃度の汚染が広範囲に分布する場合に適用されるバイオレメディエーション工法の実際

まず地下水の浄化工法として，微生物，栄養塩，空気，酸素・水素供給物質，有機物（メタン・トルエンなど）を汚染サイトに直接注入し，微生物活性を高めて浄化を行う「直接注入工法」がもっとも広く採用されていますが，注入物質の地下での拡散や汚染領域への誘導などを精度よく導くことが重要

[*1] 有機化合物を分解・代謝することでエネルギーを獲得し増殖する微生物群の総称．
[*2] それ自体は微生物増殖の基質（エネルギー源）にはならないが，微生物がほかの基質をエネルギー源，炭素源として利用する際に共役的に分解すること．

になるため，汚染物質や分解生産物の増加・消長を常時モニタリングし，影響範囲を常に把握することが必要となります．また，注入井と揚水井が利用できる場合は，下流側の井戸から汚染した地下水を汲み上げ，地上で汚染物質を浄化した後に分解促進物質を加えて，汚染の上流側の井戸から再注入する**地下水循環工法（バイオリアクター）**が採用されたり，汚染サイトの敷地境界付近では，汚染物質が敷地外に流出しないように，栄養塩，酸化物質，還元物質などによって地下水の流路に微生物壁を形成させ，地下水が通過する際に浄化を行う**微生物バリア工法**などが採用されます．

次に，汚染土壌の原位置浄化工法として，汚染源が不飽和土壌（地下水位より上部の土壌）に広範囲に分布する場合に，不飽和土壌に空気を注入し，同時に真空抽出を行うことにより，汚染物質を揮発させるとともに，不飽和土壌に空気を循環させることによって現場に棲息する微生物の活性を高め，有機物の分解を促進する**バイオベンティング工法**が適用されています．また汚染源が飽和土壌（地下水位より下部の土壌）に広範囲に分布する場合には，飽和土壌に空気あるいは酸素に加えて栄養物質を注入し，現場に棲息する微生物の活性を高めて，汚染物質の分解を促進する**バイオスパージング工法**が適用されています．

c. 汚染源が比較的局部的に高濃度で存在する場合に適用されるバイオレメディエーション工法の実際

汚染土壌を処理場に運搬して1m程度の層状に積み重ね，パイプを通して空気や微生物の栄養分を供給し，現場に棲息する微生物活性を高めて浄化する**バイオパイル工法**や，処理場に運ばれた汚染土壌に肥料を添加後，耕転して浄化する**ランドファーミング工法**などが広く採用されています．前者は比較的小規模な汚染サイトに適していますが，微生物分解の制御が難しく，浄化の過程がわかりにくいため，分解処理に多くの時間を要するケースがあるなどの難点があり，後者は施工が容易で作業が短時間で済む反面，浄化施工に広い土地が必要となります．

さらに汚染物質が除草剤に含まれる2,4-Dやペンタクロロフェノールな

どのように難分解性である場合には，汚染土壌を処理場に運搬し，スラリー*3にして微生物や空気，栄養塩を加えて，撹拌混合して分解する**スラリー処理**が採用されており，米国ではすでに事業化実績もあります．

d. バイオレメディエーション工法の課題

以上のように，バイオスティミュレーション工法にはいろいろな方法が検討され，実用技術として用いられていますが，とくにバイオスティミュレーション工法を適用する際には，いずれの条件においても，汚染サイトに汚染物質を分解し得る土着微生物が存在することが必要条件となります．そこで，汚染サイトの試料を用いてトリータビリティテストと呼ばれる予察試験を行い，有効な微生物の存在を評価することが重要になります．また有用微生物が存在しないことが判明した場合には，バイオオーギュメンテーション工法の適用を検討する必要がありますが，有用微生物の確保をはじめとして，当該微生物を汚染サイトに投入した際の競合増殖技術（優占化技術）や環境影響評価などの課題を克服することが不可欠となります．

(2) 植物を利用した環境浄化技術（ファイトレメディエーション）の工法と課題

a. ファイトレメディエーションの定義

ファイトレメディエーションは，植物が本来もつ環境浄化能力を利用して，土壌や地下水から有害物質を取り除いたり，根圏にいる微生物との共同作業により，汚染物質を分解，浄化する技術です．

ファイトレメディエーション工法に利用される植物の機能としては，吸収・蓄積・固定化・封じ込め，代謝・分解，気化・揮発化，濃縮などがあげられます（表28-1）．したがって，ファイトレメディエーション工法により浄化を達成するためには，まず汚染サイトで植物を確実に生育させ，その上で，各種の機能を工学的に如何にして発揮させるかが重要となります．とくに前者については，緑化工事と大きく異なる点に注意が必要です．すなわち，緑化工事では，あらかじめコストをかけて十分な土作りを行った後に植

---

*3 泥漿（でいしょう）とも呼ばれる，液体中に鉱物や汚泥などが混ざっている混合物．

28. 環境浄化技術

表28-1 ファイトレメディエーションの浄化機能

機能分類	メカニズム	おもな対象物質
ファイトアキュムレーション (phytoaccumulation) ファイトエクストラクション (phytoextraction)	土壌汚染：植物自身がもつ能力を利用して大量に汚染物質を吸収し、植物体内（地上部）に蓄積・濃縮	重金属，BTEX，PCP，脂肪族炭化水素，放射性物質など
ファイトデグラデーション (phytodegradation) ファイトトランスフォーメーション (phytotransformation)	土壌汚染：植物により汚染物質を分解，代謝（NOx, SOxなどの大気汚染物質を体内に取り込んで，窒素・硫黄源などの栄養源に変換）	有機化合物（PCP，塩素化芳香族，PCB）大気中のNO_2など
ファイトボラティリゼーション (phytovolatilization)	土壌汚染：汚染物質を植物バイオマスから大気中へ蒸散	揮発性金属（セレン，水銀，砒素など）
ファイトスティミュレーション (phytostimulation)	土壌汚染：根圏の分泌により根圏微生物を活性化	有機化合物（TNT，PH，PAH，PCB類）
リゾデグラデーション (rhizodegradation)	土壌汚染：根圏微生物との共生により汚染物質を分解	PAHs，BTEX，農薬類，石油類
ファイトスタビライゼーション (phytostabilization)	土壌汚染：植物由来の浸出液により根ゾーン（根細胞表面，根細胞内）に汚染物質を沈殿，吸収，固定化・封じ込め	重金属，無機・有機化合物
ファイトマイニング (phytomining)	土壌汚染：大量に重金属を吸収する植物の能力を活用し有価重金属を回収	有価金属
エバポトランスピレーション (evapotranspiration)	土壌汚染：蒸散流によって土壌中の水がポンプアップされ，植物体地上部に蓄積・濃縮	水溶性無機・有機物
リゾフィルトレーション (rhizofiltration)	水質汚染：汚染水から汚染物質（重金属や放射性物質など）を植物の根に吸収，蓄積	重金属，放射性物質

物を栽培し，工事によってもたらされた緑化そのものに価値を求めるのに対して，ファイトレメディエーション工法における植物栽培は，土作りに極力コストをかけずに植物を栽培し，緑化の出来栄えよりも浄化効果と安価な施工コストに価値を求めることになります．さらに緑化に比べて，ファイトレメディエーション工法の適用場所は，海岸付近の工場跡地などの塩害が懸念される場所が多く，過酷な条件下での植物栽培技術が要求されます．

b. ファイトレメディエーション工法の実際

ファイトレメディエーション工法を用いた原位置浄化対象としては，工場跡地（遊休地）や天災による汚染農地などの，汚染物質が広範囲に広がっている汚染サイトがあげられます．また，汚染サイトの敷地境界に適用することにより汚染物質の拡散・侵入を防ぐなど，汚染物質の隔離効果も期待されています．これらに適用する原位置浄化工法には，① 汚染サイトで植物を栽培し，汚染物質を植物の体内に吸収・濃縮させて，植物を刈り取ることで汚染物質を除去する工法や，② 汚染サイトで植物を栽培して，植物を通じて汚染物質を大気中に放出させる工法，さらには，③ 植物の分解能力や根のまわり（根圏）に棲息する微生物との共生関係を利用して根圏で汚染物質を分解する工法などがあり，①，② についてはカドミウムや鉛，砒素などの浄化に対してすでに実用化されています．③ についても，現在研究が進んでおり，近い将来，実用化が見込まれています．ただし，ファイトレメディエーション工法は，汚染サイトの地上部に建物がある場合などは適用できないことから，浄化工法としてあまり普及していないのが実情です．

(3) 生物的浄化法の長所と短所

生物による汚染物質の分解は常温常圧で進行するため，多くのエネルギーを必要としないというメリットがあり，総じて低コストであるという点があげられます．さらに，バイオレメディエーション工法では，建物を壊さなくても，建物の下の微生物を活性化することで浄化が可能であったり，低濃度で広域の汚染浄化に適している（コストメリットが大きい）などという特長があります．

一方，最大の短所としては，浄化の主役が微生物であることに起因する浄化反応の不安定さや，それに伴って浄化時間の長期化が懸念される点があげられます．そのため，とくに土地売買のさかんな場所などには不向きと考えられます．また，汚染濃度が高すぎると，微生物や植物が生育できず，分解が期待できないといった短所もあります．さらに，多種の汚染物質が共存する場合（複合汚染）の浄化には，技術的な課題も多く残されています．すな

わち，油，重金属，あるいはダイオキシンのような塩素化合物などの複合的な汚染の浄化には，それぞれの浄化に効果のある植物や微生物ならびにそれらの施工技術を複合的に用いる必要があることから，高度な浄化技術が必要になります．また植物や微生物による分解の過程で，有害な中間分解物質が生成する恐れもあることから，分解生成物の推定やモニタリングも不可欠となります．

28・3 分解可能な汚染物質

生物的な浄化方法によって分解・浄化可能な汚染物質としては，鉱物油，ベンゼン，トルエン，トリクロロエチレン，テトラクロロエチレン，農薬，PCB，ダイオキシン，内分泌撹乱化学物質（環境ホルモン），チッソ酸化物（NOx），イオウ酸化物（SOx）などがあげられます（表28-2）．

なかでもトリクロロエチレンやテトラクロロエチレンなどの揮発性有機塩素化合物の浄化には，***Dehalococcoides*属細菌**を利用したバイオレメディエーション工法において用いられる種々の栄養剤が開発されており，主要な浄化技術として汎用されています．

28・4 将来展望

広義の生物的浄化法には，本章で述べたバイオレメディエーション工法やファイトレメディエーション工法のほかに，何もしないで放っておいて自然分解の状況をモニタリングするだけの受動的修復法（ナチュラルアテニュエーション工法）があり，実用に供されているケースも散見されます．しかしナチュラルアテニュエーション工法は，浄化メカニズムが"自然分解"であるため，浄化にきわめて長い期間を要すことが想定されることから，国土の狭い我が国では土地の有効利用を望まれるケースが多く，能動的修復法に分類されるバイオレメディエーション工法やファイトレメディエーション工法が積極的に採用されているのが実情です．これらの工法では，上述のように浄化の不安定さや，それに伴う浄化時間の長期化が懸念されますが，この

表 28-2 生物的浄化法を適用可能な浄化対象

浄化対象物質		汚染サイト			排水処理(比較対象)
		土壌	水域	大気	
重金属(蓄積・分解)	Hg			微生物	
	Cd, Pb	植物	植物		
	Cr^{6+}		植物		微生物
有害化学物質	PCB	微生物			微生物
	トリクロロエチレン	微生物 / 植物			微生物
	テトラクロロエチレン	微生物			微生物
	農薬	微生物	植物		
	ダイオキシン	微生物		植物	
	環境ホルモン	微生物		植物	
	NO_x, SO_x			植物	
有機汚濁物質	BOD, COD		植物		微生物
	窒素	微生物	微生物 / 植物		微生物
	リン		植物		微生物
	油	微生物(植物)	微生物		微生物

※ 網かけ:実用レベル(植物と微生物で網の濃さを変えている)

20年間の分子生物学の飛躍的な進歩により,浄化を担う微生物の働きをつぶさに捉えることが可能になり,たとえば必要なタイミングで微生物の栄養源を添加するなどして微生物を活性化させ,安定な浄化を導くことが可能となりつつあることから,今後,より確実な実用技術に進化し得る可能性を大いに秘めていると考えられます。

〔藤原和弘〕

より進んだ学習のための参考書

藤田正憲・池 道彦 (2006)『バイオ環境工学』シーエムシー出版
S. フィオレンツァ・C. L. オーブル・C. H. ワード 編,池上雄二・角田英男 訳 (2001)『ファイトレメディエーション —植物による土壌汚染の修復』シュプリンガー・フェアラーク東京

29. 地殻微生物の世界

29・1 はじめに

地下圏に棲息する微生物は，深度に応じて以下のように定義されています。

① 深度 5 m 以深………"地下微生物圏"
② 深度 50 m 以深………"深度地下微生物圏"
③ 深度 200 〜 500 m 以深………"地殻微生物圏"[*1]

これらのうち，③ 地殻微生物圏についての研究は 1926 年にアメリカの油田で行われたのが最初で，これまでに発見された微生物のうち，最深部からの発見例として，南アフリカの地下 3200 m の地層から生きた微生物が見つかったという報告もあります。

微生物の生育上限温度については，驚くことに温泉や海底の熱水噴出孔などから 120 ℃ を超える温度で生育する微生物が報告されており，今後の研究

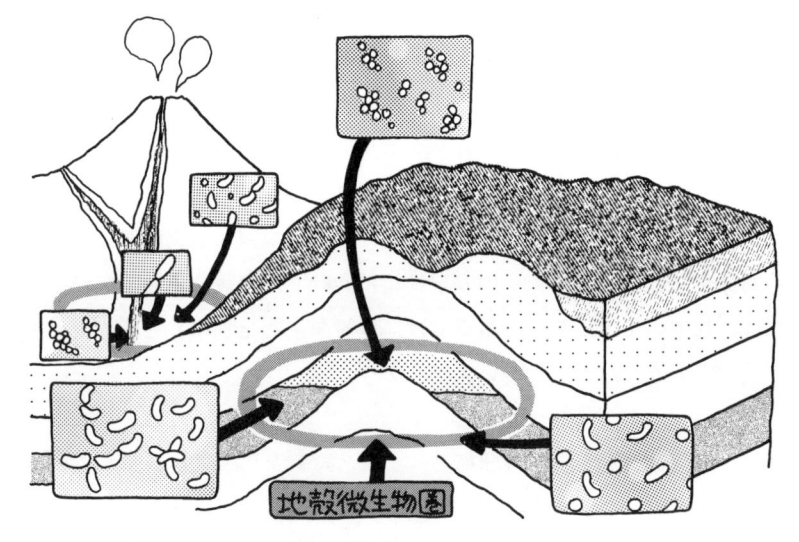

[*1] 独立行政法人海洋研究開発機構（JAMSTEC）で用いられている定義．

の進展により，生育上限温度がますます高くなるものと考えられます．生育上限圧力としては，じつに約 2000 気圧で生育する微生物も発見されていることから，微生物の耐圧性はかなり高いと見積もられています．これらの条件を考慮して，微生物の生育限界深度は，地球の中心部に向かっておよそ 4000〜5000 m あたりといわれており，今後，次第に解明されるものと思われます．

このように，私たちの想像をはるかに超える極限環境下でも微生物が棲息しており，これらの深部地下に広く棲息する地殻微生物は，未知なる機能を有する可能性を秘めていることから，今日まで，主として化石燃料の回収などを目的として，さかんに研究が行われてきました．

本章では，地殻微生物の研究現状を概説するとともに，各種の目的別に，研究開発現状や将来展望を概説します．

29・2 地殻微生物と産業との関わり

これまで微生物は，食品をはじめ，医薬品，農業，化成品，繊維，エネルギー，環境，資源開発など，多様な産業分野に広く関わっており（図 29-1），地下圏に棲息する微生物は，環境保全や石油・天然ガス・鉱物資源開発などに大きく関わっています．たとえば，微生物の酸化反応を利用して鉱石から金属成分を溶かし出して精製するバクテリアリーチングはすでに実用技術となっており，米国などで銅鉱石を対象とした大規模な操業が行われています．なかでも，地殻微生物は石油，天然ガスの環境調和型資源開発技術と密接な関係があり，エネルギーの安定供給に向けて，今後，積極的な技術開発が期待されています．そこで本章では，地殻微生物を利用した環境調和型資源開発技術の取り組みを見ていきましょう．

29・3 化石燃料回収への期待

(1) 石油

従来より「石油は有限資源であり，近い将来枯渇する」といわれ続けてい

29. 地殻微生物の世界

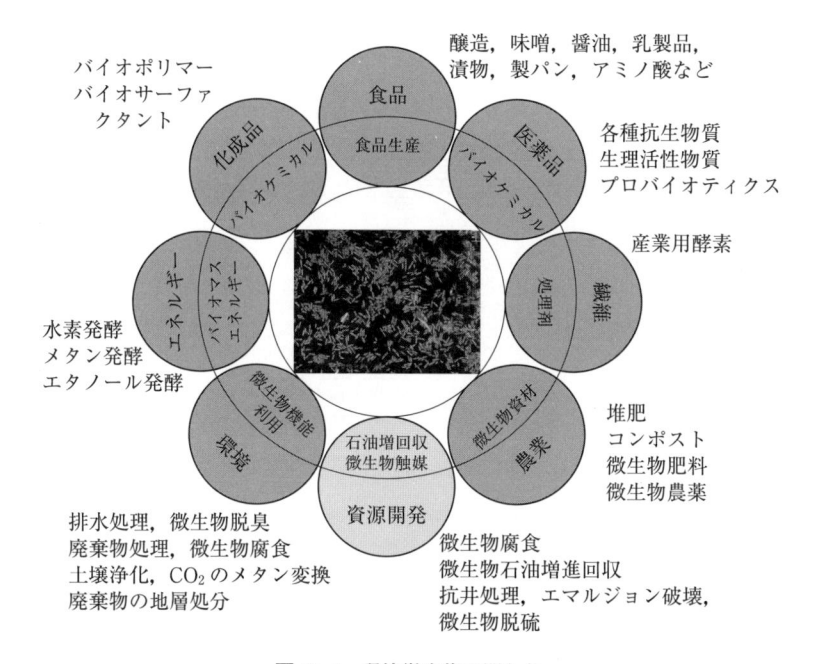

図 29-1 環境微生物の関わり

食品：醸造，味噌，醤油，乳製品，漬物，製パン，アミノ酸など
食品生産

医薬品：各種抗生物質，生理活性物質，プロバイオティクス

繊維（処理剤）：産業用酵素

農業（微生物資材）：堆肥，コンポスト，微生物肥料，微生物農薬

資源開発：微生物腐食，微生物石油増進回収，抗井処理，エマルジョン破壊，微生物脱硫

環境（微生物機能利用）：排水処理，微生物脱臭，廃棄物処理，微生物腐食，土壌浄化，CO_2 のメタン変換，廃棄物の地層処分

エネルギー（バイオマスエネルギー）：水素発酵，メタン発酵，エタノール発酵

化成品（バイオケミカル）：バイオポリマー，バイオサーファクタント

石油増回収微生物触媒

ますが，いままでに回収された石油は全世界の埋蔵量のわずか30％くらいと試算され，まだ70％が回収されずに残っていると考えられています．

油田地帯の地下には，石油が溜まっている池（オイルプール）があるわけではなく，砂岩や石灰岩，火山岩などの岩石の孔隙（すきま）の部分に石油が溜まっており，これらを貯留岩と呼びます．したがって，多様な岩石から成る貯留岩の孔隙に閉じ込められている石油を効率よく回収することを目的として，これまでに数々の石油増回収技術が研究されています．

そのような中，1926年に，微生物を使って石油を増産する技術（**微生物攻法**）が世界で最初に提案され，これまでに数々の室内実験や100例を超えるフィールドテスト（大規模現場実験）が世界中で行われています（図29-2）．微生物攻法のポイントは，貯留岩の孔隙に閉じ込められている石油を回収するために，微生物を油層（貯留岩から成る岩石層）に入り込ませて石油の増

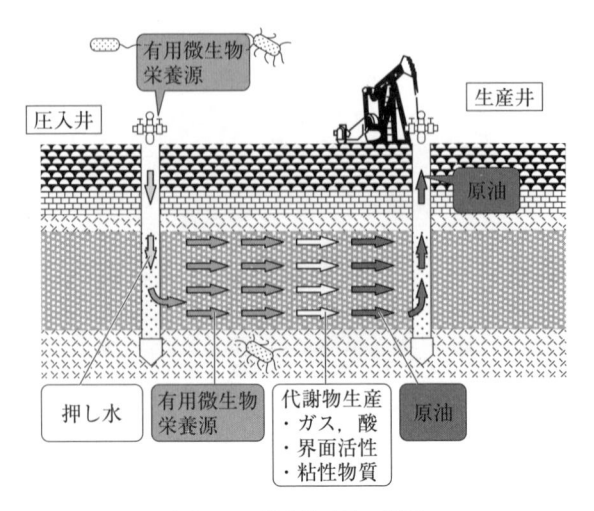

図29-2　微生物攻法の概要

回収に役立つようにする技術を構築することです．そこで，従来の研究では，地上施設で大量培養した微生物と大量の栄養源を圧入井から油層内に圧入し，油層内で微生物を繁殖させ，これに伴ってさまざまな代謝物を生産させることで石油の増産を期待する方法について検討が進められてきました．

石油の増産に対して有効な微生物代謝物やメカニズムとしては，これまでにいくつかのものが考えられています（図29-3）．

まず，微生物の増殖に伴って発生する二酸化炭素や炭化水素ガスにより油層内の圧力が上昇し，石油の排出エネルギーが高まることによって，石油の生産性が向上するというメカニズムが考えられています．

また，増殖に伴って有機酸を生産する微生物を用いて，炭酸カルシウムでできている貯留岩（炭酸塩岩）を溶かし，孔隙に閉じ込められている石油を回収しやすくするというメカニズムも考えられています．

さらに，界面活性物質を生産する微生物と栄養源を油層に圧入し，油層内で微生物によって界面活性物質を生産させて，粘性の高い石油を乳化（エマルジョン化）させ，石油の粘度を下げて，最終的に石油を回収しやすくする

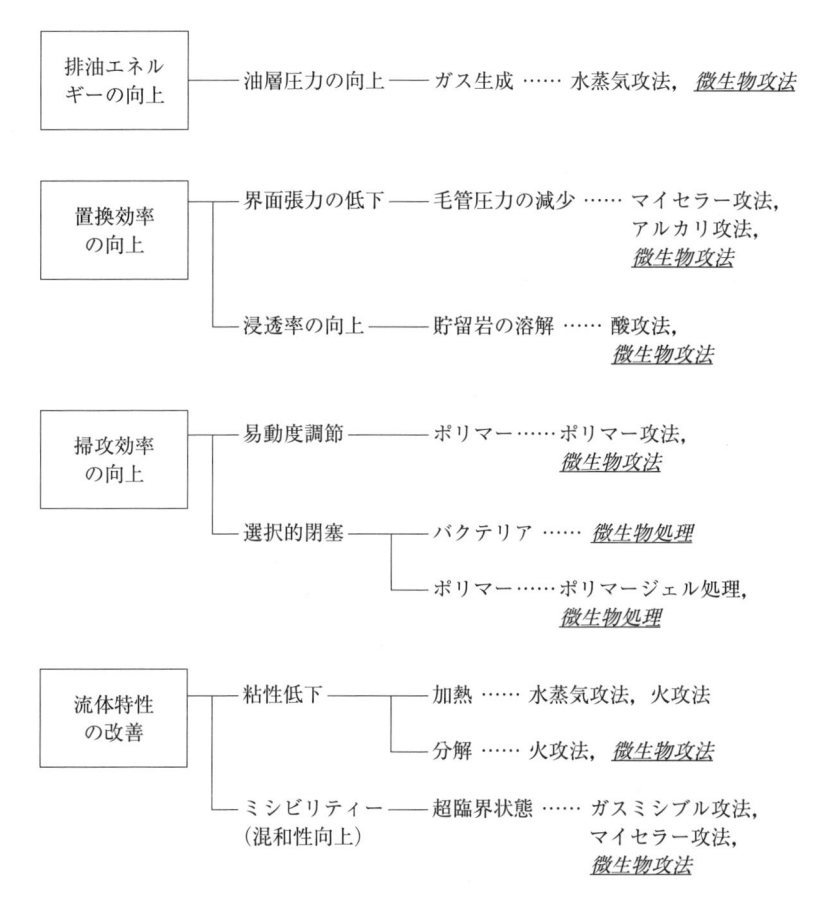

```
┌─────────┐    ┌─油層圧力の向上── ガス生成 …… 水蒸気攻法，微生物攻法
│排油エネル│────┤
│ギーの向上│
└─────────┘

┌─────────┐    ┌─界面張力の低下── 毛管圧力の減少 …… マイセラー攻法，
│置換効率 │────┤                                  アルカリ攻法，
│の向上  │    │                                  微生物攻法
└─────────┘    └─浸透率の向上 ── 貯留岩の溶解 …… 酸攻法，
                                              微生物攻法

┌─────────┐    ┌─易動度調節 ──── ポリマー …… ポリマー攻法，
│掃攻効率 │────┤                              微生物攻法
│の向上  │    │              ┌─バクテリア …… 微生物処理
└─────────┘    └─選択的閉塞 ──┤
                            └─ポリマー …… ポリマージェル処理，
                                         微生物処理

┌─────────┐    ┌─粘性低下 ──┬─加熱 …… 水蒸気攻法，火攻法
│流体特性 │────┤           └─分解 …… 火攻法，微生物攻法
│の改善  │    │
└─────────┘    └─ミシビリティー ── 超臨界状態 …… ガスミシブル攻法，
               （混和性向上）                   マイセラー攻法，
                                              微生物攻法
```

図 29-3　EOR（石油増回収技術）の特徴

というメカニズムも考えられています.

　また微生物がつくり出す粘性物質も有効と考えられています．とくに粘性物質（水溶性ポリマー）を生産する微生物と栄養源を油層に圧入すると，微生物の増殖に伴って粘性物質が生産され，油層内の水の粘度が上昇して，粘性の高い石油の易動度[*2]が向上し，最終的に石油の回収量が増加するというメカニズムも考えられています．以上のように，微生物のさまざまな効果

[*2] 油層内での石油の動きやすさ．

により，石油の回収率向上が期待されています．

　国内の主要な研究例としては，1996年から2002年の6年間にわたり，中華人民共和国の東北地方にある吉林油田で実施された「微生物攻法フィールドテスト（現在の中国石油と独立行政法人石油天然ガス・金属鉱物資源機構との共同研究）」があげられ，微生物攻法の実用化に対して数々の重要な知見が得られています．とくに重要な点を以下に示します．

・微生物攻法を適用する油層内にどのような地殻微生物が棲息しているのかをあらかじめ調査し，その上で石油の増産に効果が期待される微生物を選択すること．

・現地の油層の環境にもっとも馴染みやすい性質を有する，現地の油層に棲息する地殻微生物群のなかから，微生物攻法に有効な機能を有する地殻微生物をスクリーニングすることで，ほかの土着微生物との競合増殖の問題を回避することが有効であること．

・微生物攻法に有効な機能を有する地殻微生物を油層内で優占化する技術（微生物攻法に有効な機能を有する微生物の目的油層領域への移植技術，栄養源などの供給技術）を考案すること．

　さらにこの研究では，過去何十年にもわたって石油生産量が低レベルで推移していた油田（試験フィールド）から，少なくとも1年間以上にわたって石油が増産することが確認され，加えて，微生物をモニタリングしながら圧入条件を最適化したことにより，微生物を圧入しなかった場合に比べて，石油の生産量が1年間で3倍以上に増加したことが示されています．また，ランニングコスト（一連のプロセスを維持するために必要な費用）に関しては，わずか1.2ドル（US$）の追加費用で1バレル（1 bbl = 3200 kL）の石油を増産できたという結果が得られており，微生物攻法の経済性も証明されました．

　上述のように，これまでの研究によって，微生物攻法に関する科学的かつ実用的な知見が蓄積されつつあり，実用化に近づいていますが，一方で，これまでに実施されてきたほとんどの研究（フィールドテスト含む）では，学

術的に不十分な評価のみが行われていたため,微生物攻法が世界で最初に提案された後,90年近く経った現在でも技術開発が緒に就いたばかりといっても過言ではない状況にあるのが実情です.したがって,今後は,より科学技術に裏打ちされた技術開発を積極的に進め,普遍性のある知見を蓄積していくことが重要と考えられます.

(2) 天然ガス

近年,とくに地球温暖化防止対策が重要視され始めており,将来的には二酸化炭素の排出量が少ない天然ガス資源の重要性がますます高まると考えられます.

一方,天然ガスの起源説の一つに微生物起源説があり,最終段階の反応として,微生物が二酸化炭素と水素からメタンを生成するというメカニズムが考えられています.そこで,二酸化炭素地中貯留(carbon dioxide capture and storage;CCS)技術などで二酸化炭素を積極的に地下に圧入することによって,上記メカニズムを加速的に引き起こすことができれば,天然ガスを短期間に生成・蓄積できる可能性があると考えられます.

さらに,前項で述べたように,油田のなかには埋蔵量の60〜70％の石油が回収されずに残っているといわれており,石油を採り出すことが難しい油田では,微生物によって石油を天然ガスに変換し,回収しやすい形態(ガス状)に変化させ回収を促す技術が重要になると考えられます.

以上をふまえると,油層に棲息する微生物群(とくに石油を分解して水素を生成する微生物や,水素と二酸化炭素からメタンを生成する微生物など)を利用して,油層に残存する石油と,油層に貯留した二酸化炭素からメタンを積極的に生成し,天然ガス鉱床をつくり出す技術(**地中バイオメタン生成技術**)を確立できれば,地球温暖化やエネルギー問題を一度に克服できる環境調和型資源開発技術になり得ると考えられます(図29-4).

そこで,地中バイオメタン生成技術の技術的・経済的可能性について,研究が進められています.まず,油層のなかに水素やメタンを生成する微生物がどの程度存在しているかという点については,深度1200〜1600m,温度

第Ⅳ編　バイオ・ア・ラ・カルト

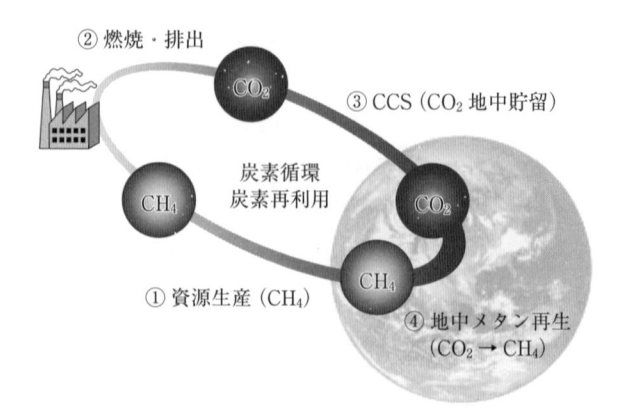

図29-4　環境微生物を利用した天然ガス資源開発技術（カーボンリサイクル）

（図中のラベル）
② 燃焼・排出
③ CCS（CO_2 地中貯留）
炭素循環 炭素再利用
① 資源生産（CH_4）
④ 地中メタン再生（$CO_2 \to CH_4$）

　40〜80℃程度の油層から汲み上げられる油層水（石油と一緒に油層の中に存在する塩水）や石油の調査結果から，地殻微生物圏である油層内には，水素やメタンを生成する微生物が多数棲息していることが明らかになっています．またこれらの微生物の油層環境下での水素・メタン生成能力については，まだ経済的に十分とはいえないものの，促進条件を見つけることができれば，経済的なプロセスになり得ることが示唆されています．

　生ゴミ処理や家畜糞尿を用いたメタン発酵システムなどでみられる一般的な水素・メタン生産システムは，ほとんどが大気圧下から0.5 MPa程度の環境下での反応ですが，油層を対象とした場合には，その10倍以上の5〜20 MPaという環境になります．また培養温度も，一般的な水素・メタン生産システムでは最大で55℃程度ですが，油層の場合には，最大で80〜120℃という，超高温域が対象になります．加えて，油層を対象とした場合には，微生物の反応場が油層を構成する貯留岩内の微小孔隙環境となります．したがって，これらの過酷な条件下で，微生物による二酸化炭素からのメタン再生反応が実際にどれくらいの速度や期間で起こり得るのか，あるいはそれを工学的にどこまで引き上げられるかという点が最大の課題となっており，今後の研究に期待が寄せられています．

29・4　地殻微生物の将来展望

　本章では，油層を対象とした石油増回収技術（微生物攻法）や天然ガス生成技術（地中バイオメタン生成技術）を紹介しましたが，後者については，近年になって，石炭層や帯水層を対象とした技術が提案されおり，今後，地殻微生物の利用技術がますます注目されるものと考えられます．そして，ここ20年の間の環境バイオテクノロジー（とくに分子生物学や遺伝子工学）の目覚ましい進歩に伴い，地殻微生物も次第に解明されつつあります．しかし，地殻微生物をはじめ，地下圏の微生物の理解は，まだ研究が始まったばかりといっても過言ではありません．そして，地殻微生物には，地上の常識から考えられないような，想像もつかないような特徴や機能を有しているものが，まだまだ存在している可能性があります．そのため，地殻微生物の無限の可能性を科学的に解明することがこれからの重要な課題であり，地殻微生物学の醍醐味ともいえるものと思います．

　また，これまで我が国は資源・エネルギーを手に入れるために，長い間，その対価を相手国に支払ってきました．しかし昨今の資源保有国での石油・天然ガス資源の開発権益の確保を取り巻く環境を考慮すると，今後は資源を供給してもらう見返りに対価を払うだけでなく，我が国独自の技術を海外諸国に積極的に提供していくことが必要とされる時代が到来しています．

　したがって，これからは，我が国独自の資源・エネルギー関連の技術力が重要になり，味噌，酒，醤油作りで培った我が国が誇る微生物利用技術についても，今後，多くの若い研究者が継承し，それを地下や深海底に棲息している未知なる微生物の新しい機能の解明や利用技術の開発に展開することにより，さらなる発展を遂げることを期待します．

〔藤原和弘〕

より進んだ学習のための参考書

Rafael Vazquez-Duhalt・Rodolfo Quintero-Ramirez 編（2004）『Petroleum Biotechnology-Developments and Perspectives』Elsevier Science

澤山茂樹（2009）『トコトンやさしいバイオガスの本』B&Tブックス 今日からモノ知りシリーズ，日刊工業新聞社

第Ⅳ編

30. バイオを巡る知財

30・1　知財の産業的意義

「資源のない日本では科学の発展は非常に重要です」―この言葉は，2010年のノーベル化学賞を受賞した鈴木 章 北海道大学名誉教授が，受賞記念の記者会見で述べたものです．鈴木氏の生み出した有機ホウ素化合物を用いたクロスカップリング法は，多くの企業が医薬品，農薬，化学製品の合成に使用し，その経済波及効果は全世界で数兆円にも及ぶといいます．このように，すぐれた研究成果は豊かな天然資源と同じように莫大な経済的価値をもつのです．鈴木氏が言いたかったのは，天然資源に恵まれない日本では，科学研究という知的資源を生み出そうということです．

科学研究の成果を社会に活かすためには，産業への研究成果の移転が必要で，このツールが知的財産権（知財）です．知財は，発明という高度な創意工夫やアイデアを経済的な価値をもつ財産として独占できるように国家が認めた権利で，特許権がその代表です．特許は時として多額の収入を発明者にもたらし，ノーベル賞も，生みの親であるスウェーデン人のアルフレッド・ノーベルが，自身の発明したダイナマイトで特許を取り，その事業化で莫大な利益をあげたことから生まれたものです．特許制度があったからノーベル賞が生まれたといっても過言ではありません．

上記の鈴木氏の受賞対象のクロスカップリング法が開発された1970年代は，大学研究者が特許を出願することはまれでした．したがって，鈴木氏は特許を出願していませんでした．現在は，大学や公的研究機関も研究成果を特許化すれば，その特許を企業に使ってもらうことができるようになっています（技術移転または特許ライセンスといいます）．いまや知財は，研究開発を行う機関はすべて，自分の研究を守り，かつ研究成果を社会に還元するために，活用すべき制度といえるでしょう．

知財の中心となる4つの産業財産権（特許権，実用新案権，意匠権，商標権）は産業の発展のために設定された権利で，これで技術的権利を一定期間保護し，積極的に新製品や新技術で社会に貢献してもらうというのが，知的財産権制度の趣旨です．1624年に英国で初めて特許制度ができ，その後，アメリカ，フランス，ドイツと国ごとに法制度として導入され，日本には1885年に日本国専売特許条例ができました．現在では，世界146か国（2012年7月時点の特許協力条約の参加国）に特許制度ができています．特許技術は独占使用できますが，独占し続けると産業の進歩が妨害される恐れがあるので，特許権の保護期間は出願日から20年間（医薬品の場合は最長25年間）とされています．知財を守らない国は，技術の垂れ流しや盗用が起こるので新しい技術が入って来ず，結果として産業や経済も発展しなくなります．

世界一の特許出願国は米国ですが，日本は年間30〜40万件の特許を出願する世界トップレベルの知財産生国で，それを活用して電気製品や自動車などのすぐれた工業製品で国の経済を支えてきました．

知財に関する情報やいろいろな事例は，特許庁のホームページ（http://www.jpo.go.jp/indexj.htm）でわかりやすく説明されていますので，ぜひ一度ご覧になってください．

30・2　バイオ特許の争奪戦

化学合成品は人工的にいろいろつくることができますが，自然界に存在する遺伝子やタンパク質，天然素材は代替のできないもので，その利用技術を特許で押さえると，きわめて強力な権利になることが容易に推測できます．こうしたバイオ特許は，人工的に設計して生み出すよりは，自然現象の発見から生まれるケースが多いので，学術研究の寄与が大きくなります．この傾向を表すサイエンス・リンケージという指標があり，これは特許1件あたりに何件の学術論文が引用されているかを示す数値です．これによれば，IT（情報通信）分野では0.1，ナノテク分野では3.2と小さな値ですが，バイオ

分野では 15.2 と大きな値になるそうです（玉田俊平太 著：『産学連携イノベーション』関西学院大学出版会 (2010)）．すなわち，アイデア中心の IT 分野の特許では学術論文はほとんど参考にならず，人工的に素材をつくるナノテク分野では 2～3 編程度ですが，バイオ特許 1 件には 10 編以上の学術論文が参考にされているということなのです．そのため，先端的バイオ特許を取得するには，まずバイオ学術研究を推進しなくてはならず，2000 年代には，米国は巨額の研究費を拠出して国家レベルでゲノム解析研究を推進し，多数の遺伝子特許を獲得しました．米国の企業や大学が国際特許を保有すれば，ほかの国々の企業はその特許の使用料（ロイヤルティといいます）を支払わなくてはならず，巨額の研究費を投じても，結果的に米国に投資以上の資金が戻るという狙いからです．

当時の情報ですが，世界的に有名な科学雑誌 Science (310 (5746), 239-240 (2005)) によりますと，米国国立衛生研究所遺伝子バンクの 23688 遺伝子の 20 ％ が特許登録され，その帰属は，米国 78 ％，欧州 6 ％，日本 4 ％という結果でした．このように，ゲノム研究は科学分野の競争である反面，遺伝子特許獲得という経済的競争の側面もありました．

現在も将来も，産業利用可能な先端技術分野では，この構図は続くでしょう．昔の戦争のほとんどは，領地や天然資源の獲得を目的とした国家間の戦いでしたが，過去の教訓から安全保障体制が改善された現代では，研究活動を介した知財の獲得の戦いに変わったといっても過言ではありません．冒頭に紹介した鈴木氏の言葉の通り，日本は天然資源に乏しい国なので，知財立国を国是の一つにしなくてはならないと思います．

30・3　バイオ特許を活かす産学連携

先に，バイオ特許はほかの産業の業種の特許に比べて学術研究を参考にしている割合が大きく，その理由として，実験科学的な情報や医学薬学研究の基礎情報がかなり必要であることを指摘しました．じつはこの部分は，企業内の研究室では対応できない場合も多いのです．たとえば，がんの治療薬の

研究では，化合物の合成は企業の化学実験室でできますが，その化合物がどのように作用するかとか，ヒトのがん組織で標的となる分子が存在するかなどという研究は，大学の医学部と共同で行わないと，うまくいかないケースがよくあります．そのため，企業と大学とが共同研究することになります．また，大学の研究で発見された貴重な成果を企業で育成して事業に結びつける活動もさかんになっています．それは，大学の研究の方が企業研究よりも幅広い分野で行われ，新発見が多いからです．他方，企業は，研究成果をうまく開発して事業化するのが得意です．

そこで生み出された方法が，「産学連携」という，企業（産業）と大学が手を組んで研究から事業化までを行おうという仕組みです．国や自治体が研究開発資金を補助して，「産学官連携」となる場合もあります．産学連携の仕組みは簡単にいうと，大学が行う基礎研究の成果を企業に技術移転し，事業化は企業が担当するということです．

では，産学連携がうまくいった場合には，特許はどれだけの経済的価値を生むのでしょうか？

バイオ分野の特許ライセンスで最も有名なのは，1980年代に米国スタン

フォード大学が生み出した遺伝子組換え技術で，この特許技術は総額約250億円のロイヤルティを大学にもたらしたほか，遺伝子組換え技術は多くのバイオ医薬品を実用化する原動力になりました．我が国における成功例で有名なのは，バイオ分野ではありませんが，名古屋大学の発光ダイオード(LED)の産学連携による事業化の例で，総額46億円のロイヤルティが得られたということです．バイオ分野では，北海道大学発のバイオベンチャーであるイーベック社が開発したヒト型抗体作製技術が，欧州の製薬企業と数十億円規模のライセンス契約に成功しています．

2000年代に入ってからは，産学連携の形態も大きく変わってきており，従来型の大学特許の技術移転(特許ライセンス)に加えて，企業が欲しい技術を公開して大学が共同研究を申し込む例や，企業の研究部隊を大学に常駐させて共同研究を行うケースが出てきています．こうした流れは，従来の自前主義から外部との連携主義への転換であり，「オープン・イノベーション」といわれています．

なお，大学が特許を取得して事業化するには，産学連携以外に，大学発ベンチャー企業を設立するという方法もありますが，ハイリスク＆ハイリターンといわれています．

30・4　バイオ知財の先にあるもの

研究成果を産業化するためには特許を取得しても，医薬・医療関係の製品は国の承認を得ないと産業化できないので，知財の先にある規制にも触れておきます．

知財の先にある規制は薬事法です．医薬・医療分野の製品は直接人体と生命にかかわるので，その品質・安全性・有効性を国が薬事法に基づいて審査し，一定の水準を満たしたものだけに製造・販売が認可されます．この分野の研究と実践はレギュラトリーサイエンスともいわれています．このように，バイオ技術で得られた医薬・医療関係の製品を事業化するには，薬事承認取得という国からの認可が必要で，かつ特許取得によって事業を守ること

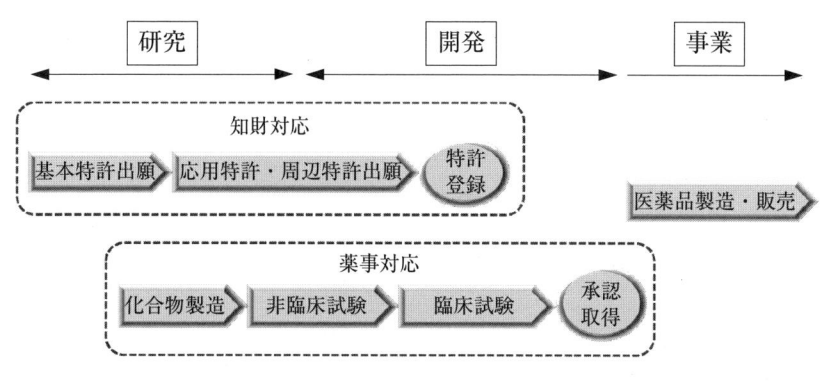

図 30-1 医薬品研究開発における2つの規制対応

が重要となります（図 30-1）．

医薬品の場合を例にとって説明します．基礎研究が始まると，まず研究の発明から特許が取得され，その次に具体的にどのような医薬品に展開するかを決め，そこから薬事承認取得のための品質・安全性・有効性に関するデータを取得します．この過程で，製造法，用途や製剤，製品の改良などに関する事業化に必要な特許も追加で取得し，最終的に国の審査を受けて国家承認を受けるということになります．この仕組みは，基本的には世界共通のプロセスです．安全かつ有用な医薬・医療分野の製品の事業化には，特許審査と薬事審査という，2つの国家審査に合格することが必要であることは覚えておくとよいでしょう．

〔内海 潤〕

より進んだ学習のための参考書

工業所有権情報・研修館『産業財産権標準テキスト 特許編』発明協会（2010）

小野俊介・宇山佳明 編，内山 充・豊島 聰 監修（2009）『医薬品評価概説 ―有用な医薬品開発のための』東京化学同人

廣瀬隆行（2011）『企業人・大学人のための知的財産権入門 ―特許法を中心に』第2版，東京化学同人

索　引

欧文など

ADCC　30
AFM　205
Ames 試験　48
ATeam　213
ATP　199, 207
ATP 合成酵素　208
BT（殺虫）剤　66, 96
Bt 毒素　66
B 細胞　2, 28
CDC　31
cDNA　64
CDR　29
CFD　169
ChIP-Seq　188
CHO 細胞　165
CLIA　38
CLEIA　38
DDGS　137
DNA シーケンサー　177
DNA チップ　176
DNA ポリメラーゼ　182
DNA マーカー　80, 81
DNA リガーゼ　182
EIA　38
ES 細胞　48, 53
F_0 モーター　208
F_1　78
F_1 モーター　208, 210

FIA　38
G-CSF　25
GMP　214
GPCR　12
G タンパク質共役受容体　12
HER2　32, 179
HTS　13
IC 法　39
IL-6　6, 31
iPS 細胞　11, 53
LCA　148
Linux　193
LTIA　38
MASC アッセイ　212
microRNA　176, 187
mRNA ディスプレイ　222
MTT 還元法　46
NKT 細胞　3
NK 細胞　2, 20
PBAT　144
PBS　143
PCR　41, 61
PGA　56
PHA　145
PLA　144
POCT　39
RA　222
RFLP　71
RNAi　25, 76
SLE　223

SPM　204
SSF　123
STM　204
SNPs　14
TIA　38
TNFα　222
T 細胞　2
UNIX　193
VEGF　30

ア

アクチン繊維　209
アクリルアミド　160
アグロバクテリウム　62, 76
アゴニスト　13
L-アスパラギン酸　149
アスパルテーム　117, 158
アスピリン　9
アセスルファム K　117
アノテーション　194
アフィニティークロマトグラフィー　171
アプタマー医薬品　11
L-アミノ酸　149
D-アミノ酸　161
アレルギー　8, 109
アンタゴニスト　13
アンチセンス cDNA　64
アントシアニン　108

索 引

イ

イオン結合法　155
意匠権　243
イソマルツロース　110
1分子リアルタイム・
　シーケンシング
　システム　183
一般用医薬品　12
遺伝子組換え（技術）
　61, 79, 245
遺伝子組換えイネ　67
遺伝子型　69
遺伝子地図作製　70
遺伝子発現プロフィール
　191
遺伝毒性試験　48
イムノクロマトグラ
　フィー法　39
医薬部外品　43
医療用医薬品　12
インスリン　24, 53, 170
インターロイキン　5, 31

ウ

ウイルスクリアランス
　172
ウレアーゼ　35

エ

栄養改変型作物　66
栄養機能食品　101
エピゲノミクス　176
エピゲノム　188
エリスリトール　116
エリスロポエチン　25
エレクトロポレーション
　法　61
エンザイムイムノ
　アッセイ　38

オ

オイルリファイナリー
　127
オープン・イノベーショ
　ン　246
押し出し流れ　152
オミックス　174
オリゴ糖　104, 110
オルガノミクス　175

カ

カーボンニュートラル
　127, 134
カーボンフットプリント
　148
害虫抵抗性作物　65
回分式　167
化学合成従属栄養微生物
　226
化学発光イムノアッセイ
　38
化学発光エンザイム
　イムノアッセイ　38
架橋法　155
核酸医薬　25
獲得免疫　3
家畜　87
カテキン　105
花粉症　109
カラムクロマト
　グラフィー　170
顆粒球　3
顆粒球コロニー刺激因子
　25
カルタヘナ議定書　93
カルボニル還元酵素
　163
ガレート型カテキン
　106
幹細胞　50
幹細胞ニッチ　52
関節リウマチ　222
完全混合流れ　151
カンチレバー　205
漢方薬　12
間葉系幹細胞　52
間葉系細胞　57
灌流培養　167

キ

キサンチル酸　213
キシラナーゼ　140
キシリトール　116
キシロース　116
拮抗薬　13
機能性超分子　201
機能性糖質　110
キメラ動物　92
逆遺伝学　73
共代謝　226
京都議定書　134
共有結合法　154
近交系マウス　47

ク

グアニル酸　213
組換え価　70
組換え体動物　91
グライコミクス　174,
　181

249

索引

グルコース　36, 119, 129, 134
グルコサミン　108
α-グルコシダーゼ　112
β-グルコシダーゼ　139
α-グルコシルトランスフェラーゼ　111
クローン動物　90
クローンヒツジ（ドリー）　90
クロスカップリング法　242
クロロゲン酸　107

ケ

蛍光イムノアッセイ　38
化粧品　43
血管内皮成長因子　30
血清療法　28
ゲノミクス　174
ゲノム　174
ゲノム創薬　14
健康食品　101
健康増進法　101, 116
原子間力顕微鏡　205

コ

光学異性体　159
光学活性アルコール　163
光学活性体　130
高甘味度甘味料　117
工業用酵素　158
抗腫瘍壊死因子　222
合成生物学　131
抗生物質農薬　98
酵素糖化法　122

酵素プロセス　157
抗体　5, 26
抗体依存性細胞傷害作用　30
抗体医薬　26, 166, 222
後代検定　87
骨髄腫細胞　29
固定化生体触媒　149
個別化医療　15
コンパニオン診断薬　42

サ

サーマルリサイクル　141
サーモライシン　159
サイエンス・リンケージ　243
再生医療　50
サイトカイン　6, 222
サイトミクス　175
細胞移植　55
細胞外マトリクス　59
細胞シート　56
細胞性免疫　5
細胞融合　79
作動薬　13
産学官連携　245
産学連携　245
産業用酵素　221
酸糖化法　122
三倍体魚類　92

シ

自家不和合性　81, 83
自己複製能　51
システムズバイオロジー　191

次世代シーケンサー　178, 182, 194
自然免疫　3
実用新案権　243
質量分析　177
集積化学分析システム　202
シュガー・プラットフォーム　122
受精卵クローン　90
順遺伝学　69
上皮系細胞　58
商標権　243
蒸留精製工程　136
食品リサイクル法　141
植物工場　85
食物繊維　23, 104
除草剤耐性作物　64
人為選択　216
進化分子工学　215
シングルユース化　173
神経幹細胞　52
人工授精　87
人工多能性幹細胞　53

ス

数値流体力学　169
スギ花粉症　68
スクラロース　117
スクリプト言語　192
スクロース　110
スケールアップ　168
ステビア　117
スラリー処理　228

セ

制限酵素　71

制限酵素切断長多型　71
生体防御　1
生長点培養　78
性フェロモン　98
性フェロモン剤　98
生物学的製剤　34
生物情報科学　179
生物農薬　94
生物薬品　34
生分解性プラスチック
　124, 142
石油　236
石油増回収技術　240
ゼブラフィッシュ　49
セルバンク　26, 166
セルロース　120, 129
全身性エリテマトーデス
　223

ソ

造血幹細胞　52
走査型トンネル顕微鏡
　204
走査型プローブ顕微鏡
　204
相分離変換システム
　124
相補性決定領域　29
側芽培養　80
組織工学　56
組織培養　78

タ

体液性免疫　4
体細胞クローン　90
体性幹細胞　52
多型解析　186

多糖　110
種雄牛　87
多能性　51
多分化能　51
食べるワクチン　68
多様性の創出　216
単性発生　92
担体結合法　153
単発酵　136

チ

地殻微生物　233
地下水循環工法　227
知財　242
地中バイオメタン生成
　技術　239
知的財産権　242
腸内環境改善作用　20
腸内細菌叢　16
腸内フローラ　16, 19
直接注入工法　228
貯留岩　237

テ

テアニン　108
ディスポーザブル　173
低分子医薬品　12
データベース　179, 191,
　192
電気穿孔法　61
天敵農薬　95
天然ガス　241
デンプン　110, 119

ト

糖アルコール　110, 115
動物実験代替法　45

毒性試験ガイドライン
　45
特定保健用食品（トクホ）
　101
特許権　245
トランスクリプトーム
　解析　187
トランスクリプトミクス
　174
トランスポゾン　74
ドレイズ試験　48

ナ

内部細胞塊　52
ナチュラルアテニュエー
　ション工法　233
ナチュラルキラー細胞
　2
ナノバイオテクノロジー
　198
ナノバイオデバイス
　202
ナノバイオマテリアル
　201
ナノピラー　203
ナノポール　203
ナノマシン　199, 209
ナノマニピュレーター
　206

ニ

二酸化炭素地中貯留技術
　239
ニトリルヒドラターゼ
　160
乳酸菌　17, 18, 109
ニュートラルレッド

索　引

取り込み法　47

ネ

ネオテーム　116
ネガティブリスト　44

ハ

パーティクルガン法　61, 63
胚移植　88
バイオ医薬品　12, 24, 165
バイオインフォマティクス　179, 190
バイオエタノール　118, 127, 134, 135
バイオオーギュメンテーション　226
バイオ後続品　33
バイオコンジュゲート材料　201
バイオシミラー　33
バイオスティミュレーション　226
バイオスパージング工法　227
バイオセンサー　202
バイオディーゼル　127, 135, 140
バイオ燃料　134
バイオパイル工法　227
バイオプラスチック　142
バイオベンティング工法　227
バイオマス　119, 127
バイオマトリックス材料　202
バイオリアクター　149
バイオリファイナリー　126
バイオレメディエーション　225
ハイスループットスクリーニング　13
胚性幹細胞　53
胚培養　78
胚盤胞　52
培養変異　78
配列解析　191
パイロシーケンス法　183
ハクサイ根こぶ病　82
バクテリオシン　97
パスウェイ解析　180
パニング　216
バリデーション　43, 173

ヒ

光毒性　47
光ピンセット　206
微細藻類　140
微生物攻法　235, 237
微生物農薬　96
微生物バリア工法　227
ヒドロキシヒドロキノン　107
ビフィズス菌　17, 18, 109
皮膚感作性　47
皮膚刺激性　46
皮膚腐食性　46
肥満細胞　3

ピューロマイシン　220
病害抵抗性作物　66
表現型　69
ピロリ菌　21

フ

ファージディスプレイ　219
ファイトレメディエーション　228
フィールドテスト　235, 237
フェノミクス　174, 175
フォールディング　218
物理地図　72
物理的吸着法　155
不定胚培養　81
プラスチック　142
フルクトオリゴ糖　113
プロテアーゼ　222
プロテイン A　170
プロテオーム　174
プロテオミクス　174
プロトプラスト　62
プロトプラスト培養　79
プロバイオティクス　16
分子標的薬　12
分子モーター　199

ヘ

並行複発酵　123, 136
ベクター　72, 91
ペニシリン　10
ヘミセルロース　120, 131
便性改善作用　20

索　引

ホ
包括法　155
保健機能食品　101
ポジティブリスト　44
補体　3, 32
補体依存性細胞傷害作用　31
補体系　5
ポリアクリルアミド　160
ポリグリコール酸　56
ポリ乳酸　144
ポリフェノール　106
ポリメラーゼ連鎖反応　41

マ
マイクロアレイ　176, 187
マイクロカプセル法　156
マイクロ流体デバイス　202
膜分離　170
マクロファージ　1
マスト細胞　3
マッピング　195

ミ
ミエローマ細胞　29
ミニマムゲノム

メ
ファクトリー　132

メ
メイラード反応　115
メタゲノム　187
メタボリックシンドローム　37
メタボロミクス　174
メタンガス　135
メタン発酵法　141
メチル化　188
免疫　1
免疫学的測定法　38
免疫グロブリン　5, 27
免疫グロブリン製剤　28
免疫調節作用　20
免疫比濁法　38

モ
木材ペレット　135
モノグルコシルヘスペリジン　107
モノクローナル抗体　28

ヤ, ユ, ヨ
葯・花粉培養　79
薬事法　44, 246
雄性不稔　84
ヨーグルト　16

ラ
ライセンス　242

ライブラリー　216
ラクトフェリン　109
ラセミ体　130
ラテックス免疫比濁法　38
ラテックス粒子　38
ランドファーミング工法　229

リ
リグニン　120, 129
リシーケンシング　186
立体構造解析　191
リピドミクス　174
リボソームディスプレイ　219
硫安沈殿　170
流加式　167
臨床検査薬　35

ル, レ, ロ, ワ
ルシフェラーゼ　211
レギュラトリーサイエンス　191, 246
レタス雄性不稔　84
レポーターアッセイ　214
連鎖　70
連続式　167
ロイヤルティ　244
ワクチン　12

執筆者 紹介

髙木正道 (監修)
  現　在：元東京大学教授，元新潟薬科大学学長，新潟薬科大学名誉教授，農学博士
  主　著：『微生物機能に学ぶ化学』(共著，放送大学教育振興会)
  専門は，応用微生物学，主として遺伝子操作などによる微生物への新機能付与．新機能としては，人々の生活が地球環境に与える負荷，損傷を軽減させるようなもの．

池田友久 (編集代表，1章，2章担当)
  現　在：日本技術士会生物工学部会長・元理事，池田友久技術士事務所代表 (元エーザイ株式会社 東京研究所・筑波研究所 薬理研究部門)，技術士 (生物工学)
  主　著：『バイオの扉』(共著，裳華房)，『バイオテクノロジー』(共著，地人書館)
  専門は，免疫学，アレルギー学，病原微生物学，薬理学，実験動物学，医薬品研究．

前野正文 (3章担当)
  現　在：カルピス株式会社 発酵応用研究所 統括マネージャー，技術士 (生物工学)
  専門は，乳酸菌や食品微生物の生理機能研究・発酵技術の開発と，食品への応用研究．

住田元伸 (4章担当)
  現　在：医学博士
  主　著：『分子アレルギー学』(共著，メディカルレビュー社)
  専門は，免疫学，脳・免疫統合科学．

牛澤幸司 (5章担当)
  現　在：積水メディカル株式会社 研究開発統括部 統括部長，千葉大学大学院 非常勤講師 (ベンチャービジネス論)，技術士 (生物工学)
  専門は，酵素・抗体などの素材を利用した臨床診断薬の設計・研究開発，バイオテクノロジーの応用による新技術・新事業の調査・企画・推進，試薬の製剤化技術．

吉田　剛 (6章担当)
  現　在：株式会社資生堂 リサーチセンター，博士 (工学)，技術士 (生物工学)
  専門は，生化学，皮膚科学，化粧品・食品・医薬品における安全性・品質保証，薬事開発．

藤田　聡（7章担当）
　　現　在：福井大学大学院工学研究科 准教授，博士（工学），技術士（生物工学）
　　主　著：『Future textiles ―進化するテクニカル・テキスタイル』（共著，繊維社），
　　　　　　『ナノバイオ大事典』（共著，テクノシステム）
　　専門は，生体材料，ナノ繊維，再生医療，幹細胞工学．

丹生谷　博（8章担当）
　　現　在：東京農工大学遺伝子実験施設 教授，理学博士，技術士（生物工学）
　　主　著：『廣川 タンパク質化学』（共著，廣川書店），『バイオの扉』（共著，裳華房），
　　　　　　『バイオ実験 誰もがつまずく失敗＆ナットク解決法』（共著，羊土社）
　　専門は，遺伝子工学，ウイルス学，研究テーマは植物免疫機構．

富田因則（9章担当）
　　現　在：静岡大学グリーン科学技術研究所 教授，博士（農学），技術士（生物工学），
　　　　　　APECエンジニア（Bio）
　　主　著：『クロモソーム 植物染色体研究の方法』（共著，養賢堂）
　　専門は，ゲノム工学，遺伝子工学，植物育種学．

宮坂幸弘（10章担当）
　　現　在：長野県畜産試験場（前 野菜花き試験場）主任研究員，技術士（生物工学）
　　専門は，植物培養，植物成分分析，野菜・作物育種．

平井輝生（11章，12章担当）
　　現　在：平井技術士事務所 所長，技術士（農業，生物工学）
　　主　著：『バイオテクノロジーの流れ ―年表付き』（共著，化学工業日報社），『もう少
　　　　　　し深く理解したい人のためのバイオテクノロジー』（共著，地人書館）
　　専門は，放線菌による有用物質の生産，家畜の化学療法，微生物制御，商品開発．

卯川裕一（13章担当）
　　現　在：株式会社伊藤園 中央研究所研究2課課長，博士（保健衛生学），技術士（生物
　　　　　　工学），食品保健指導士．
　　専門は，食品成分の機能性評価，特定保健用食品の申請・開発，食品科学，食品工学，
　　天然物化学，栄養化学．

永井幸枝（14章担当）
　　現　在：三井製糖株式会社 商品開発部，博士（農学），技術士（生物工学）
　　主　著：『オリゴ糖の製法開発と食品への応用』（共著，シーエムシー出版），『良くわ
　　　　　　かる食品新素材』（共著，食品化学新聞社）
　　専門は，機能性食品素材開発，知的財産管理．

いずみ　よしや
泉　　可也（15章担当）
　　現　在：株式会社 Biomaterial in Tokyo 代表，技術士（生物工学，総合技術監理）
　　専門は，食品製造学，微生物変換に関する調査および技術開発．

おやどまりまさふみ
親　泊　政　二　三（15章担当）
　　現　在：株式会社 Biomaterial in Tokyo 主任研究員，博士（農学），技術士補（生物工学）
　　専門は，木質バイオマスの生物化学変換に関する研究・開発．

とうだひでき
東　田　英　毅（16章担当）
　　現　在：博士（工学），技術士（生物工学）
　　主　著：『合成生物工学の隆起』（共著，シーエムシー出版），『発酵・醸造食品の最新技術と機能性 II』（共著，シーエムシー出版）
　　専門は，分子生物学・生命化学・生命工学，とくに組換えタンパク質生産．

さかいしげお
酒　井　重　男（17章担当）
　　現　在：酒井技術士事務所 所長，農学博士，技術士（生物工学）
　　主　著：『バイオの扉』（共著，裳華房），『バイオテクノロジー』（共著，地人書館）
　　専門は，廃水処理，食品廃棄物の有効利用・コンポスト化，機能性食品などの開発．

たむらたくみ
田　村　　巧（編集，17章担当）
　　現　在：オエノンホールディングス株式会社 苫小牧工場，博士（工学），技術士（生物工学）
　　専門は，発酵，酵素利用．

さとうしゅんすけ
佐　藤　俊　輔（18章担当）
　　現　在：株式会社カネカ GP 事業開発部 将来技術グループ，技術士（生物工学）
　　専門は，遺伝子工学，生物化学工学（とくに発酵），環境バイオテクノロジー（バイオプラスチック）．

なかにしこういち
中　西　弘　一（19章，25章担当）
　　現　在：キリン株式会社 飲料技術研究所，農学博士，技術士（生物工学），科学コラムニスト
　　主　著：『バイオリアクター技術』（共著，シーエムシー出版）
　　専門は，バイオリアクター利用，応用藻類，走査型プローブ顕微鏡による細胞解析．

西八條 正克(20章担当)
にし はちじょう まさかつ
　　現　在：株式会社カネカQOL事業部精密化学品グループ，技術士(生物工学)
　　専門は，酵素工学，応用微生物学，ファインケミカルの製法開発研究．

村上　聖(21章担当)
むらかみ せい
　　現　在：株式会社日立製作所インフラシステム社 統括本部長，工学博士，技術士(生物工学)
　　主　著：『抗体医薬品における規格試験法・製造と承認申請』(共著，サイエンス＆テクノロジー)
　　専門は，微生物・動物細胞培養装置設計，バイオ医薬品プラントエンジニアリング．

柿谷　均(編集，21章担当)
かきだに ひとし
　　現　在：公益財団法人相模中央化学研究所　酵素工学グループリーダー，東ソー株式会社東京研究所主席研究員，理学博士，技術士(生物工学)
　　主　著：『バイオエレクトロニクス―理論から応用まで』(共訳，エヌ・ティー・エス)
　　専門は，遺伝子工学，タンパク質工学，酵素利用技術，プロセスクロマトグラフィー．

内海　潤(22章，30章担当)
うつみ じゅん
　　現　在：公益財団法人がん研究会 知財戦略担当部長，理学博士，MBA，技術士(生物工学)，北海道大学客員教授，東京医科歯科大学客員教授
　　主　著：『新生化学実験講座(第3巻)』(共著，東京化学同人)
　　専門は，医薬品研究開発の知財戦略と薬事戦略，薬理学，生化学，知財管理．

石井一夫(23章，24章担当)
いし い かずお
　　現　在：東京農工大学農学系ゲノム科学人材育成プログラム 特任教授，医学博士，技術士(生物工学)
　　主　著：『Rによる計算機統計学』(共訳，オーム社)
　　専門は，ゲノム科学，バイオインフォマティクス，データマイニング，計算機統計学．

三留規誉(26章担当)
みとめ のりよ
　　現　在：宇部工業高等専門学校 准教授，理学博士，技術士(生物工学)
　　専門は，遺伝子工学，生体エネルギー変換．研究テーマは，ATP合成酵素の機能の研究．

工藤基徳(27章担当)
く どう もとのり
　　現　在：神戸大学自然科学系先端融合研究環 特命助教，博士(材料科学)，技術士補(生物工学)
　　主　著：『酵素利用技術体系』(共著，エヌ・ティー・エス)
　　専門は，生物物理化学，タンパク質工学，進化分子工学，生物化学工学．

藤 原 和 弘(28, 29 章担当)
<ruby>藤<rt>ふじ</rt></ruby><ruby>原<rt>わら</rt></ruby><ruby>和<rt>かず</rt></ruby><ruby>弘<rt>ひろ</rt></ruby>

 現 在：中外テクノス株式会社 つくばバイオフロンティアセンター 所長，博士（工学），技術士（生物工学）
 主 著：『Petroleum Biotechnology』（共著，Elsevier）
 専門は，地下微生物を利用した環境保全および資源・エネルギー開発．

新 バイオの扉 —未来を拓く生物工学の世界—

2013年6月20日 第1版1刷発行

監　修	髙　木　正　道	
編集代表	池　田　友　久	
発行者	吉　野　和　浩	
発行所	東京都千代田区四番町8番地	
	電話　　　(03)3262-9166(代)	
	郵便番号 102-0081	
	株式会社　裳　華　房	
印刷所	横山印刷株式会社	
製本所	株式会社　青木製本所	

検印
省略

定価はカバーに表示してあります。

社団法人
自然科学書協会会員

|JCOPY| 〈㈳出版者著作権管理機構 委託出版物〉
本書の無断複写は著作権法上での例外を除き禁じられています．複写される場合は，そのつど事前に，㈳出版者著作権管理機構（電話03-3513-6969, FAX 03-3513-6979, e-mail: info@jcopy.or.jp）の許諾を得てください．

ISBN 978-4-7853-5225-7

Ⓒ 髙木正道・池田友久 他, 2013　　Printed in Japan

2色刷

新・生命科学シリーズ

各 A5 判

動物の系統分類と進化
藤田敏彦 著／206 頁／定価 2625 円
【目次】1. 分類とは何か　2. 分類学と系統学　3. 学名と標本の役割　4. 動物系統分類学の方法　5. 動物の系統と進化　6. 動物の多様性と系統

植物の系統と進化
伊藤元己 著／182 頁／定価 2520 円
【目次】1. 生物界と植物の系統　2. 陸上植物の特徴　3. 維管束植物の特徴　4. 種子の起源と種子植物の特徴　5. 被子植物の特徴と花の起源　6. 被子植物の系統と進化　7. 陸上植物の多様性と系統

脳 －分子・遺伝子・生理－
石浦章一 ほか共著／128 頁／定価 2100 円
【目次】1. 脳の構造　2. アミノ酸・タンパク質・DNA　3. 遺伝子を研究するための手法　4. マウスと行動実験　5. 神経の伝導と神経伝達物質　6. 記憶・学習の謎に迫る　7. 脳の病気

植物の成長
西谷和彦 著／216 頁／定価 2625 円
【目次】1. なぜ被子植物か　2. 植物の遺伝子と細胞　3. 水と物質の輸送　4. 細胞壁と細胞成長　5. 発生過程　6. オーキシン　7. ジベレリン　8. サイトカイニンとエチレン　9. その他の植物ホルモン

動物の形態 －進化と発生－
八杉貞雄 著／150 頁／定価 2310 円
【目次】1. 形態とは何か　2. 形態の生物学的基礎　3. 脊索動物における形態の変化　4. 形態の進化と分子進化　5. 器官形成の原理　6. 初期発生における形態形成　7. 器官形成における形態形成

動物の発生と分化
浅島 誠・駒崎伸二 共著／174 頁／定価 2415 円
【目次】1. 卵形成から卵の成熟へ　2. 受精から卵割へ　3. 胞胚から原腸胚を経て神経胚へ　4. ホメオボックス遺伝子　5. 細胞分化と器官形成　6. 発生学と再生医療

動物の性
守 隆夫 著／130 頁／定価 2205 円
【目次】1. 性とは何か　2. 性の決定　3. 遺伝子型に依存する性決定　4. 各種の因子による性の決定　5. 性決定の修飾あるいは変更　6. 性分化の完成

（以下 続刊）

化学の指針シリーズ
生物有機化学
－ケミカルバイオロジーへの展開－

宍戸昌彦・大槻高史 共著／204 頁／定価 2415 円
【目次】1. アミノ酸から蛋白質，遺伝子から蛋白質　2. 分子生物学で用いる基本技術　3. 細胞内で機能する人工分子　4. 人工生体分子から機能生命体へ　5. 遺伝子発現の制御　6. 進化分子工学　7. 人工生体分子の医療応用

化学新シリーズ
生物有機化学
－新たなバイオを切り拓く－

小宮山 真 著／160 頁／定価 2520 円
【目次】生物有機化学とは／タンパク質の構造と機能／核酸／バイオテクノロジー／ATP／触媒作用の基礎／酵素の構造と機能／補酵素／分子内反応と分子内触媒作用／複数の官能基の協同触媒作用／人工ホスト／人工酵素　他

裳華房ホームページ　http://www.shokabo.co.jp/　2013 年 6 月現在